U0884076

高等职业教育工程造价专业系列教材

建筑安装工程预算

主　编　刘　钦
副主编　夏　晖
参　编　李　静　黄瑞梅　樊晓锋
主　审　袁建新

机械工业出版社

本书共13章，包括建筑安装工程预算造价组成及计价方法，安装工程预算定额，建筑安装工程施工图预算的编制，室内给排水工程及水灭火系统施工图预算的编制，采暖、室内民用燃气工程施工图预算的编制，通风、空调工程施工图预算的编制，变配电工程施工图预算的编制，外部线路工程施工图预算的编制，电气照明工程施工图预算的编制，室内电话、电视工程施工图预算的编制，防雷及接地装置工程施工图预算的编制，安装工程施工图预算审查，应用计算机编制安装工程施工图预算。书中附有多个预算编制实例，供学习或编制预算时参考。

本书图文并茂、简明、实用、操作性强，可作为高职高专院校工程造价、建筑工程管理、建筑经济及相关专业的教材，也可供工程造价管理人员学习参考。

图书在版编目（CIP）数据

建筑安装工程预算/刘钦主编．—北京：机械工业出版社，2007.9（2025.1重印）

高等职业教育工程造价专业系列教材

ISBN 978-7-111-22308-5

Ⅰ．建…　Ⅱ．刘…　Ⅲ．建筑安装工程—建筑预算定额—高等学校：技术学校—教材　Ⅳ．TU723.3

中国版本图书馆CIP数据核字（2007）第139255号

机械工业出版社（北京市百万庄大街22号　邮政编码100037）

策划编辑：覃密道　责任编辑：王靖辉　版式设计：霍永明

责任校对：申春香　封面设计：张　静　责任印制：单爱军

北京虎彩文化传播有限公司印刷

2025年1月第1版第24次印刷

184mm×260mm · 15印张 · 376千字

标准书号：ISBN 978-7-111-22308-5

定价：45.00元

电话服务　　网络服务

客服电话：010-88361066　机　工　官　网：www.cmpbook.com

010-88379833　机　工　官　博：weibo.com/cmp1952

010-68326294　金　书　网：www.golden-book.com

封底无防伪标均为盗版　机工教育服务网：www.cmpedu.com

前　言

教材建设是高等学校专业建设的一项基本内容，高质量的教材是培养合格人才的基本保证。高职高专教育是高等教育重要的组成部分，是培养适应生产、建设、管理、服务第一线需要的高等技术应用性人才。高职高专教材应体现高职高专教育的特色，理论以必需、够用为度，突出应用性，加强理论联系实际，内容应通俗易懂，适用性要强。

本书正是根据以上要求，依据现行的《全国统一安装工程预算定额》（GYD—202—2000）及建筑安装工程施工图预算编制办法，结合工程实际进行编写的。全国安装工程定额中内容较多，涉及多个专业，本书主要介绍与建筑工程密切相关的建筑安装工程的施工图预算编制，其主要内容包括室内给排水工程、室内采暖工程、室内燃气工程、通风空调工程、室内电气照明工程、建筑物防雷接地工程等。本教材注重培养学生的实际动手能力，重点部分均给出了施工图预算编制实例。学生通过基本知识及预算实例的学习后，基本上能掌握施工图预算的编制方法及编制程序，并能很快适用工作岗位的要求。

本书共13章，具体编写分工为：刘钦编写第1章，第2章，第3章，第4章的4.4，第6章的6.3；夏晖编写第5章的5.1～5.3，第7章，第10章的10.1、10.2；李静编写第8章，第9章，第11章；黄瑞梅编写第4章的4.1～4.3，第6章的6.1、6.2；樊晓锋编写第12章，第13章，第5章的5.4，第10章的10.3。全书由刘钦统稿、修改并定稿。

本书由四川建筑职业技术学院袁建新主审，他对书稿提出了许多宝贵的意见，在此表示衷心的感谢。

本书配有电子课件，供选用本书作为教材的老师参考，可登录机械工业出版社教育服务网 www.cmpedu.com，免费注册下载，或发邮件至 cmpgaozhi@sina.com 索取。咨询电话：010－88379375。

本书在编写过程中参考了书后所列参考文献中的部分内容，谨在此向其作者致以衷心的感谢。另外，在本书的编写过程中，还得到了平顶山工学院、延安职业技术学院、漳州职业技术学院、平顶山市建设工程交易管理服务中心等单位的大力支持，在此一并表示衷心的感谢。

由于编者水平有限，书中难免有错误和不当之处，恳请读者批评指正。

编　者

目　录

第 1 章　建筑安装工程预算造价组成及计价方法

学习目标

了解安装工程类别的划分标准；掌握安装工程费用项目构成；熟悉安装工程费用项目内容；掌握安装工程造价计价程序。

关 键 词

安装工程预算造价　直接费　间接费　利润　税金

1.1　安装工程预算造价的概念、分类及作用

1.1.1　安装工程预算造价的相关概念

1. 安装工程

安装工程是指按工程建设施工图样和施工规范的规定，把各种设备放置、固定在一定的地方，或将工程原材料经过加工、安置、装配而形成具有使用功能价值的产品的工作过程。

安装工程包含的内容广泛，涉及众多各不相同的工程专业。在建筑行业常见的安装工程有：电气设备安装工程；给排水、采暖、燃气工程；通风、空调工程；工业管道工程；消防及安全防范设备安装工程等。这些安装工程按建设项目的划分原则均属单位工程，它们具有单独的设计文件，并有独立的施工条件，是工程造价计算的完整对象。

2. 安装工程预算造价

安装工程预算造价是反映拟建工程经济效益的一种技术经济文件，是完成一项安装工程预计所花费货币多少的反映，也是完成一项安装工程预计所需人工、材料、机械台班数量的反映。

安装工程产品同其他建筑产品一样，具有价值和使用价值。安装工程产品的使用价值表现在其具有的使用功能和提供的使用条件，可以满足人们生产和生活的某些需求，具有存在的必要性和实用性。同时，安装工程产品作为商品，为了适应流通和交换的需求，也必然具有价值。安装工程产品价值的构成具有与其他商品相同的模式。

安装工程预算造价是在一定的技术条件下经济效益的反映。不同的技术条件，就必然反映出不同的经济效益。由此可知，预算造价是技术与经济的统一。根据我国现行的基本建设规定，安装工程预算造价要按照一定的计算规则和计算程序，通过编制工程预算来确定。

1.1.2　安装工程预算造价的分类及作用

工程预算是一个统称，按照其不同的编制阶段，它有不同的名称和作用，一般包括设计概算、施工图预算和施工预算三部分。

1. 设计概算

设计概算一般是在工程的初步设计阶段编制的。根据工程的初步设计图样、设计概算的编制方法和编制步骤，对拟建工程所需投资预先进行测算和确定。因为初步设计图样很粗略，所以设计概算是粗线条的预算造价。

设计概算是控制工程投资和主要物资指标的依据；是编制基本建设计划的依据；对于实行概算包干的工程，也是签订概算包干工程合同的依据。在方案设计过程中，设计部门可以通过概算分析，比较不同方案的经济效果，选择最佳方案。

设计概算一经批准，就成为工程造价和主要物资的控制数，不允许任意改动。

2. 施工图预算

施工图预算是指在施工图设计阶段，根据施工图样，通过编制造价文件，对拟建工程所需投资进行的预先测算和确定。预算造价较概算造价更加详尽、准确，但要受概算造价的控制。

施工图预算是确定安装工程造价和主要物资需用量的依据；是编制招投标价格、签订工程建设合同和进行工程结算的基础；是业主和承包商进行经济核算、编制施工计划和银行拨款的依据。

3. 施工预算

施工预算是安装施工企业在承包关系确定以后，以合同预算（施工图预算）为基础，结合企业和工程实际情况而进行编制的。施工预算是企业内部经济核算和班组承包的依据，是企业内部使用的一种预算。

施工预算与施工图预算的主要区别是：施工图预算用于企业对外关系，是企业收入的标准；施工预算用于企业内部，是企业支出的标准。

设计概算—施工图预算—施工预算，组成我国现阶段工程建设的预算体制。它们之间既有共性又有特性，所谓共性就是三者属于同一体系，反映了拟建工程在不同阶段的经济效益和相互的制约关系；所谓特性是指三者都具有相对独立性，在不同阶段和不同使用要求下，能够发挥各自的作用。

1.2 安装工程预算造价的组成

1.2.1 安装工程预算造价的构成

根据我国建设部、财政部印发的《建筑安装工程费用项目组成》（建标［2003］206 号文）的规定，安装工程费用由直接费、间接费、利润和税金组成，详见表 1-1。

表 1-1 安装工程费用项目组成表

序号	费用项目名称		
1	直接费	直接工程费	1. 人工费 2. 材料费 3. 施工机械使用费
		措施费	1. 环境保护费 2. 文明施工费 3. 安全施工费 4. 临时设施费 5. 夜间施工费 6. 二次搬运费 7. 大型机械设备进出场及安拆费 8. 混凝土、钢筋混凝土模板及支架费 9. 脚手架费 10. 已完工程及设备保护费 11. 施工排水、降水费

（续）

序号	费用项目名称		
2	间接费	规定费用	1. 工程排污费　2. 工程定额测定费　3. 社会保障费（1）养老保险费（2）失业保险费（3）医疗保险费　4. 住房公积金　5. 危险作业意外伤害保险
		企业管理费	1. 管理人员工资　2. 办公费　3. 差旅交通费　4. 固定资产使用费　5. 工具用具使用费　6. 劳动保险费　7. 工会经费　8. 职工教育经费　9. 财产保险费　10. 财务费　11. 税金　12. 其他
3	利　润		
4	税　金		

1.2.2　直接费

直接费是指直接耗费在该建筑安装工程上的、构成工程实体和有助于工程形成的各项费用之和。直接费由直接工程费和措施费组成。

1. 直接工程费

直接工程费是指施工过程中耗费的构成工程实体的各项费用，包括人工费、材料费、施工机械使用费。

（1）人工费　人工费是指直接从事建筑安装工程施工的生产工人开支的各项费用。

$$人工费 = \sum（工日消耗量 \times 日工资单价）$$

日工资单价的内容包括：

1）基本工资：发放给生产工人的基本工资。

2）工资性补贴：按规定标准发放的物价补贴，煤、燃气补贴，交通补贴，住房补贴，流动施工津贴等。

3）生产工人辅助工资：生产工人年有效施工天数以外非作业天数的工资，包括职工学习、培训期间的工资，调动工作、探亲、休假期间的工资，因气候影响的停工工资，女工哺乳期间的工资，病假在六个月以内的工资及产、婚、丧假期的工资。

4）职工福利费：按规定标准计取的职工福利费。

5）生产工人劳动保护费：按规定标准发放的劳动保护用品的购置费及修理费，徒工服装补贴，防暑降温费，在有碍身体健康环境中施工的保健费用等。

（2）材料费　材料费是指施工过程中耗费的构成工程实体的原材料、辅助材料、构配件、零件、半成品的费用。

$$材料费 = \sum（材料消耗量 \times 材料基价）+ 检验试验费$$

材料基价的内容包括：

1）材料原价（或供应价格）。

2）材料运杂费：材料自来源地运至工地仓库或指定堆放地点所发生的全部费用。

3）运输损耗费：材料在运输装卸过程中不可避免的损耗所引起的费用。

4）采购及保管费：为组织采购、供应和保管材料过程中所需要的各项费用，包括采购费、仓储费、工地保管费、仓储损耗。

5）检验试验费：对建筑材料、构件和建筑安装物进行一般鉴定、检查所发生的费用，包括自设实验室进行试验所耗用的材料和化学药品等费用，不包括新结构、新材料的试验费和建设单位对具有出厂合格证明的材料进行检验，对构件做破坏性试验及其他特殊要求检验试验的费用。

(3) 施工机械使用费　施工机械使用费是指施工机械作业所发生的机械使用费以及机械安拆费和场外运费。

$$施工机械使用费 = \sum（施工机械台班消耗量 \times 机械台班单价）$$

施工机械台班单价的内容包括：

1) 折旧费：施工机械在规定的使用年限内，陆续收回其原值及购置资金的时间价值。

2) 大修理费：施工机械按规定的大修理间隔台班进行必要的大修理，以恢复其正常功能所需的费用。

3) 经常修理费：施工机械除大修理以外的各级保养和临时故障排除所需的费用，包括为保障机械正常运转所需替换设备与随机配备工具附具的摊销和维护费用，机械运转中日常保养所需润滑与擦拭的材料费用，机械停滞期间的维护和保养费用等。

4) 安拆费及场外运费：安拆费是指施工机械在现场进行安装、拆卸所需的人工、材料、机械和试运转费用以及机械辅助设施的折旧、搭设、拆除等费用；场外运费指施工机械整体或分体自停放地点运至施工现场或由一施工地点运至另一施工地点的运输、装卸、辅助材料及架线等费用。

5) 人工费：机上司机（司炉）和其他操作人员的工作日人工费及上述人员在施工机械规定的年工作台班以外的人工费。

6) 燃料动力费：施工机械在运转作业中所消耗的固体燃料（煤、木材）、液体燃料（汽油、柴油）及水、电等的费用。

7) 养路费及车船使用税：施工机械按照国家规定和有关部门规定应缴纳的养路费、车船使用税、保险费及年检费等。

2. 措施费

措施费是指为完成工程项目施工，发生于该工程施工前和施工过程中非工程实体项目的费用。其费用内容包括：

1) 环境保护费：施工现场为达到环保部门要求所需要的各项费用。

2) 文明施工费：施工现场文明施工所需要的各项费用。

3) 安全施工费：施工现场安全施工所需要的各项费用。

4) 临时设施费：施工企业为进行建筑工程施工所必须搭设的生活和生产用的临时建筑物、构筑物和其他临时设施费用等。临时设施包括临时宿舍、文化福利及公用事业房屋与构筑物、仓库、办公室、加工厂以及规定范围内道路、水、电、管线等临时设施和小型临时设施。

临时设施费用包括临时设施的搭设、维修、拆除费或摊销费。

5) 夜间施工费：因夜间施工所发生的夜班补助费、夜间施工降效、夜间施工照明设备摊销及照明用电等费用。

6) 二次搬运费：因施工场地狭小等特殊情况而发生的二次搬运费用。

7) 大型机械设备进出场及安拆费：机械整体或分体自停放场地运至施工现场或由一个施工地点运至另一个施工地点，所发生的机械进出场运输及转移费用以及机械在施工现场进行安装、拆卸所需的人工费、材料费、机械费、试运转费和安装所需的辅助设施的费用。

8）混凝土、钢筋混凝土模板及支架费：混凝土施工过程中需要的各种钢模板、木模板、支架等的支、拆、运输费用及模板、支架的摊销（或租赁）费用。

9）脚手架费：施工需要的各种脚手架搭、拆、运输费用及脚手架的摊销（或租赁）费用。

10）已完工程及设备保护费：竣工验收前，对已完工程及设备进行保护所需费用。

11）施工排水、降水费：为确保工程在正常条件下施工，采取各种排水、降水措施所发生的各种费用。

1.2.3 间接费

间接费是指建筑安装企业在组织施工生产和经营管理活动中，为施工项目生产服务所必须支出的各项费用之和。间接费由规定费用、企业管理费组成。

1. 规定费用

规定费用是指政府和有关权力部门规定必须缴纳的费用（简称规费）。

（1）工程排污费　工程排污费是指施工现场按规定缴纳的工程排污费。

（2）工程定额测定费　工程定额测定费是指按规定支付工程造价（定额）管理部门的定额测定费。

（3）社会保障费　社会保障费包括养老保险费、失业保险费、医疗保险费、住房公积金和危险作业意外伤害保险等五项费用。

1）养老保险费：企业按规定标准为职工缴纳的基本养老保险费。

2）失业保险费：企业按照国家规定标准为职工缴纳的失业保险费。

3）医疗保险费：企业按照规定标准为职工缴纳的基本医疗保险费。

（4）住房公积金　住房公积金是指企业按规定标准为职工缴纳的住房公积金。

（5）危险作业意外伤害保险　危险作业意外伤害保险是指按照建筑法规定，企业为从事危险作业的建筑安装施工人员支付的意外伤害保险费。

2. 企业管理费

企业管理费是指建筑安装企业组织施工生产和经营管理所需费用。其费用内容包括：

（1）管理人员工资　管理人员工资是指管理人员的基本工资、工资性补贴、职工福利费、劳动保护费等。

（2）办公费　办公费是指企业管理办公用的文具、纸张、账表、印刷、邮电、书报、会议、水电、烧水和集体取暖（包括现场临时宿舍取暖）用煤等费用。

（3）差旅交通费　差旅交通费是指职工因公出差、调动工作的差旅费、住勤补助费，市内交通费和误餐补助费，职工探亲路费，劳动力招募费，职工离退休、退职一次性路费，工伤人员就医路费，工地转移费以及管理部门使用的交通工具的油料、燃料、养路费及牌照费。

（4）固定资产使用费　固定资产使用费是指管理和试验部门及附属生产单位使用的属于固定资产的房屋、设备仪器等的折旧、大修、维修或租赁费。

（5）工具用具使用费　工具用具使用费是指管理使用的不属于固定资产的生产工具、器具、家具、交通工具和检验、试验、测绘、消防用具等的购置、维修和摊销费。

（6）劳动保险费　劳动保险费是指由企业支付离退休职工的易地安家补助费、职工退职金、六个月以上的病假人员工资、职工死亡丧葬补助费、抚恤费、按规定支付给离休干部的各项经费。

(7) 工会经费　工会经费是指企业按职工工资总额计提的工会经费。

(8) 职工教育经费　职工教育经费是指企业为职工学习先进技术和提高文化水平，按职工工资总额计提的费用。

(9) 财产保险费　财产保险费是指施工管理用财产、车辆保险。

(10) 财务费　财务费是指企业为筹集资金而发生的各种费用。

(11) 税金　税金是指企业按规定缴纳的房产税、车船使用税、土地使用税、印花税等。

(12) 其他费用　其他费用包括技术转让费、技术开发费、业务招待费、绿化费、广告费、公证费、法律顾问费、审计费、咨询费等。

1.2.4 利润及税金

1. 利润

利润是指施工企业完成所承包工程获得的盈利。

建筑安装企业的施工活动，是为社会建造具有使用价值的工程产品。建筑安装企业通过施工生产和经营管理，将投入的劳动资料（劳动手段和劳动对象）和劳动相结合转变成新的物质形态下的工程产品。与此同时，企业全部劳动成员的劳动，除掉因支出劳动力按照其价值得到补偿外，还会创造出一部分新增的价值，凝固在工程产品之内，这一部分新增的价值表现为价格形态就是企业的利润。

在编制项目投资估算、设计概算、施工图预算及招标标底时，可按规定的利润计入工程造价。施工企业投标报价时，可依据本企业经营管理素质和市场供求情况，在规定的利润范围内，自行确定企业的利润水平。

安装工程的利润是以安装工程人工费为基础乘以利率计取的。

2. 税金

税金是指国家税法规定的应计入建筑安装工程造价内的营业税、城市维护建设税及教育费附加等。

$$税金=(税前造价+利润)\times综合税率(\%)$$

(1) 税收的特征和本质　税收是国家凭借政治权利，把一部分国民经济收入以税金形式转变为国家所有的一种分配制度。税收有三个特征：一是法制性，各种税目和税率由国家决定，对一切从事生产、经营或其他业务，有经济收入的单位或个人均普遍适用，纳税人必须依照税法条例按期足额缴纳税金；二是无偿性，国家依法征得的税金不得偿还，也不需要对纳税人付出任何代价；三是稳定性，即各种税目所确定的课税主体、课税对象和课税税率，都具有较长时期的延续性，以保持国家财政收入的稳定性。

(2) 列入工程造价的税收　包括营业税、城市维护建设税、教育费附加。

1) 营业税：营业税是以营业收入额为基础征收的。我国规定，营业税是指纳税人从事建筑、安装、修缮、装饰及其他工程作业收取的全部收入。

2) 城市维护建设税：城市维护建设税是扩大和稳定城市、县或乡镇的公用事业和公共设施维护所需资金的来源。城市维护建设税以营业税为基数计取缴纳。

3) 教育费附加：为加快发展地方教育事业，扩大地方教育经费的资金来源，教育费附加以营业税为基数计取缴纳。

营业税、城市维护建设税、教育费附加的税率及计征基数见表1-2。

表1-2　营业税、城市维护建设税、教育费附加的税率及计征基数

税种名称	工程所在地			计征基数
	市区	城镇	非城镇	
营业税	3%	3%	3%	含税工程造价
城市维护建设税	7%	5%	1%	营业税
教育费附加	3%	3%	3%	营业税

(3) 税金的计算

1) 营业税：税法规定营业税是以营业收入额为计税依据计算，税率为3%。计算公式如下：

营业税 = 计税营业额 ×3%

2) 城市维护建设税：以营业税为基数计税。因纳税人所处的地点不同其税率见表1-2，计算公式如下：

城市维护建设税 = 营业税额 × 规定税率

如纳税人所在地在市区，城市维护建设税为：

城市维护建设税 = 计税营业额 ×3% ×7%

3) 教育费附加：以营业税为基础计取，税率为3%，即为营业额的3% ×3% =0.09%。

将上述三种税率汇总即可得到应纳税税率：

纳税人所在地在市区者为：

应纳税税率 =3% +0.21% +0.09% =3.3%

纳税人所在地在县城者为：

应纳税税率 =3% +0.15% +0.09% =3.24%

纳税人所在地处在上述两者以外者为：

应纳税税率 =3% +0.03% +0.09% =3.12%

上述税率是按照建筑安装工程全部收入为计税基础的，即：

应纳税额 = 含税工程造价 × 应纳税税率

含税工程造价 = 不含税工程造价 + 应纳税额

其中　不含税工程造价 = 直接费 + 间接费 + 利润

因此　应纳税额 = 不含税工程造价 × 应纳税税率/（1 − 应纳税税率）

故　单位工程税金 = 单位工程的不含税工程造价 × 综合税率

= （直接费 + 间接费 + 利润） × 综合税率

综合税率 = 应纳税税率/（1 − 应纳税税率）

根据上述规定，综合税率计算如下：

纳税人所在地为市区者为：

$$综合税率 = \frac{3\%}{1-3\%} = 3.413\%$$

纳税人所在地为县城者为：

$$综合税率=\frac{3.24\%}{1-3.24\%}=3.348\%$$

纳税人所在地处在上述两者以外者为：

$$综合税率=\frac{3.12\%}{1-3.12\%}=3.220\%$$

1.3 安装工程造价计价方法及程序

1.3.1 工料单价法计价

工料单价法是指根据分部分项工程量，按照现行预算定额的分部分项单价计算出直接工程费，直接工程费经汇总后，再按照有关规定另行计算措施费、间接费、利润和税金的计价方法。

工料单价法计算工程造价的步骤为

1）首先根据要求，选定预算定额（或单位估价表）。

2）根据施工图样及说明，按照工程量计算规则计算出工程量。

3）套用预算定额，计算出直接工程费。

4）按照有关规定计算出措施费、间接费、利润、税金等。

5）汇总合计得出工程造价。

安装工程（工料单价法）计价程序见表1-3。

表1-3 安装工程（工料单价法）计价程序

序 号	费用项目	计算方法	备 注
①	直接工程费	按预算表	
②	直接工程费中的人工费	按预算表	
③	措施费	按规定标准计算	
④	措施费中的人工费	按规定标准计算	
⑤	直接费小计	①+③	
⑥	直接费中的人工费小计	②+④	
⑦	间接费	⑥×相应费率	
⑧	利润	⑥×相应利润率	
⑨	税前造价	⑤+⑦+⑧	
⑩	税金	⑨×相应税率	
⑪	工程造价	⑨+⑩	

1.3.2 综合单价法计价

综合单价法是根据分部分项工程量，按照分部分项工程的全费用单价（即综合单价），计算工程造价的一种方法。分部分项工程全费用单价经综合计算后生成，其内容包括完成分部分项工程所发生的直接费、间接费、利润、税金，并考虑风险因素。我国现行的用综合单价计价的方法中，综合计价不是全费用单价，其内容包括直接工程费、间接费、利润、风险因素，措施费按措施费项目另行计算，规定费用及税金以单位工程费用为基础，按国家规定的费率及税率计取。

综合单价法计算工程造价的步骤为

1）首先按照施工图样及工程量计算规则，计算出各分部分项工程的工程量。

2）根据企业预算定额（也可参照政府部门或行业协会发布的预算定额）及市场材料价格确定各分部分项工程的综合单价，该单价包含完成所列分部分项工程的直接费和间接费（此两项构成工程成本）、利润、税金和风险。

3）根据工程量及综合单价，最终确定出工程造价。

安装工程（综合单价法）计价程序见表1-4。

表1-4　安装工程（综合单价法）计价程序

序　号	费用项目	计算方法	备　注
①	分项直接工程费	人工费+材料费+机械费	
②	直接工程费中的人工费	人工费	
③	管理费	②×相应费率	
④	利润	②×相应利润率	
⑤	税前分项综合单价合计	①+③+④	
⑥	分项工程造价合计	Σ（分项工程量×分项综合单价）	
⑦	措施费	Σ（措施费项目量×措施费项目综合单价）	
⑧	规定费用	Σ（规定费用计费基数×相应费率）	
⑨	税金	（⑥+⑦+⑧）×综合税率	

1.3.3　综合基价法计价

综合基价法是指根据分部分项工程量，按照现行综合基价定额的分部分项工程综合基价计算出综合基价合计，综合基价费用经汇总后，再按照有关规定另行计算措施费、规费、利润和税金，形成工程造价的计价方法。

综合基价定额也是预算定额的范畴，它是在传统预算定额的基础上扩大了定额基价的费用范围，使定额基价中不仅包含了形成工程实体的人工费、材料费、机械费，还包含了工程管理费，所以定额基价就称作综合基价。这样做的目的：一是使工程价格的组成较清晰；二是把工程实体消耗与施工措施性消耗分离，引入竞争机制；三是为工程造价计算从工料单价法到综合单价法过渡做基础。

综合基价法计算工程造价的步骤为

1）根据施工图样及说明，按照工程量计算规则计算出工程量。

2）查套相应的综合基价定额，计算出综合基价合计。

3）按照关规定、企业自身情况及现场条件计算出措施费。

4）按照有关规定计算专项费用、利润和税金。

5）汇总合计得出工程造价。

以河南省现行规定为例，安装工程（综合基价法）计价程序见表1-5。

表1-5 安装工程（综合基价法）计价程序

序号	项目	计算方法
①	综合基价合计	Σ工程量×综合基价
②	基价中的人工费合计	Σ工程量×综合基价中的人工费
③	未计价材料费用	参照规定的方法计取
④	施工措施费	
④.1	施工技术措施	参照规定的方法计取
④.2	施工组织措施	参照规定的方法计取
⑤	差价（人工、材料、机械）	参考管理部门的价格信息及市场情况
⑥	专项费用	
⑥.1	社会保险费	②×规定费率
⑥.2	工程定额测定费	②×规定费率
⑦	工程成本	①+③+④+⑤+⑥
⑧	利润	②×利润率
⑨	税金	（⑦+⑧）×税率
⑩	工程造价合计	⑦+⑧+⑨

小　结

安装工程造价是反映拟建工程经济效果的一种技术经济文件，是为完成一项安装工程预计所花费货币多少的反映，也是完成一项安装工程预计所需用人工、材料、机械台班数量的反映。安装工程造价由直接费、间接费、利润和税金组成。其中，直接费和间接费构成工程成本。直接费包括直接工程费和措施费。措施费可以根据工程的具体情况、建筑安装企业自身情况确定。间接费包括规费和企业管理费。规费是国家规定的收费项目，不能更改。利润是建筑安装企业完成所承包工程获得的盈利。安装工程的利润计取基础一般是工程人工费，企业可根据市场竞争情况和企业自身实力自主确定利润率的高低。税金包括营业税、城市维护建设税、教育费附加等。城市维护建设税和教育费附加都是以营业税为基础计取的。根据建设工程所在地的不同，城市维护建设税实行差别税率。

建筑安装工程造价的计算办法主要有工料单价法和综合单价法。不同的计价方法其计算程序也不同：工料单价法是先按照所适用的预算定额中的工程量计算规则计算工程量，然后套用预算定额中的单价计算直接工程费，以直接工程费中的人工费为基础计取措施费、间接费和利润，最后以前几项费用和为基础计取税金，汇总得到安装工程的造价；综合单价法是首先根据企业定额或参照预算定额及市场材料价格确定各分部分项工程的综合单价（该单价包含完成所列分部分项工程的成本、利润和税金），然后根据各分部分项工程的工程量及综合单价确定工程造价。

思　考　题

1-1　什么是安装工程预算造价？

1-2　简述安装工程预算造价的分类及作用。

1-3　建筑安装工程造价由哪几部分费用组成？

1-4　什么是直接费？什么是直接工程费？

1-5　什么是间接费？其费用内容有哪些？

1-6　什么是建筑安装工程的利润？利润是怎么确定的？

1-7　什么是建筑安装工程的税金？税金是怎么计算的？

1-8　简述安装工程造价的计价方法及计价程序。

第2章　安装工程预算定额

学习目标

熟悉定额的概念；掌握预算定额的概念及作用；了解《全国统一安装工程预算定额》的组成；熟悉《全国统一安装工程预算定额》的作用、使用范围及适用条件；掌握《全国统一安装工程预算定额》的内容及基价组成；熟悉单位估价表的概念和确定方法。

关键词

定额　预算定额　全国统一安装工程预算定额　单位估价表

2.1　安装工程预算定额的概念及作用

2.1.1　安装工程预算定额的概念

1. 定额的概念

定额从本意上讲，定就是规定；额就是额度或限度。定额就是规定的额度或限度。

定额的定义可表达为：在合理的劳动组织和合理使用材料和机械的条件下，完成单位合格产品所消耗的资源数量标准。

规定完成单位合格产品所需消耗资源数量的多少称为定额水平。

生产某一合格产品，都要消耗一定数量的人工、材料、机具、机械台班和资金。生产一个产品，消耗越大，则产品的成本越高；反之，消耗越少，产品的成本越低。但是这种消耗并不能无限地降低，它在一定的生产条件下，必须有一个合理的数额。因此，根据一定时期的生产力水平和产品的质量要求，应规定出一个大多数人经过努力可以达到的合理的消耗标准，即定额。

2. 预算定额的概念

预算定额是指在正常的施工技术和施工组织条件下，规定拟完成一定计量单位的分部分项工程所需消耗的人工、材料和机械台班的数量标准。

预算定额是由国家主管机关或其授权单位组织编制并经审批批准后颁发执行的。

安装工程中的分部分项工程一般是指组成安装工程的最小工程单位，这个工程单位称为工程“子目”或“细目”，它是组成预算定额的最基本的工程项目单位体。将子目及子目内容按工程结构或生产规律排列起来，加上文字说明和编号，印制成册，即形成定额。表2-1是《全国统一安装工程预算定额》第二册《电气设备安装工程》第九章接地极（板）制作、安装的定额表格。

表2-1 接地极（板）制作、安装

工作内容：尖端及加固帽加工、接地极打入地下及埋设、下料、加工、焊接。（计量单位：根）

定额编号				2-688	2-689	2-690	2-691
项目				钢管接地极		角钢接地极	
				普通土	坚土	普通土	坚土
名称		单位	单价/元	数量			
人工	综合工日	工日	23.22	0.620	0.670	0.480	0.530
材料	电焊条结（422ϕ3.2）	kg	5.410	0.200	0.200	0.150	0.150
	钢锯条	根	0.620	1.500	1.500	1.000	1.000
	镀锌扁钢（—60×6）	kg	4.300	0.260	0.260	0.260	0.260
	沥青清漆	kg	5.140	0.020	0.020	0.020	0.020
机械	交流电焊机（21kVA）	台班	35.670	0.270	0.270	0.180	0.180
基价/元				27.26	28.42	20.22	21.38
其中	人工费/元			14.40	15.56	11.15	12.31
	材料费/元			3.23	3.23	2.65	2.65
	机械费/元			9.63	9.63	6.42	6.42

注：主要材料为钢管、角钢。

2.1.2 安装工程预算定额的作用

安装工程预算定额主要有以下几方面的作用：

1）安装工程预算定额是对设计方案进行技术经济评价，对新结构、新材料进行技术经济分析的依据。

2）安装工程预算定额是编制施工图预算，确定工程预算造价的依据。

3）安装工程预算定额是施工企业编制人工、材料、机械台班需要量计划，统计完成工程量，考核工程成本，实行经济核算的依据。

4）安装工程预算定额是在建筑工程招标、投标中确定标底和投标价，实行招标承包制的重要依据。

5）安装工程预算定额是建设单位拨付工程价款和竣工结算的依据。

6）安装工程预算定额是编制地区单位估价表、概算定额和概算指标的基础资料。

2.2 《全国统一安装工程预算定额》简介

《全国统一安装工程预算定额》（GYD—208—2000）是由国家建设部组织修订的一套较完整、较适用的安装工程预算定额，该定额于2000年3月17日起陆续发布实施，共分13册。

2.2.1 《全国统一安装工程预算定额》的组成

第一册 《机械设备安装工程》

第二册 《电气设备安装工程》

第三册 《热力设备安装工程》
第四册 《炉窑砌筑工程》
第五册 《静置设备与工艺金属结构制作安装工程》
第六册 《工业管道工程》
第七册 《消防及安全防范设备安装工程》
第八册 《给水、采暖、燃气工程》
第九册 《通风空调工程》
第十册 《自动化控制仪表安装工程》
第十一册 《刷油、防腐蚀、绝热工程》
第十二册 《通信设备及线路工程》
第十三册 《建筑智能化系统设备安装工程》

2.2.2 《全国统一安装工程预算定额》的作用及使用范围

1.《全国统一安装工程预算定额》的作用

《全国统一安装工程预算定额》是完成规定计量单位分项工程计价所需的人工、材料、机械台班的消耗量标准，是统一全国安装工程预算工程量计算规则、项目划分、计量单位的依据；是编制安装工程地区单位估价表、施工图预算、招标工程标底，确定工程造价的依据；是编制概算定额（指标）、投资估算指标的基础；也可作为制定企业定额和投标报价的基础。

2.《全国统一安装工程预算定额》的使用范围

《全国统一安装工程预算定额》适用于各类工业建筑、民用建筑、扩建项目的安装工程。

2.2.3 《全国统一安装工程预算定额》的编制依据

1）国家现行的产品标准、设计规范、施工及验收规范、技术操作规程、质量评定标准和安全操作规程。

2）国内大多数施工企业的施工方法、施工组织管理水平、技术工艺水平、劳动生产率水平、装备水平、机械化程度等。

3）现行的施工定额，即劳动定额、材料消耗定额、机械台班使用定额。

4）北京市人工工资标准及材料预算价格、1998年建设部颁发的《全国统一施工机械台班费用定额》。

5）现行的标准图、通用图等。

2.2.4 《全国统一安装工程预算定额》的适用条件

《全国统一安装工程预算定额》是按正常施工条件进行编制的，所以只适用于正常施工条件。

正常施工条件包括：

1）设备、材料、成品、半成品及构件完整无损，符合质量标准和设计要求，附有合格证书和试验记录。

2）安装工程和土建工程之间的交叉作业正常。

3）安装地点、建筑物、设备基础、预留孔洞等均符合安装要求。

4）水、电供应均满足安装施工正常使用。

5）正常的气候、地理条件和施工环境。

当在非正常施工条件下施工时，如在高原、高寒地区、洞库、水下等特殊自然地理条件下施工，应根据有关规定增加其费用。

2.2.5　《全国统一安装工程预算定额》手册的内容

《全国统一安装工程预算定额》共 13 册，每册均由总说明、册说明、目录、章说明、定额项目表、附注和附录组成。

1. 总说明

各册定额的总说明是完全一样的，主要说明《全国统一安装工程预算定额》的作用、编制依据、各种消耗量的确定，对垂直及水平运输的说明以及其他有关说明。

2. 册说明

册说明是对本册定额共同性问题作的综合说明与有关规定，包括：①本册定额的适用范围；②定额的编制条件；③工日、材料、机械台班实物耗量的确定依据和计算方法，预算单价的确定依据和计算方法以及有关规定；④有关费用（如脚手架搭拆费、高层建筑增加费、操作高度超高费等）的计取；⑤本册定额包括的工作内容和不包括的工作内容；⑥本册定额在使用中应注意的事项和有关问题的说明。

3. 目录

目录为查找、检索定额项目提供方便。

4. 章说明

章说明主要是对本章定额共同性问题所作的说明与有关规定，包括：①本章工程定额包括的主要工作内容和不包括的工作内容；②使用本章定额时的一些基本规定和有关问题的说明，如定额子目基价的换算说明，一些工程内容界限的划分，本章定额项目的适用范围等。

5. 定额项目表

定额项目表是每册定额的重要内容，它将安装工程基本构成要素有机组列，并进行编号，以便检索应用，包括：①分项工程的工作内容，一般列在项目表的表头；②一个计量单位的分项工程人工消耗量、材料消耗量、机械台班消耗的种类和数量标准，包括未计价材；③预算定额基价，即人工费、材料费、机械台班使用费的合计（货币指标）；④人工、材料、机械台班单价（不含未计价材）。

6. 附注

附注在定额项目表的下方，解释一些定额说明中未尽的问题。

7. 附录

附录主要提供一些有关资料，如施工机械台班单价表、主要材料损耗率、定额中材料的预算价格等，放在每册定额表之后。

【例 2-1】　现以表 2-1 的 2-688 子目为例来说明《全国统一安装工程预算定额》中表格表现的内容。

解　2-688 是钢管接地极普通土定额子目，其内容为：

1）定额编号：2-688。

2）项目名称：钢管接地极（普通土）。

3）计量单位：根。

4）定额消耗的综合工日为0.62工日，定额规定的预算工资标准为23.22元/工日，则：基价人工费=定额综合工日数量×定额综合工日单价=0.62工日×23.22元/工日=14.40元。

5）定额消耗的安装材料有：电焊条结（422ϕ3.2）0.20kg（单价为5.41元/kg）；钢锯条1.50根（单价为0.62元/根）；镀锌扁钢（—60×6）0.26kg（单价为4.30元/kg）；沥青清漆0.02kg（单价为5.14元/kg）。则：基价材料费=∑（材料定额消耗量×相应单价）=0.20kg×5.41元/kg+1.50根×0.62元/根+0.26kg×4.30元/kg+0.02kg×5.14元/kg=3.23元。

6）定额机械台班消耗量为21kVA交流电焊机0.27台班（单价为35.67元/台班）。则：基价机械费=定额机械台班消耗量×台班单价=0.27台班×35.67元/台班=9.63元。

7）分项定额基价=基价人工费+基价材料费+基价机械费=14.40元+3.23元+9.63元=27.26元。

8）该项目的未计价材为钢管，但没有在表格中表现，而是用附注的形式表现在表格的下方。

2.2.6 《全国统一安装工程预算定额》的基价

定额基价是一个计量单位的分项工程的基础价格，从上面内容可知，定额基价是由人工费、材料费、机械台班使用费组成的。

1. 人工费

人工费 = 综合工日×工日单价

1）综合工日包括基本用工、其他用工以及人工幅度差。

2）工日单价取用北京地区安装工人人工费单价，每工日23.22元，包括基本工资和工资性津贴等。

2. 材料费

材料费=材料消耗量×材料单价

1）材料消耗量包括直接消耗在安装工程中的主要材料、辅助材料和零星材料等，并计入了相应损耗。

2）在定额项目表中的材料栏中，常看到有的数字是“（　）”括起来的，括号内的材料数量是该子项目工程的材料消耗量，但其价值并未计入基价，所以这种材料就称为未计价材料。编制预算时未计价材料费用应按括号内的数量按地区材料价格进行计算。另外，有的未计价材料是在附注中注明的，此时应按设计用量加损耗量，按地区材料价格计算其价值。

3）周转性材料均按摊销量计入定额子目。

4）定额中材料单价采用北京市1996年材料预算价格。

3. 机械台班使用费

机械台班使用费=台班消耗量×台班单价

1）定额中的机械台班消耗量是按正常合理的机械配备和大多数施工企业的机械化程度综合取定的。实际施工中品种、规格、型号、数量与定额不一致，除章节另有说明外，均不做调整。这一点在使用定额时应特别注意。

2）施工机械台班单价是按1998年颁发的《全国统一施工机械台班费用定额》计算的，其中不包括养路费和车船使用税等，该部分费用可按各地规定另计。

2.3　安装工程单位估价表

2.3.1　单位估价表的概念

单位估价表又称为地区单位估价表。它是将《全国统一安装工程预算定额》规定的人工、材料及施工机械台班的消耗数量，按照本地区的工资标准、材料预算价格和施工机械台班单价，计算出以货币形式表示的各分部分项工程或结构构件的单位价格。

1. 单位估价表的内容

单位估价表的内容由两部分组成：一是《全国统一安装工程预算定额》规定的人工、材料及施工机械台班的消耗数量；二是预算价格，即与上述三种数量相对应的三种价格，这三种价格是综合工日日工资单价、材料预算价格和施工机械台班单价。编制地区单位估价表就是把预算定额中的“三量”与“三价”分别结合起来，得出“三费”，即人工费、材料费、施工机械台班费，“三费”之和构成该子项工程的“基价”，用公式表示是：

$$人工费=\sum（定额人工消耗量\times工资单价）$$

$$材料费=\sum（定额材料消耗量\times材料预算单价）$$

$$施工机械台班费=\sum（定额施工机械台班消耗量\times施工机械台班单价）$$

$$子项工程基价=人工费+材料费+施工机械台班费$$

2. 单位估价表的编制

地区单位估价表一般按行政区域来编制，以省、自治区、直辖市驻地中心的工资标准、材料预算价格、施工机械台班单价编制。根据需要也可以按特定的经济区域来编制，如以某经济开发区、某重点建设区中心的工资标准、材料预算价格、施工机械台班单价编制。地区单位估价表经当地基本建设主管部门批准颁发后，供在规定区域范围内施工的工程使用。如果修改或补充，应取得定额批准机关的同意，未经批准不得任意变动。

3. 单位估价表与未计价材料

利用《全国统一安装工程预算定额》编制地区单位估价表时，对未计价材料一般有两种处理办法：一种是对《全国统一安装工程预算定额》中的未计价材料部分，按照当地的材料预算价格及《全国统一安装工程预算定额》规定的材料消耗量编入地区单位估价表的主材费或材料费内，使地区单位估价表构成完整的单价，即单位估价汇总表。采用这种办法编制的地区单位估价表，在编制工程预算时可以直接套用，使用比较方便，但单位估价表的子目多、篇幅大。另一种方法是编制地区单位估价表仍保持《全国统一安装工程预算定额》的形式，即未计价材料只编制地区材料预算价格，不编入单位估价表，在编制预算时将未计价材料单独列项计算后计入直接费。

2.3.2　单位估价表单价的确定

1. 人工工资单价的确定

（1）工资等级和工资等级系数的确定　表2-2为安装工人工资等级表，我国建筑安装工人实行八级工资制，把一级工的等级系数定为1，二~八级工的日工资标准均为一级工的不同倍数，如八级工的日工资标准是一级工的3.15倍。对于人工工资单价的确定，只要确定了一级工的日工资标准，就可以计算出其他级别工人的日工资标准。

表2-2 安装工人工资等级表

工程等级	一	二	三	四	五	六	七	八
等级系数 级差比（%）	1.00	1.178 17.8	1.388 17.8	1.635 17.8	1.926 17.8	2.269 17.8	2.672 17.8	3.15 17.8

在分项工程施工过程中，完成施工任务的往往是劳动小组，这个工人小组的平均工资等级不一定是一个整数。比如说，一个工人小组的平均工资等级可能是3.4级或5.1级，这时工资等级系数可以采用内插法进行计算。

如计算3.4级工的工资等级系数。通过表2-2可以查到：3级工的工资等级系数是1.388，4级工的工资等级系数是1.635，那么：3.4级工的工资等级系数 = 1.388 + (1.635 − 1.388) × 0.4 = 1.487。

（2）日工资标准的确定　有了工资等级、工资等级系数，并以一级工的工资标准为基数，即可直接计算出各级工人的日、月工资标准。其计算公式如下：

某级工人月工资标准 = 一级工月工资标准 × 某级工工资等级系数

某级工人日工资标准 = 月工资标准/全月法定工作日

2. 材料预算单价的确定

材料预算单价是指材料（包括半成品、配件等）由来源地（或交货地点）运到工地现场（包括工地仓库、加工地点、材料堆放场）存放与保管之后的出库价格。材料从发货地点开始到用料地点仓库发料为止，要经过材料的采购、装卸、运输、包装、保管等过程。在整个过程中所发生的费用，包括材料原价、供销部门手续费、包装费、运杂费和采购保管费等。其计算公式如下：

材料预算单价 = [材料原价 ×（1 + 供销部门手续费率）+ 包装费 + 运杂费] ×
（1 + 采购及保管费率）− 包装品的回收价值

（1）材料原价　材料原价是指材料的出厂价、市场批发价、国营商业部门的批发价格以及进口材料的离岸价或到岸价。在确定原价时，若同一种材料因产地或供应单位不同而有几种原价的，应根据不同来源地的供应数量及不同单价，采用加权平均的方法计算原价。

（2）供销部门手续费　材料供销部门手续费是指材料通过当地物资供应部门（物资局材料公司、材料供应站）供应所收取的附加手续费。不经物资供应部门而直接从生产厂家所采购的材料，则不收取此项费用。供应部门的手续费按各地物资部门及供应部门的取费标准计算。

供销部门手续费 = 材料原价 × 供销部门手续费率

（3）包装费　材料包装费是指为了便于材料运输、减少损耗以及保护材料而进行包装所需要的费用。由于部分包装材料在使用之后仍具有一定的经济价值，即包装品的回收价值，因此，应从材料包装费中予以扣除。

（4）运杂费　材料运杂费是指材料采购部门由来源地到工地仓库全部过程中所发生的一切运杂费用，主要包括调车费（驳船费）、装卸费、运输费、附加工作费及途中损耗。

（5）采购保管费　材料采购保管费是指材料采购部门在组织采购供应和保管材料过程中所发生的各种费用，包括各级材料采购部门的职工工资、职工福利、差旅及交通费、办公费等。

采购保管费 =（材料原价 + 供销部门手续费 + 包装费 + 运杂费）×采购保管费率

3. 施工机械台班单价的确定

施工机械台班单价由两部分费用组成：第一类费用和第二类费用。

第一类费用是一种比较固定的费用，又称不变费用，其特点是不论机械开动与否都须支付，主要包括折旧费、大修理费、经常修理费、安拆费及场外运输费等。

第二类费用是一种变动费用，又称可变费用，其特点是只有机械运转才会发生，主要包括机上人工费、燃料动力费、养路费及车船使用费等。

施工机械台班单价确定的原理与确定人工单价和材料单价的原理相同，是通过施工机械台班单价中所包括的内容乘以机上工人工资单价、材料、燃料、动力等单价计算出来的。

小　　结

定额是一种规定的额度，从广义上理解就是处理或完成待定事物数量上的限度。预算定额是工程建设中，在正常的施工技术和施工组织条件下，完成一定计量单位的分部分项工程所规定消耗的人工、材料和机械台班等资源的数量标准。预算定额是计算建筑安装产品价格的基础，它反映了工程建设与各种资源消耗之间的客观规律。由于我国地域广大，各地的生产力水平不同，我国建设工程预算定额也不统一，各地都有自己的建筑安装预算定额。《全国统一安装工程预算定额》是建设部批准的通用的安装工程预算定额，是编制施工图预算、招标工程标底，确定工程造价的依据；是各地区编制安装工程预算定额或单位估价表的基础；也是建筑安装企业编制企业定额及投标报价的基础。《全国统一安装工程预算定额》一共有13册，在使用时一定要注意每册定额的适用专业范围，注意各定额册之间的关系。以《全国统一安装工程预算定额》为基础编制的单位估价表，其单位价格的构成是编制估价表地区的人工费、材料费、机械费，特别是材料费的组成，在学习过程中注意理解。

思 考 题

2-1　什么是定额？

2-2　简述预算定额的作用。

2-3　《全国统一安装工程预算定额》手册的内容有哪些？其主要内容是什么？

2-4　什么是定额基价？定额基价由哪些费用组成？

2-5　简述“未计价材料”的概念及“未计价材料”在定额中的表现形式。

2-6　材料预算价格由哪几部分费用组成？

2-7　什么是单位估价表？其组成内容有几部分？

第3章　建筑安装工程施工图预算的编制

学习目标

了解施工图预算的概念、作用、编制依据；熟悉施工图预算的编制程序；熟悉安装工程施工图预算书的编制内容及格式；熟悉工程量计算的概念、意义、原则；掌握安装工程工程量计算的方法和特点；掌握预算定额使用中应注意的问题。

关 键 词

施工图预算　安装工程量　未计价材料

3.1　概述

3.1.1　施工图预算的概念

施工图预算是指建设工程开工前，根据施工图样、预算定额、施工现场条件及有关规定所编制的一种确定工程建设施工阶段造价的技术经济文件。它是以单位工程为编制对象，以分项工程划分项目，按相应的专业预算定额及其项目为计价单位所编制的工程预算。

3.1.2　施工图预算的作用

1. 施工图预算最主要的作用就是为建筑安装产品定价

施工图预算所确定的安装工程造价是建筑安装产品的计划价格。由于建筑安装产品生产的技术经济特点以及现阶段建筑市场机制和价值规律的客观要求，仍然要按施工图预算这一特殊的计价程序来计算和确定建筑安装产品的计划价格。按此方法确定的工程造价，能为编制基本建设计划、考核基本建设投资效益提供可靠的依据。

2. 施工图预算是建设单位和建筑安装企业经济核算的基础

施工图预算是建筑安装企业确定工程收入的依据，是核算工程预算成本的根据。对于建设单位，是进行经济核算和编制计划、决策的主要依据。

3. 施工图预算是编制工程进度计划和统计工作的基础，是设备、材料加工订货的依据

在工程建设计划编制中，确定工程项目和工程量的主要依据是施工图预算中的有关指标；安装工程施工中需要加工订货的材料、设备数量，应以预算的实物量指标作为控制的依据，防止盲目采购或加工，从而突破预算货币指标。

4. 施工图预算是编制工程招标标底和工程投标报价的基础

工程建设实行招投标承包时，工程招标标底可以按施工图预算所确定的工程造价为基础进行编制。同样，投标单位投标报价也可以施工图预算为基础，考虑本企业的实际水平，充分利用自身的优势和相应的投标报价策略而确定。

3.1.3 安装工程施工图预算的编制依据

由于建筑安装产品本身的特殊性和复杂性，使得安装工程施工图预算编制过程也很复杂。要编制一份完整的安装工程施工图预算，要有足够的依据并考虑诸多因素才能完成。其主要依据有：

1. 完整的施工图设计文件

施工图设计文件包括图样目录、说明、材料设备表、平面图、系统图、剖面图、大样图，图样会审文件和设计变更通知等。

施工图设计文件是编制工程预算，确定分项名称和工程数量的技术依据。

2. 施工组织设计或施工方案

施工组织设计或施工方案是确定单位工程的施工方法、施工进度计划、施工现场平面、工种工序穿插配合以及主要技术措施等内容的文件。它与计算工程量、选用定额、计算有关费用等都有重要关系。

3. 计算直接费、间接费和工程其他费用的标准及依据

现行的有关预算定额、单位估价表、工程造价计价等有关规定，是划分工程项目、计算工程量、套用定额单价、计算工程费用的标准及依据。

4. 现行的安装工程材料、设备预算价格

材料、设备预算价格是定额单位估价表的编制基础。在安装工程预算定额、单位估价表中，一般为了适应较大的适用范围，一些主要材料和设备价值没有列入基价，编制预算时，需要根据工程实用的品种规格，依据预算价格资料计入造价之中。另外，若编制某些项目的补充定额时，也需要运用预算价格。

5. 现行的费用计算规定和与造价有关的其他规定

费用计算规定是计取施工措施费、专项费用、利润、税金等各项费用的基本依据。为适应一定时期内的变化，除定额及各项费用计算规定外，工程造价管理部门会根据变化的市场形势和政策，随时颁发一些与工程造价计算有关的文件和规定，这些也都是编制工程预算，确定工程造价的重要依据。

6. 有关工具书及手册

设计所要求的某些设备、材料或器具，在编制预算时往往要查取一些必要的数据，如质量、断面、面积、外形尺寸等，有些必须要查阅有关的手册或工具书才能确定。

7. 工程合同或协议

合同或协议中，对工程造价的计算、结算方式、甲乙双方的责任和义务及针对具体工程的特殊要求等，都作出了具体的约定。在编制工程预算时，要以合同或协议中约定的相应条款为依据。

3.1.4 安装工程施工图预算的编制程序

安装工程施工图预算的编制是一项复杂而又细致的工作，并具有较强的政策性、科学性、经济性，需要一定的编制程序和一套科学的方法。由于条件、工作习惯、编制者水平等的不同，在编制中有的环节和手法会因人而异，但基本的程序和方法应是一致的。其基本程序和方法如下：

1. 做好编制前的准备

首先要熟悉施工图样，参加施工图的技术交底和图样会审，详尽地了解施工图样和有关设计文件；熟悉施工组织设计（方案），了解施工方法、工序和操作工艺及现场的施工条件等；收集和选定有关材料、设备价格，确定相应定额、估价表及与编制预算有关的文件及规定等。

2. 划分预算分部、分项子目

预算编制之前，为避免重复或遗漏，首先要按图样并结合专业进行单位工程划分和分工。一般安装工程可直接根据不同单位工程的设计图样划分；对大型安装工程，专业多、图样多、参编人员多，需要由专业预算人员根据图样和预算定额或单位估价表，列出预算的分部分项子目，这些子目既是计算工程量的目录，也是套用定额或单位估价表时要对应的，同时还可以避免漏项或重复。

3. 计算工程量

工程量是预算造价的基础数据，工程量计算是预算编制工作中工作量最大的内容之一。工程量计算要符合工程量计算规则的规定，计算方法要求正确，防止重复计算或遗漏。计算底稿要力求简捷、精确，且具有可查性。计量单位与预算定额的单位要保持一致。

4. 套用预算定额或单位估价表，计算直接工程费

工程量计算完毕后，应进行整理、汇总，按一定格式填写定额项目及工程量，套用预算定额或单位估价表，计算直接工程费。在计算直接工程费时要注意以下问题：

1）遇有定额未包括的新技术、新工艺、新材料或设备的应用时，应按有关规定换算或编制一次性补充定额。

2）安装工程的基价和未计价材料应分别填列，注意计量单位与单价单位口径一致，当定额中无主材含量时，其主材应根据工程量和定额规定的损耗率加计损耗，计算出材料消耗量，列入未计价材消耗量中。

3）直接工程费用，除了套用定额子目计取的费用之外，还有一部分按系数计取的费用，需要在子目套用完毕后根据规定计取。各单位工程应根据工程特征，按照各定额册规定的系数计算规则、方法和标准计取有关的费用，如工程超高增加费、高层建筑增加费、脚手架搭拆费等（各系数的具体内容详见后面有关介绍）。

5. 费用计取

单位工程直接工程费汇总后，计算施工技术措施费和施工组织措施费，按照费用计算标准和费用计算程序计算工程成本、利润和税金，汇总计算单位工程造价。

6. 计算有关指标

根据需要计算能反映工程造价主要数据的有关指标，如建筑平方米安装造价指标，主要材料耗用指标，万元定额主要材料含量、人工、机械单位耗用水平等。

7. 编制工程预算书

为了保证预算书的清晰、明了、标准，除计算表格和必要数据外，编制说明也是一项必不可少的内容。完成后的工程预算应经有关人员和部门进行审核后，按规定的格式整理出正式预算书。

3.2　工程量计算及使用预算定额应注意的问题

3.2.1　工程量计算

工程量是衡量安装工程建设规模的实物量，是计算直接工程费的基础，也是预算编制的原始数据。工程量的多少，将影响到工程造价的高低，所以工程量计算是否准确与合理，就直接影响到预算编制的准确性。

工程量计算是在准确的识读工程图、具备一定的专业知识、掌握建筑安装工程各专业的工程量计算规则的基础上进行的。工程量计算是预算编制的难点，必须引起足够的重视。

1. 安装工程量的概念

以物理量单位或自然计量单位表示的安装工程各个具体工程子目或结构构配件的数量，称为安装工程量。

所谓物理量单位，就是指按法定计量单位表示的工程子目数量，它包括长度（m）、面积（m^2）、体积（m^3）、质量（t或kg）四种计量单位。

长度（m）：一般指安装工程的“延长米”，如导线敷设、管道安装等，均以长度计量。

面积（m^2）：一般指物体外围或表面的范围，有外围面积、净（实）面积、展开面积等区别，安装工程多以展开面积计算，如通风管道、刷油防腐等工程。

体积（m^3）：一般指空间范围或建筑实体体积，有外围体积与实体积之分，如管道的保温绝热、挖填土方量等。

质量（t或kg）：指统一的重力计量，如金属构件、配件及一些成品或半成品等的质量。

自然计量单位，一般指工程子目中所规定的施工对象本身的自然组成情况，如台、套、组、个、只、系统、块或它们的倍数。安装工程中大量地使用自然计量单位。如配电箱、灯具、插座、阀门、卫生洁具、散热器等安装工程，都采用自然计量单位计量。

2. 工程量计算的原则

实践表明，同一套施工图样的同一个单位工程，不同人员编出的预算价不同，甚至同一个人在不同时间计算的结果也是不一致的。究其原因，除了不熟悉图样外，主要是没有完全掌握“工程量计算规则”，没有严格遵照工程量计算基本原则和要求，从而导致工程量项目划分不一致或工程量计算错误。

工程量计算不仅要求数值准确，而且还应使每一项工程量的项目都能和预算定额中的项目一致，这样才能正确的套用定额单价，提高安装工程造价的准确性。为此，计算工程量时应遵循以下几项原则。

1）工程项目名称必须与预算定额子目口径相一致。在工程量计算时，根据施工图列出的工程子目口径（指工程子目所包括的工作内容和工作范围），与预算定额中相应工程子目口径必须一致，以便于套价。

2）工程量计算必须遵循工程量计算规则。工程量计算规则是指预算定额中对各计价项目的工程量计算范围和计量单位所作的统一规定。它是工程量计算的标准和依据，也是预算定额执行的法定内容。

3）必须按定额套价项目分别计算工程量。工程量计算的目的，在于分项套价。一个项目应有一项工程量，套一项定额；不同的项目要分别计算工程量（“一数多用”也应分项列出），才能分别套价。若定额的编号和基价不同，就标志着计价项目不同，必须分项计算工程量。

4）必须按规定的计量单位计算工程量。定额中各个计价项目都有规定的计量单位（物理量单位或自然计量单位），工程量的计量单位与定额项目的计量单位不一致就绝对不能套定额单价，否则将导致分项直接费计算错误。

5）必须按一定的精度要求计算工程量。工程量的计算精度涉及直接工程费精度，将影响到预算造价的精度。汇总安装工程量时，其准确度取值为：以 m^3、m^2、m 为单位的保留两位小数，以 t 为单位的保留三位小数，自然计量（台、套或件等）取整数。需保留两位或三位小数位数的按四舍五入取舍。

3. 工程量计算的一般方法

在划分项目的基础上，一般采用“按图列式、逐项计算、全面核对”的方法，分项逐条地计算工程量。计量的一般方法是：

（1）主要依据　工程量计算的主要依据是施工图、预算定额和工程量计算规则。施工图是工程内容、做法和数量的表现形式，而预算定额和工程量计算规则是计量和套价的标准。

（2）识读工程图　掌握识读工程图的基本方法，能够熟练地识读施工图。只有弄清施工图的内容及其设备、材料的型号、规格、尺寸，才能准确地计算各个项目的工程量。

（3）熟悉有关预算定额　熟悉有关专业的安装工程预算定额，明确定额的分项内容和相应的工程量计算规则。熟悉定额是防止重复计算或漏项的关键，也是准确套价的基础。在计量时应首先根据施工图内容，对照相应的安装定额确定主要预算项目，找出相应定额编号，逐项计算工程量，可避免重项与漏项，减少差错。

（4）计算顺序　在大量施工图和众多定额基价项目中，如何选择工程量的合理计算顺序，是确保工程量计算做到内容全面、便捷明了、列式系统、一式多用的关键。常用的工程量计算顺序有按图样顺序（编号、轴线、层段、上下、左右、内外、总详等）、按施工顺序（基础、结构、装修、安装）、按系统顺序（管线、干支、进出、编号、型号、规格等）和按定额顺序等多种。

对安装工程管线部分，一定要看懂系统图和原理图，根据由进到出、从干到支、从低到高、先外后内的顺序，按不同敷设方式，分规格逐段计算其长度。管线计算应按定额规定加入预留尺度或余量。

设备及仪器、仪表等，要区分成套或单件，按不同规格型号在施工图上点清数目，与材料表（或设备清单）对照后，最后确定预算工程量。多层建筑要逐层有序地清点，并对照其在系统图中的位置。

凡以物理量单位（m、m^2、m^3、t）确定安装工程量的设备、管道及零部件等，其工程量的计算有的可查单位质量表，有的应先定长度再计算（风管要用展开面积 m^2），有的用几何尺寸和公式计算，这些方法都应以有关定额说明为依据。

（5）计算公式　在工程量计算表中列出计算公式是计算工程量的基本要求之一。工程量计算表中的栏目一般应有序号、项目名称、计量单位、数量、计算公式等，以便在“一式多用”或“一数多用”时直接引用。在计算公式中，主要尺寸的来源应标注清楚，以便复核。一个定额计价项目涉及众多部位时，尽可能按部位的不同分别列出计算公式计算，再进行汇总，以便套价。

(6) 计算单位　工程量的计算单位必须与相应定额项目中的计量单位一致。考虑到物理量 m、m^2、m^3 三者之间的转换关系，而某些工程量在尺寸上有一定的内在联系，因此在工程量计算中，第一次出现的数据应逐项、分层次地列出，以便引用。

3.2.2　主要材料的表现形式与费用计算办法

定额中的材料一般有以下两种表现形式。

1. 定额中的未计价材料

未计价材料是指在定额中只规定了它的名称、规格、品种和消耗量，定额基价中未计入材料价值的这部分材料。分部分项工程中的主材大都为未计价材料。

未计价材料在定额中一般有两种表现形式，相应的计算未计价材料价值的方法也有两种。

1）定额表格中列出了有定额含量的未计价材料。表3-1为《全国统一安装工程预算定额》第二册电气设备安装工程第十三章中的开关安装项目。

表3-1　开关

工作内容：测位、划线、打眼、埋缠螺栓、清扫盒子、上木台、缠钢丝弹簧垫、装开关、接线、装盒。

（计量单位：10套）

定额编号				2-1637	2-1638	2-1639	2-1640
项目				板式暗开关（单控）			
				单联	双联	三联	四联
名称		单位	单价/元	数量			
人工	综合工日	工日	23.22	0.850	0.890	0.930	0.980
材料	照明开关	只	—	(10.200)	(10.200)	(10.200)	(10.200)
	圆木台[(63～138)×22]	块	1.220	—	—	—	—
	塑料绝缘线（BLV—2.5mm²）	m	1.080	3.050	4.580	6.110	7.640
	木螺钉[φ(2～4)×(6～65)]	10个	0.130	2.080	2.080	2.080	2.080
	镀锌铁丝（18#～22#）	kg	7.800	0.100	0.100	0.100	0.100
	其他材料费	元	1.000	0.130	0.180	0.229	0.279
	基价/元			24.21	26.85	29.47	32.34
其中	人工费/元			19.74	20.67	21.59	22.76
	材料费/元			4.47	6.18	7.88	9.58
	机械费/元			—	—	—	—

表3-1材料栏目中，把照明开关的定额消耗量用括号括起来，就表明其价值未计入定额基价内，在计算其费用时，应按下式计算照明开关的费用：

$$未计价材料数量 = 按施工图算出的工程量 \times 括号内的材料消耗量$$

$$未计价材料价值 = 未计价材料数量 \times 材料单价$$

【例3-1】　某电气照明工程须安装双联单控板式暗开关30套，每套开关的预算单价为10元。试求开关的总价值。

解 双联单控板式暗开关，应套用2-1638子目，开关定额含量为10.2套/10套。该工程中：

开关总消耗量＝10.2套/10套×3（10套）＝30.6套

开关总价值＝30.6套×10元/套＝306元

编制预算时，按上式计算的主材价值可以直接与定额基价合并，也可以单列。

2）定额表格中未列含量的未计价材。表3-2为《全国统一安装工程预算定额》第二册电气设备安装工程第九章接地极（板）制作、安装的定额表格。

表3-2 接地极（板）制作、安装

工作内容：尖端及加固帽加工、接地极打入地下及埋设、下料、加工、焊接。（计量单位：根）

定额编号				2-688	2-689	2-690	2-691
项目				钢管接地极		角钢接地极	
				普通土	坚土	普通土	坚土
名称		单位	单价/元	数量			
人工	综合工日	工日	23.22	0.620	0.670	0.480	0.530
材料	电焊条结422ϕ3.2	kg	5.410	0.200	0.200	0.150	0.150
	钢锯条	根	0.620	1.500	1.500	1.000	1.000
	镀锌扁钢—60×6	kg	4.300	0.260	0.260	0.260	0.260
	沥青清漆	kg	5.140	0.020	0.020	0.020	0.020
机械	交流电焊机21kVA	台班	35.670	0.270	0.270	0.180	0.180
基价/元				27.26	28.42	20.22	21.38
其中	人工费/元			14.40	15.56	11.15	12.31
	材料费/元			3.23	3.23	2.65	2.65
	机械费/元			9.63	9.63	6.42	6.42

注：主要材料为钢管、角钢。

表3-2中的定额表格中未列钢管、角钢的单位消耗量，仅在表格下方辅助说明了钢管、角钢是主要材料，在这种情况下，未计价材料首先按其施工图图示设计用量加上定额规定的主要材料损耗量计算出总消耗量，然后再计算出主材价值。计算公式如下：

未计价材料数量＝按施工图算出的工程量×（1＋施工损耗率）

未计价材料价值＝未计价材料数量×材料单价

【例3-2】 某防雷接地工程须埋设角钢（∟50×5）接地极24根，每根长2.5m，角钢每吨的价格为3500元，试计算角钢的总价值。

解 角钢接地极的敷设，根据土质应套用2-690或2-691子目，查第二册后附材料损耗率表，可知型钢的损耗率为5%，又知该规格角钢的每米质量为3.77kg。该工程中：

角钢总长度＝24根×2.5m/根＝60m

角钢总消耗量＝60m×3.77kg/m×（1＋5%）＝237.51kg＝0.238t

角钢总价值＝0.238t×3500元/t＝833元

2. 定额中已计价的材料

在定额制定时，将消耗的辅助或次要材料价值，计入定额基价中，这些材料就称为计价材料。表3-1、表3-2两个定额表格的材料栏目中，材料数量不带括号的，说明是计价材料，其价值已计入定额基价内，编制预算时不应另行计算。

3.2.3　设备费的计算方法

安装工程包括两个工作内容：一是安装设备；二是将材料加工制作成配件、构件与元件并装配成所需产品。安装设备只计算安装工作所需费用，若将材料加工、制作成产品时，不但要计算加工和安装费，还要计算材料的价值。所以要弄清什么是设备，什么是材料，才能正确理解定额并执行定额。

设备安装只计算安装费，其设备的价值另行计算，不列入单位工程造价中。但值得注意的是定额中个别安装项目中的设备，并没有按照设备处理，而是按计价材料或者是未计价材料处理，所以设备费的计算可分为两种情况：

1. 定额列有含量的设备

定额列有含量的设备不论为未计价设备（其定额含量带括号）或已计价设备（其设备价值已计入基价），均按主材方式处理，构成直接工程费。

2. 定额未列含量的设备

此类设备首先应判别其是否构成直接工程费，一般可按下列标准划分：

1）材料损耗率表中列有项目的设备。这是属于材料性质的设备，同样按主材方式处理，构成直接工程费。

2）定额损耗率表未编入的设备。在国家无统一标准前，根据地区有关规定划分，如地区也无统一规定时，可参照下列原则划分：一般对生活用设备及属建（构）筑物有机组成的设备，如生活用锅炉，照明用电力变压器等，其设备费属工程直接费；生产用设备的设备费不属直接工程费，介于两者之间时，按设计文件指明的用途，以主要用途为划分标准。

对某些现场组装或部分现场组装的生产设备，其现场组装部分可套用相应定额列入直接工程费，工程量不易划分时，可按百分比估算。

属于直接工程费范畴的设备，其价值按主材方式处理，构成直接工程费；不属于直接工程费范畴的设备，其价值一般不列进单位工程预算，如需列入时也不构成直接工程费，按独立费处理，不再计算其他费用。

3.2.4　几项用系数计算的费用

安装工程预算定额中，把不便列项目的内容，如工程超高增加费、高层建筑增加费、脚手架搭拆费等，用规定的系数计算其费用。这些系数可分为子目系数和综合系数，它们列在各专业定额册的册说明中或定额总说明中。

各册中的工程超高增加费系数、高层建筑增加费系数等均为子目系数。脚手架搭拆费系数、安装与生产同时进行增加费系数、在有害人身健康的环境中施工的增加费系数均是综合系数。子目系数是综合系数的计算基础。如果某一个工程同时要计取工程超高增加费、高层建筑增加费、脚手架搭拆费用时，则应先计取工程超高增加费、高层建筑增加费等子目系数，并将其中的人工费纳入脚手架搭拆费等综合系数的计算基数，再计算脚手架搭拆费。

上述两类系数计算所得的费用均属于直接工程费的构成内容。

1. 高层建筑增加费

（1）概念　高层建筑增加费是指在高层建筑（高度在6层或20m以上的工业与民用建

筑）施工增加的人工降效及材料垂直运输增加的人工费用。

1）高层建筑的定义。在安装工程预算定额中，多层建筑超过6层（不含6层），或层数虽未超过6层但建筑物高度超过20m（不含20m）的，两个条件具备其一，即属高层建筑，可以计算高层建筑增加费。

2）建筑高度。建筑高度是自设计室外地面算至檐口滴水的高度，不包括屋面水箱间、电梯间、女儿墙、屋面平台出入口等的高度。同一建筑物高度不同时，可按不同高度分别计算。

（2）计算规则　以全部工程的人工费为基数乘以规定的系数计算。计算基数中含6层或20m以下工程部分，也包括地下室工程。

（3）高层建筑增加费系数　各册定额规定的高层建筑增加费系数不同，但都是根据建筑的层数和建筑物高度为指标设置的，选择系数时，应按照层数和高度两者中的高值确定。

（4）费用内容　高层建筑增加费内容全部为因降效而增加的人工费。

（5）适用范围　高层建筑增加费适用于电气设备安装工程，消防及安全防范设备安装工程，给排水、采暖、燃气工程，通风空调工程以及与之配套的保温、防腐、绝热工程等。

（6）注意事项　在计算高层建筑增加费时应注意：

1）为高层建筑供电的变电所和供水等动力工程，如装在高层建筑的底层或地下室的，不计取高层建筑增加费。

2）装在6层以上的变配电和动力工程可以计取高层建筑增加费。

2. 工程超高增加费

（1）概念　当安装物或操作物的高度超过定额规定的安装高度时，可以计算工程超高增加费。安装高度的计算，有楼地面的按楼地面至安装工作物底的高度确定，无楼地面的按操作地面（或安装地点的设计地面）至安装工作物底的高度确定。

定额规定的高度根据各专业工程的特点的不同而不同，如电气设备安装工程中规定高度为5m，给排水、采暖、燃气工程规定高度均为3.6m，通风空调工程规定高度为6m。

（2）计算规则　以超过规定高度以上部分的工程人工费为基数乘以相应系数计算。规定高度以下部分的工程人工费不作为计算基数。

（3）超高费系数　预算定额中规定的各专业工程的超高系数是不同的，使用时一定要根据各定额册的规定正确选择。

（4）费用内容　工程超高增加费内容全部为因降效而增加的人工费。

（5）适用范围　工程超高增加费适用于电气设备安装工程，消防及安全防范设备安装工程，给排水、采暖、燃气工程，通风空调工程以及与之配套的保温、防腐、绝热工程等。

（6）注意事项　在计算工程超高增加费时应注意：

1）已在定额基价中考虑了超高作业因素的定额项目不得再计算超高增加费，如10kV以下架空配电线路、避雷针的安装，半导体少长针消雷装置的安装，路灯、投光灯、气灯、烟囱或水塔指示灯、装饰灯具的安装等。

2）在高层建筑中，如同时符合超高施工条件的，可同时计算高层建筑增加费和超高增加费，但两项增加费同属子目系数，计算时不互为计算基数。

3）在计算工程量之前，必须首先确定操作物的操作高度是否超过定额规定，如果超过规定高度的，则规定高度上下的工程量应分别计算。

3. 脚手架搭拆费

(1) 计算规则　安装工程脚手架搭拆费用，以全部工程人工费（含子目系数人工费）为计算基数乘以脚手架搭拆费系数计算。

(2) 脚手架搭拆费系数　各册定额规定的脚手架搭拆费系数不同，如电气设备安装工程规定：脚手架搭拆费按人工费的4%计算，其中人工工资占25%；给排水、采暖、燃气工程规定：脚手架搭拆费按人工费的5%计算，其中人工工资占25%；通风空调工程规定：脚手架搭拆费按人工费的3%计算，其中人工工资占25%。

(3) 费用内容　脚手架搭拆费包括搭拆脚手架所需的人工费、材料费等，人工费占25%。

(4) 注意事项　在计算脚手架搭拆费时应注意：

1）各专业工程交叉作业施工时，可以互相利用脚手架的因素，在测算系数时已综合考虑。

2）各专业工程分别按照各册规定的系数计算脚手架搭拆费。

3）测算脚手架搭拆费时，大部分是按简易架考虑的。

4）如果安装工程部分或全部利用土建工程的脚手架，脚手架搭拆费照列，但对土建应作有偿使用。

5）定额子目中已考虑了脚手架搭拆因素的项目不再计算脚手架搭拆费，如10kV以下架空线路、装灯具等。

【例3-3】 设某工程共15层（总高度48.6m），其中底层层高6m，其余层高均为3m，经计算该楼电气照明工程的直接工程费（不含各项调整系数）为100000元，其中人工费15000元，底层照明工程直接工程费用25000元，其中人工费6000元，底层安装高度超过5m的直接工程费用5000元，其中人工费2000元（不包括装饰灯具安装的直接工程费用和人工费），试计算各项系数增加费。

解 1. 计算超高施工增加费

计算条件：该工程底层层高6m，底层超过5m以上的照明工程部分，符合电气照明工程计算超高费的条件。

计算基数：底层超过5m以上的工程人工费2000元，其余各层未超高，不计算此项费用。

计算系数：按照电气安装工程定额分册的规定，操作物高度离楼地面5m以上、20m以下电气安装工程，按超高部分人工费的33%计算（已考虑了超高作业因素的项目除外）。

工程超高增加费：2000元×33%=660元。

2. 计算高层建筑增加费

计算条件：该工程共15层，超过6层；或总高度48.6m，超过20m，符合计算高层建筑增加费的条件。

计算基数：工程全部人工费15000元。

计算系数：电气照明工程15层（50m）以下，高层建筑增加费系数为4%。

高层建筑增加费：15000元×4%=600元。

3. 计算脚手架搭拆费

计算条件：电气安装工程中脚手架搭拆费的计算，除了定额内已考虑了此项因素的项目外，其他项目可以综合计取。

计算基数：工程全部人工费15000元，超高增加费660元，高层建筑增加费600元。

计算系数：电气照明工程脚手架搭拆费按人工费的4%计算，其中人工工资占25%。

脚手架搭拆费：（15000元+660元+600元）×4%=650.4元，

其中人工费：650.4元×25%=162.6元。

4. 计算直接工程费合计

已知：

1）直接工程费用（不含各项调整系数）为100000元，其中人工费15000元。

2）超高增加费660元。

3）高层建筑增加费600元。

4）脚手架搭拆费650.4元，其中人工费162.6元。

直接工程费合计：100000元+660元+600元+650.4元=101910.4元，

其中人工费：15000元+660元+600元+162.6元=16422.6元。

4. 安装与生产同时进行增加费

安装与生产同时进行增加费是指改扩建工程在生产车间或装置内施工时，由于生产干扰安装工程正常进行而降效的增加费，不包括劳保条例规定应享受的工种保健费。

取费形式是以工程全部人工费（包括子目系数中人工费）为基数乘以相应增加费率计算。

5. 在有害人身健康环境中施工增加费

在有害人身健康环境中施工增加费是指改扩建工程在生产车间或装置内施工时，影响工人身体而降效的增加费，不包括劳保条例规定应享受的工种保健费。

取费形式是以工程全部人工费（包括子目系数中人工费）为基数乘以相应增加费率计算。

注意：3、4、5项增加费系数属综合系数，其计算基数应包括1、2项子目系数中的人工费。

3.2.5 定额子目内容的调整换算

预算定额的定额含量与定额基价，在一般情况下都可以直接套用，但在某些因素的影响下，尚需按照定额规定对原定额含量与基价进行调整与换算。调整换算有下面两种形式：

1. 调整量差

量差调整是指调整原定额的用量，调整后出现的数量差称为定额量差；在预算定额中调整定额量差一般采用下列方法：

（1）系数调整法　系数调整法是在原定额与基价基础上乘以一个规定系数，一般用于成比例增减的项目。当系数用于一个子目的全部定额含量与基价时，调整后的定额含量与基价可按下式计算：

调整后定额含量（基价）=原定额含量（基价）×调整系数

当系数仅用于子目中的部分定额含量时，调整后的定额含量与基价可按下式计算：

调整增减部分定额含量=原部分定额含量×调整系数

调整后的定额基价=原定额基价+[部分定额含量的原费用×(调整系数-1)]

【例3-4】 电气工程室内干包式铝芯电力电缆终端头制作、安装，1kV以下线芯截面$35mm^2$以下的，套用定额子目2-626，计量单位为个，定额基价79.91元，其中人工费12.77元、材料费67.14元、机械费无。定额规定当设计为铜芯电缆头时，按同截面电缆头定额乘以系数1.2。试求调整后定额基价。

解 本例系数1.2用于整个定额基价，故：

调整后定额基价=79.91元/个×1.2=95.89元/个

【例3-5】 当上例中设计为双屏蔽电缆头制作、安装时，定额规定按同截面电缆头定额仅人工乘以系数1.05。试求调整后定额基价。

解 本例因系数1.05仅调整人工费，故

调整后定额基价=79.91元/个+[12.77元/个×(1.05-1)]

=79.91元/个+0.64元/个=80.55元/个

(2) 数量增减法 数量增减法是在原定额含量基础上增加或减少一个数量。调整后的定额基价可按下式计算：

调整后定额基价=原定额基价+（调整部分增减量×相应单价）

由以上分析可知，定额量差必然影响到定额基价的调整，这种由量差引起的基价差仍属定额量差范畴。

2. 换算价差

价差是指设计采用的材料（设备）等或施工采用的施工机械，其品种、规格、材质与定额不同，按定额规定需作单价换算，换算后出现的价格差称为定额价差。调整后的定额基价可按下式计算：

换算后定额基价=原定额基价+(调入材料单价-定额材料单价)×定额含量

应用上式计算时，当差数为正值表示增加费用，负值表示减少费用。

如遇量差与价差同时存在，则需既调整定额量差又换算定额价差，则：

调整后定额基价=原定额基价+(调整部分增减量×相应单价)+

(调入材质单价-定额材质单价)×定额含量

3.2.6 价格补差

1. 材料价格补差

为适应社会主义市场经济，各地的工程造价管理部门，对当地的建筑安装材料价格均实现了反映市场变化的动态管理方法。

(1) 材料价差的形成 材料价差是指预算定额基价所依据的材料预算价格与安装工程所在地的现行材料预算价格之间的差异。其主要包括地区差价和时间差价。

由于预算定额或单位估价表基价中的材料费是按北京市或各省会城市所在地的材料预算价格而编制计算的，而各安装工程所在地的材料预算价格又各不相同，因此就产生了材料预算价格的地区差价。

预算定额或单位估价表基价中的材料费是编制定额时所在地的预算价格，由于随着时间的推移发生材料预算价格的变化，这样就产生了材料预算价格的时间差价。

(2) 材料价格补差的方法 材料价格补差，目前主要有下列两种形式：

1）按单项材料补差：即通过主要材料汇总分别乘以单位差价得出单位工程合计价差，

计算式如下：

$$单位工程材料价差 = \sum(单项材料数量 \times 相应单位差价)$$

其中 $$材料单位差价 = 调整后材料单价 - 原单价$$

注意，补差时调整单价的取定应符合地区工程造价管理部门的规定。

大多数地区规定的材料单位差价为市场信息价与预算价之差，即：

$$材料单位差价 = 市场信息价 - 预算价$$

在市场经济条件下，材料价差可能是正差也可能是负差。在计算材料价差时，凡是定额列有损耗率的材料，其价差应包括定额损耗。

【例3-6】 某电气照明工程安装280套荧光灯具，定额计量单位为10套，定额含量为(10.100)，设灯具预算价为32.04元/套，现市场信息价为37.49元/套。试求灯具的价差。

解 荧光灯具数量：280套×10.10=282.8套

市场信息价与预算价之差：37.49元/套－32.04元/套=5.45元/套

荧光灯具差价：282.8套×5.45元/套=1541.26元

2）按系数补差：大宗材料、地方材料或定额中辅助材料，因品种规格太多，用量也不是太大，不可能逐项调整。由当地定额管理部门或工程造价管理部门按典型工程的材料消耗用量和价格测算出一个综合价差系数，进行综合性价差调整。按系数补差是一种既方便又简捷的调差方法，所以目前各地均采用此方法。

如果有材料价格信息网络和信息处理手段，也可用价格指数调差法。这种价差调整方法随市场的波动对材料价格进行动态管理，它既能反映材料价格的变化，又能准确反映工程造价中的材料费用。

材料价格补差情况比较复杂，各地区补差方法不尽相同，编制预算时应按照各地的规定执行。

2. 人工费及机械费补差

（1）人工费补差　人工费的调整一般采用调整日工资的方法。日工资调整值是由当地的定额管理部门根据当地人工的工资水平，进行测算并公布使用。

（2）机械费补差　机械费调整一般是由当地定额管理部门根据机械台班单价市场变化情况，测定一个综合调整系数进行计算。

3.3 施工图预算书的编制

建筑安装工程施工图预算书的编制主要包括两方面的内容：工程量计算和造价计算。在完成安装工程分项工程量计算后，就可着手编制工程预算书，它是工程预算价格的最终表现形式。

一份完整的安装工程预算书应由封面、编制说明、费用汇总表、工程预算表、主要材料（设备）数量汇总表、主要材料（设备）价格调整表、工程量计算表等组成。

1. 封面

预算书封面一般要写明工程的名称、结构类型、经济技术指标、编制信息等。

2. 编制说明

安装工程预算书的说明部分一般包括以下内容：

1）工程概况：主要填写所建工程的批准文件、工程坐落位置、建筑许可证、工程结构类型、工程类别以及投资渠道等。

2）编制依据：包括编制所依据的施工图样、会审纪要、变更联系单、施工组织设计；采用的预算定额、材料预算价格、单位估价汇总表和费用定额等。

3）其他有关说明：主要对预算中特殊问题处理的说明，如某些项目因资料不全未纳入预算，或采用暂估形式需在决算时调整，以及实行预算加系数包干或招标投标某些条件的说明等。

3. 费用汇总表

按照规定的施工图预算计费程序，以工程人工费为基础，计算间接费、利润、税金等，依次计算出整个工程的总造价。

4. 工程预算表

工程预算表反映了分项工程预算单价，表中内容包括分项工程定额编号、工程量、定额单价和分项直接工程费合计。

分项直接工程费合计是由每一个分项工程直接费之和构成，计算公式是：

分项工程直接费合计 = ∑(分项定额基价 + 未计价材料单价) × 分项工程量
= ∑(分项定额基价 × 工程量 + 未计价主材单位价值 × 工程量)
= ∑(分项定额人工单价 + 分项定额材料单价 + 分项定额机械单价) × 工程量 + 未计价主材单位价值 × 工程量)
= ∑(分项工程人工费 + 分项工程定额材料费 + 分项工程机械费 + 分项工程主材费)

如果发生按定额系数计取的费用，应按规定计取，其费用并入直接工程费中。

编制直接工程费应注意的问题：

1）属于预算定额范围的工程费均应列入直接工程费，包括按分项工程计算的直接费、经调整换算的直接费、章册说明中规定的各项增加费等。

2）分项直接费中项目的排列顺序没有统一规定，为了整理、计算，以不出现重复和漏项为原则，一般以定额子目编号的顺序排列。

3）分项名称一般应填全名，如“铜芯塑料护套线 3 ×2.5 砖混结构敷设”等，如名称太长可适当缩写或用符号表示，如 BVV—3 ×2.5，BV—2.5 等，以能反映定额项目和易于识读为度。

4）每一分项都要填写定额编号，直接套用的可直接填写定额编号或估价表编号，经过调整换算的分项应在编号后注“换或 H”字，补充定额与单价或暂估项目，应填明“补”或“暂估”以便识别。

5. 主要材料（设备）数量汇总表

主要材料（设备）数量汇总表反映了工程实物预算，其主要作用是编制计划、准备材料（设备）、工程施工方与业主结算重要材料（设备）指标及材料（设备）补差等的依据。

表中：分项工程某材料（设备）数量 = 定额消耗量 × 工程量。

6. 主要材料（设备）价格调整表

根据主要材料（设备）数量汇总表中的材料数量，材料预算价格与材料市场价格的差值逐项对主要材料进行价差调整。

7. 工程量计算表

工程量的计算要用一定的表格表示，最后汇总成册，用以备查。

8. 安装工程施工图预算书表格参考格式

安装工程施工图预算书表格参考格式见表3-3～表3-9。

表3-3 封面

安装工程施工图预算书

工程名称：
专业名称：
结构类型：
建筑面积：
总 造 价：
单方造价：

施工单位： 建设单位：
编 制 人： 审核人：
资格证号： 资格证号：

年 月 日

表3-4 编制说明

编 制 说 明

一、工程概况

二、编制依据

三、其他有关说明

表3-5 安装工程费用表

序 号	费用名称	计算依据	金 额
1			
2			
3			
…			
…			

表 3-6 安装工程预算表

序号	定额编号	项目名称	单位	数量	直接工程费/元		其中人工费/元		未计价材料价值				
					基价	合价	基价	合价	材料品种	单位	材料数量	单价/元	合价/元
1													
2													
…													

表 3-7 主要材料（设备）数量汇总表

序 号	材料名称	单 位	数 量
1			
2			
…			

表 3-8 主要材料（设备）价格调整表

序 号	材料名称	单 位	数 量	材料预算单价	材料市场单价	单价差	差价合计
1							
2							
…							

表 3-9 工程量计算表

序 号	项目名称	单 位	数 量	计 算 式
1				
2				
…				

小 结

施工图预算在工程建设工作中起着重要的作用，它是建筑产品定价的基础，也是建设单位和施工企业进行经济核算的依据。建筑安装工程施工图预算要根据国家对施工图预算的编制规定进行编制，编制时要遵循一定的编制程序，充分做好编制前的准备工作：认真研读施工图样，熟悉施工方案，了解工程施工条件，收集工程资源的价格信息；快速准确地计算工程量：根据图样和定额准确划分工程子项目，以便正确套用定额，正确理解工程量计算规则，快速准确的计算工程量，在工程量计算时一定要注意计量单位与定额的一致性；根据定额中未计价材料的概念，计算未计价材料费用；特别注意安装工程预算中有关用系数计取的费用项目，正确理解子目系数和综合系数的关系；对于子目基价的调整一定要基于定额中的调整规定进行，定额中没规定的不能进行换算调整；关于价格补差问题，除主要材料价格按时计算以外，辅助材料、人工费、机械费一般是当市场价格与定额价格产生较大差别时，由定额管理部门通过测算，发布调整办法，进行调整。在施工图预算编制时，每个地区都要按一定的表格格式进行编制，尽管全国各地的格式不统一，但差别不大，基本的格式都相同。总之，施工图预算的编制是一项细致、繁杂的工作，要用科学、认真、细心的态度去对待。

思 考 题

3-1 简述施工图预算的概念。

3-2 简述施工图预算的作用。

3-3 简述建筑安装工程施工图预算的编制依据。

3-4 简述建筑安装工程施工图预算的编制程序。

3-5 简述计算工程量时应遵循的原则。

3-6 简述安装工程工程量计算的一般方法。

3-7 什么是按系数计算的费用？其系数有哪两种？两种系数之间的关系是怎样的？

3-8 什么是高层建筑增加费？

3-9 什么是工程超高增加费？

3-10 什么是脚手架搭拆费？

3-11 材料差价是怎么形成的？

第 4 章　室内给排水工程及水灭火系统施工图预算的编制

学习目标

掌握给排水工程工程量计算及相关定额的应用；熟悉水灭火系统工程量计算及定额的应用；熟悉给排水工程预算定额计价方法；了解给排水工程内容及定额内容。

关 键 词

给水工程　排水工程　消防系统

4.1　给排水工程内容

给排水工程包括给水工程和排水工程两个系统。给水工程的主要任务是将城市市政给水通过管网输送到建筑物内、外各用水点，从而满足人们生活和生产的需要。排水工程的主要任务是将人们生活、生产中产生的污水、废水以及雨雪水迅速地收集后排入城市市政排水管网中去。两个系统既相互独立，又形成一个整体。给排水工程可分为室外给排水工程和室内给排水工程两个部分。

4.1.1　室外给排水工程

室外给排水工程包括室外给水工程和室外排水工程。

1. 室外给水系统的组成

室外给水系统的任务是将市政给水管网中的水，从市政给水配水点通过管网把水送到各个建筑物入口的阀门处或用水点。市政管网与室外管网以及与室内（即建筑物内）给水系统的分界、室外给水系统的组成如图 4-1 所示。

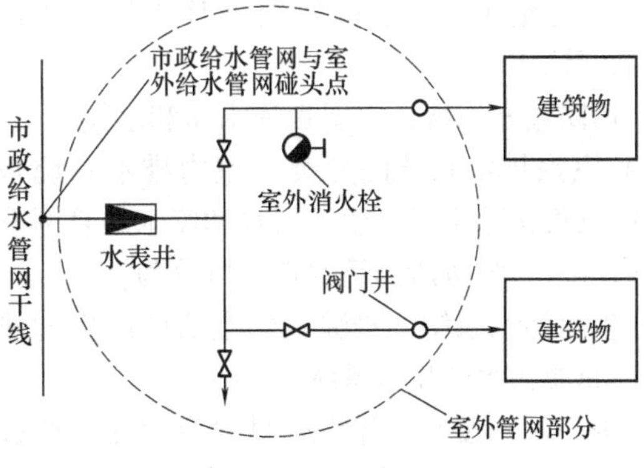

图 4-1　室外给水管道系统组成

2. 室外排水系统的组成

室外排水系统是将建筑物、构筑物或用水点产生的污水、废水、雨雪水汇集输送到市政排水管网中去的管网系统。室外排水管网、市政排水管网和室内（即建筑物内）排水系统的分界、室外排水系统的组成如图 4-2 所示。

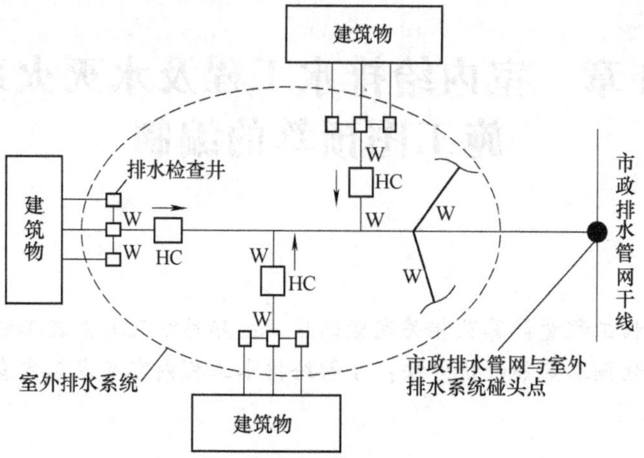

图 4-2 室外排水管道系统组成

W—污水管道 HC—化粪池

4.1.2 室内给排水工程

室内给排水工程的主要任务是将室外给水系统输配的洁净水供给室内各用水点，并将污水排泄到室外排水系统中。

1. 室内给排水系统的分类

（1）室内给水系统的分类 室内给水是把水自室外管网引入室内，在保证需要的水压和满足用户对水质要求的情况下，输送足够的水量到配水龙头、生产设备和消防装置上，以满足生产、生活和消防的需要。室内给水系统按用途不同可分三类：

1）生活给水系统，需要保证水质和水量。

2）生产给水系统，除需要保证水质、水量外，还须保证水压。

3）消防给水系统，需要保证水压和水量。

（2）室内排水系统的分类 室内排水系统是建筑物内收集排除生活、生产污水和废水的管网系统。室内排水系统按所排污水性质可分为：

1）生活污水系统：排除人们生活所产生的洗涤污水、粪便污水的排水系统。

2）生产污（废）水系统：排除企业在生产过程中所产生的污（废）水的排水系统。

3）雨水系统：排除雨水和融化后的雪水的排水系统。

2. 室内给排水系统的组成

（1）室内给水系统的组成 室内给水系统由引入管、水表、管道、管道附件、储水设备、消防设备等组成，如图 4-3 所示。

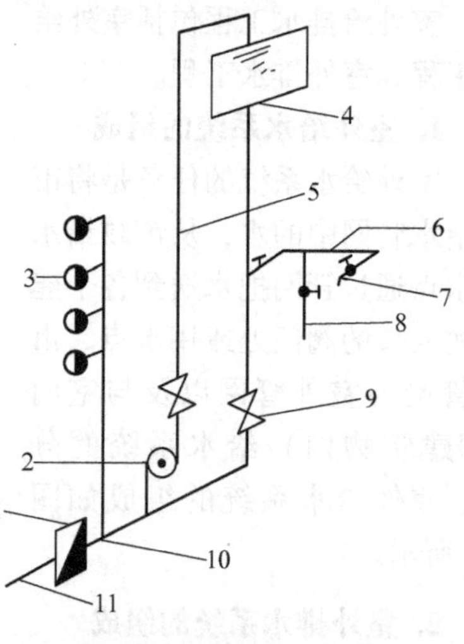

图 4-3 室内给水系统基本组成示意图

1—水表井 2—水泵 3—消火栓
4—水箱 5—立干管 6—水平支管
7—水嘴 8—立支管 9—主控制阀
10—水平干管 11—引入管（进户管）

1）引入管：又称进户管，是将水自室外总管道通过建筑外墙引入室内的水平管段，一般设有水表和阀门等附件。

2）水表井：设于引入管路上，一般为装设有水表、阀门、泄水装置的浅井。

3）管道：室内给水管道包括水平干管、立管、支管、配水支管等。

4）管道附件：给水附件是指各种阀门，如闸门、截止阀、止回阀等；还包括水龙头、分户水表等。

5）储水设备：水箱、水池等。

6）消防设备：室内消火栓等。

据建筑物的性质、高度、消防要求程度及室外给水管网所能提供的水压等不同因素，室内给水系统有时还需要设置水泵、气压装置及特殊消防设备等。

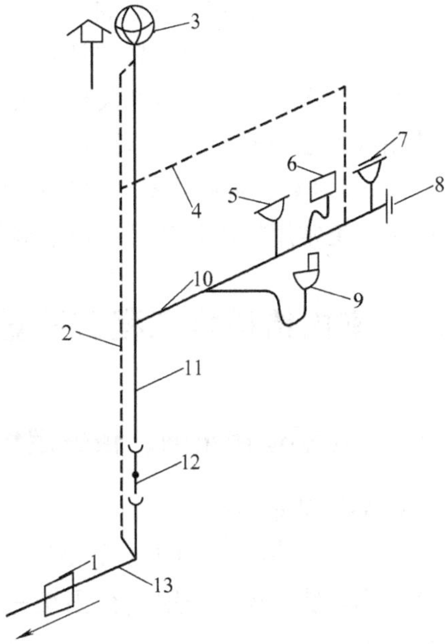

图4-4　室内排水系统基本组成示意图
1—检查井　2—排气立管　3—透气帽
4—排气横管　5—地漏　6—脸盆
7—地面清扫口　8—清通口　9—坐式大便器
10—排水横管　11—排水立管
12—检查口　13—排出管

（2）室内排水系统的组成　室内排水系统由卫生器具或污水收集器、排水管道、通气装置、清通设备及某些特殊的设备组成，如图4-4所示。

1）卫生器具或污水收集器。卫生器具或污水收集器是室内排水系统的起点，收集和接纳各种污（废）水，将污（废）水排入管网。常用卫生器具或污水收集器按其用途可分为便溺粪类（高水箱蹲式大便器、低水箱坐式大便器、小便器等），淋浴类（洗脸盆、淋浴器等），洗涤类（洗涤盆、冷水盆），地漏，雨水斗等。

2）排水管道。排水管道系统主要由排出管、排水立管、排水横管、排水支管组成。排水支管是将卫生器具产生的污水送入排水横管。排水横管是水平连接各排水支管的排水管，一般设在楼板下，悬吊敷设。排水立管是连接各楼层排水横管的垂直排水管。一般情况下，立管每两层设一个检查口。排出管是室内排水管道的总排出管，与室外管道或检查井相连接。

3）通气装置。通气装置通常是由排气立管、排气横管、通气管、透气帽组成。排气立管与横管是专设的用于排出整个排出系统中废气的管道系统。通气管则是排水立管向上延伸出建筑物屋面的那部分管道，主要是排出排水管道中有害气体和臭气。总之，通气系统的作用是平衡管内压力，保证管内气压的稳定。

4）清通设备。清通设备包括检查口、清扫口、检查井等。清通设备的作用是对管道系统进行清扫和检查。清扫口包括地面清扫口和横管端部清通口。

5）排水管附件。排水管附件主要有排水栓、存水弯等。排水栓一般设在盥洗槽、污水盆的下水口处，防止大颗粒的污染物堵塞管道。存水弯一般设在排水支立管上，防止管道内的污浊空气进入室内。

3. 给排水工程常用的管材

1）给水管道常用管材。室内生活给水管道常用镀锌钢管、塑料管或铜管、铝塑复合管等；室外给水管道常用钢管及给水铸铁管；生产和消防给水管一般采用钢管或铸铁管；生产工艺用水管道一般采用无缝钢管。

2）排水管道常用管材。室内排水管道常用排水铸铁管、硬质聚氯乙烯塑料排水管；室外排水管道常用排水铸铁管、排水混凝土管、陶土管等。

4.2 室内给排水工程工程量计算及定额应用

4.2.1 定额适用范围、相关定额及有关规定

1. 定额的适用范围

新建、扩建项目中的生活用给水、排水、燃气、采暖热源管道以及附件配件安装、小型容器制作安装工程，采用《全国统一安装工程预算定额》第八册《给排水、采暖、燃气工程》分册。

2. 与相关定额册之间的关系

1）对于工业管道、生产和生活共用的管道、锅炉房和泵类配管以及高层建筑物内加压泵间的管道应使用第六册《工业管道工程》定额的相关项目。

2）刷油、防腐蚀、保温部分使用第十一册《刷油、防腐蚀、绝热工程》定额的相关项目。

3）埋地管道的土石方工程及砌筑工程执行建筑工程预算定额。

4）有关各类泵、风机等传动设备安装执行第一册《机械设备安装工程》定额的相关项目。

5）锅炉安装执行第三册《热力设备安装工程》定额的相关项目。

6）压力表、温度计执行第十册《自动化控制仪表安装工程》定额的相关项目。

7）消防喷淋管道安装执行第七册《消防及安全防范设备安装工程》定额的相关项目。

3. 有关规定

1）给排水工程脚手架搭拆费按人工费的5%计算，其中人工工资占25%。

2）主体结构为现场浇筑采用钢模施工的工程，内外浇筑的人工乘以系数1.05，内浇外砌的人工乘以系数1.03。

3）设置于管道间、管廊内的管道、阀门、法兰、支架安装，人工乘以系数1.3。

4）超高增加费是指实际操作高度超过定额考虑的操作高度时计取的费用。第八册定额中操作高度均以3.6m为界限，如超过3.6m时，按超过3.6m部分的定额人工费乘以定额中规定系数计算超高增加费。

5）高层建筑增加费是指当工业与民用建筑高度在6层或20m以上时应计取的增加费，其计费按定额规定的系数计算。

6）安装施工与土建施工之间的正常交叉作业，质量检查和施工地点范围内的设备、材料、成品、半成品，工器具运输等定额中均已综合考虑，不再另行计算。

4.2.2　管道工程工程量计算及定额应用

1. 给排水管道界线划分

(1) 给水管道

1) 室内外给水管道界线的划分以建筑物外墙皮 1.5m 为界。入口处设阀门者以阀门为界。

2) 室外给水管道与市政管道界线以水表井为界；无水表井者，以与市政管道碰头点为界。

(2) 排水管道

1) 室内管道与室外管道的划分界线，以出户第一个排水检查井为界。

2) 室外管道与市政管道的划分界线，以室外管道与市政管道碰头点为界。

2. 室内给水管道安装

(1) 工程量计算　室内给水管道安装工程量，均应区分不同材质、连接方式、接头材料、公称直径，分别按施工图所示管道中心线长度以“m”为单位计量，不扣除阀门及管件(包括减压器、疏水器、水表、伸缩器等组成安装) 所占的长度。

管道长度的确定：水平敷设管道以施工平面图所示管道中心线尺寸计算；垂直安装管道按立面图、剖面图、系统轴测图与标高尺寸配合计算。

给水管道安装工程量计算的一般顺序为：从入口处算起，先入户管、主干管，后支管。

工程量计算时应注意以下内容：

1) 正确划分卫生器具安装与管道安装工程量的分界线，以便精确计算管道安装工程量。

2) 计算给水管道安装长度时，要将镀锌钢管、焊接钢管、塑料管、铝塑管等不同材质的管分开计算，以便套用子目。

3) 将各种管材的管道按埋地、明装分开计算，以便计算防腐及刷油工程量。

4) 管道的水平长度按平面图中管道的实际安装位置，根据建筑物轴线尺寸计算；当图上未标明尺寸时则按比例尺量取。

5) 管道安装定额中已含小型弯管制作安装，不再另计小型弯管增长量。

6) 计算煨弯管段工程量时，应按弯头两端的直管段中心线交点之间的直接距离计算。

(2) 定额应用　室内给水管道的安装定额是根据管道材质、连接方式、公称直径划分子目的。定额中包括管道及接头零件安装，水压试验或灌水试验，*DN*32 以内（包括 *DN*32）的钢管管道敷设的管卡及挂钩制作安装，钢管管道的弯管制作安装（伸缩器除外），穿墙及过楼板铁皮套管安装人工等工作内容。以上这些内容不能再列项目计算费用。

定额中不包括：室内外管道沟土方及管道基础，应执行土建工程预算定额；管道安装中不包括法兰、阀门及伸缩器的制作安装，按相应定额子目另计；室内外给水铸铁管安装包括接头零件所需人工，但接头零件价格另计；*DN*32 以上的钢管支架按管道支架另计；过楼板钢套管的制作、安装，应按室外钢管（焊接）项目计算。

管道安装的未计价材料是管材，应按下式计算其价值：

管材未计价价值 = 按施工图计算的工程量 × 管材定额消耗量 × 相应的管材单价

【例 4-1】　如图 4-5 所示，计算给水管道的工程量及套用定额计算定额直接费。给水管采用镀锌钢管。

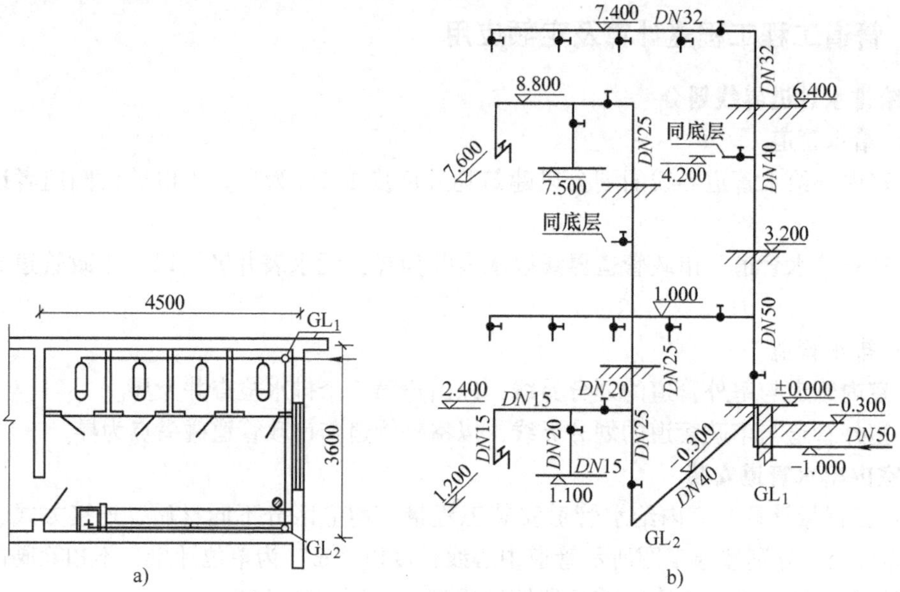

图 4-5 某工程给水工程图

a) 平面图 b) 系统图

解 1. 给水管道工程量计算见表 4-1。设定管道中心距墙的安装距离为 65mm，墙厚为 240mm，抹灰层为 20mm。厕所大便器给水管水平管道末端距墙净距为 0.5m，污水池水龙头距墙净距为 1.0m。

表 4-1 给水管道工程量计算表

序号	项 目 名 称	单位	数量	部位提要	计 算 式
1	镀锌钢管 *DN*50	m	3.85	GL_1	进户管(1.5 + 0.345 + 1) + 1(GL_1)
2	镀锌钢管 *DN*40	m	6.39	GL_1	(4.2 − 1) + (3.6 − 0.28 − 0.065 × 2)
3	镀锌钢管 *DN*32	m	14.17	GL_1	(7.4 − 4.2) + (4.5 − 0.345 − 0.5) × 3(层)
4	镀锌钢管 *DN*25	m	9.10	GL_2	(8.8 + 0.3)
5	镀锌钢管 *DN*20	m	8.63	GL_2 支管	(4.5 − 0.345 − 1)/2 × 3(层) + (2.4 − 1.1) × 3(层)
6	镀锌钢管 *DN*15	m	8.33	GL_2 支管	(4.5 − 0.345 − 1)/2 × 3(层) + (2.4 − 1.2) × 3(层)
7	镀锌钢管 *DN*15 小便槽冲洗管	m	8.10	GL_2	(3 − 0.15 × 2) × 3(层)

2. 定额直接费计算见表 4-2。按《全国统一安装工程预算定额》第八册套用。

表 4-2 给水管道工程预算表

序号	定额编号	项 目 名 称	单位	数量	基价/元	合价/元	其中人工费	
							基价/元	合价/元
1	8-87	*DN*15 镀锌钢管（螺纹连接）	10m	0.83	65.45	54.32	42.49	35.27
2	8-88	*DN*20 镀锌钢管（螺纹连接）	10m	0.86	66.72	57.38	42.49	36.54
3	8-89	*DN*25 镀锌钢管（螺纹连接）	10m	0.91	83.51	75.99	51.08	46.48
4	8-90	*DN*32 镀锌钢管（螺纹连接）	10m	1.42	86.16	122.35	51.08	75.53
5	8-91	*DN*40 镀锌钢管（螺纹连接）	10m	0.64	93.85	60.06	60.84	38.94
6	8-92	*DN*50 镀锌钢管（螺纹连接）	10m	0.39	111.93	43.65	62.23	24.27
7	8-456	*DN*15 冲洗管制作安装	10m	0.81	246.24	199.45	150.70	122.07
		小 计				613.20		379.10

3. 室内排水管道安装

（1）工程量计算　管道安装工程量区分不同材质、连接方式、公称直径、接头材料分别以“m”为单位计量，不扣除管件所占长度。

计算室内排水管道工程量时，应根据管道材质、规格、种类、连接方式，排水立管系统编号或排出管的编号顺序，先计算各排出管、立管长度，再计算各立管或排出管上的横管、横支管、立支管的长度。为便于计算除锈、刷油工程工程量，应按地上管道和埋地管道分开计算。

1）排水立管的安装长度。排水立管工程量计算，应先看立管有无变化，有变径时先确定变径点的位置（标高），然后按排水系统图上的标高计算多段立管长度；若无变径则按标高计算长度。

2）排水横支管及横管的长度。排水横管的长度指横管起点至排水立管中心的长度。支管长度按平面上所标注的尺寸计算，或直接从平面上按比例量取。若平面图不能准确反映尺寸，则按卫生器具详图或标准图计算。计算横管的长度时也应注意变径点的位置。

3）排水立支管的安装长度。排水立支管是指卫生器具下除卫生器具成套安装已包括的排水管部分剩余的短支管长度。其长度按卫生器具与排水管道分界点处的标高与排水横支管标高的差进行计算。当施工图所标注的尺寸不全时，可按实际的情况计算，一般可按400～500mm计算。

（2）定额应用　铸铁排水管、雨水管及塑料排水管安装定额中均包括管卡及托吊支架、臭气帽、雨水漏斗制作安装；室内外雨水铸铁管包括接头零件所需人工，但接头零件价格另计。

在排水管道安装定额子目中，铸铁管项目中铸铁管为未计价材，在塑料管项目中塑料管及管件均为未计价材，编制预算时应注意区分。

【例4-2】　如图4-6所示，计算排水管道工程量及定额套用。管材采用铸铁排水管，水泥接口。

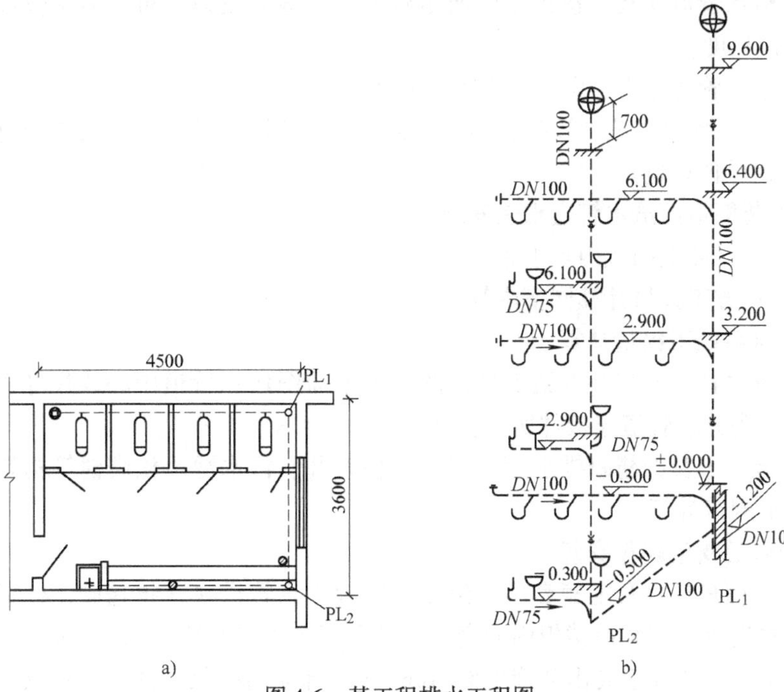

图4-6　某工程排水工程图

a）平面图　b）系统图

解 1. 排水管道工程量计算见表4-3。(设定管道中心距墙的安装距离为130mm，墙厚为240mm，抹灰层为20mm，室外检查井距墙净距为2.5m)。

表4-3 排水管道工程量计算表

序号	项目名称	单位	数量	部位提要	计算式
1	排水铸铁管 DN100	m	42.97	PL_1、PL_2	2.5+0.28+0.13+1.2+(9.6+0.7)+(4.5−0.28−0.13−0.2+0.3)(底层)+(4.5−0.28−0.13−0.2)×2+0.25×4×3(大便器横支管与大便器连接处)+(3.6−0.28−0.13×2)+9.6+0.5+0.7
2	排水铸铁管 DN75	m	13.77	PL_2 支	(4.5−0.28−0.13−1)×3(层)+(0.6+0.3+0.3+0.3)×3(层)

2. 定额直接费计算见表4-4。按《全国统一安装工程预算定额》第八册套用。

表4-4 排水管道工程预算表

序号	定额编号	项目名称	单位	数量	基价/元	合价/元	其中人工费	
							基价/元	合价/元
1	8-145	DN75 排水铸铁管（水泥接口）	10m	1.38	249.18	343.87	62.23	85.88
2	8-146	DN100 排水铸铁管（水泥接口）	10m	4.30	357.39	1536.78	80.34	345.46
		小计				1880.65		431.34

4. 室外给水系统工程量计算及定额应用

(1) 室外给水管道安装　按施工图所示管道中心线长度以“m”为单位计量，不扣除阀门、管件所占长度。

(2) 室外给水管道栓类、阀门、水表的安装

1) 阀门安装以螺纹、法兰连接分类，按直径大小分档次以“个”为单位计量。法兰盘安装以“副”为单位计量。

2) 水表安装同室内给水管道水表安装。

3) 管道消毒、冲洗同室内给水管道。

4) 管道土石方工程量计算同室内管道。

5. 室外排水系统工程量计算

(1) 室外排水管道安装　以施工平面图和纵断面图所示管道中心线尺寸以“m”为单位计量，不扣除窨井、管道连接件所占长度。

(2) 室外混凝土及钢筋砼排水管道安装　检查井、污水池、化粪池等构筑物建造，均按土建预算定额规定计算。

6. 套管及管道支架制作安装

(1) 套管工程量计算及定额套用　给排水工程中，管道在穿越基础、楼板、墙体时应该设金属或塑料套管。安装在楼板内的套管，其顶部应高出装饰地面20mm；安装在卫生间及厨房内的套管，其顶部应高出装饰地面50mm，底部应与楼板底面相平；安装在墙体内的套管，其两端与饰面相平。套管与管道之间填密封膏或其他柔性防水材料。

穿越楼板及墙体时如采用镀锌铁皮套管，其安装已包括在管道安装定额中，不能另行计算，其制作以“个”为单位计量，套用镀锌铁皮套管制作子目。穿越楼板及墙体时如采用钢制套管，其制作与安装按套管的公称直径计算套管长度，套用室外管道安装定额。

（2）管道支架工程量及定额套用　管道支架是用于固定管道空间位置的构件。由于管道本身有许多特殊之处，所以就产生了不同的支架形式。管道支架按其结构形式可分为支托架（含托钩）、吊架和卡架（即管卡）。管道支架一般应由设计确定，但多数是由施工现场确定的。管道支架的制作安装只需要计算 *DN*32 以上的钢管支架，*DN*32 以下的钢管安装工程已包括管卡及托钩制作安装，不需另行计算。铸铁排水管、雨水管、塑料排水管的安装定额中均已包括了管卡、托管、吊架等支架的制作安装。

管道支架制作安装工程量应根据支架的结构形式、规格，以“kg”为单位计量，执行第八册的管道支架制作、安装定额项目。

管道支架制作安装工程量计算公式为

$$\text{管道支架工程量} = \sum \text{某种结构形式单个支架的质量} \times \text{支架的个数}$$

$$\text{支架个数} = \frac{\text{某规格的管道长度}}{\text{该规格管道支架的间距}}$$

钢管给水管道支架的间距可参考表4-5。

表4-5　钢管给水管道支架的间距

公称直径/mm	15	20	25	32	40	50	70	80	100	125	150
不保温管道/m	2.5	3.0	3.5	3.5	4.0	4.5	5.0	6.0	6.0	6.0	7.0
保温管道/m	1.5	2.0	2.5	2.5	3.0	3.5	3.5	5.0	5.0	5.0	6.0

钢管垂直管道支架敷设，楼层高度小于5m，每层需安装1个；楼层高度大于5m，每层不少于2个。

各种管道支架的质量，应根据支架的结构形式，有设计图时按图计算其质量，无设计图时可查用《建筑安装工程施工图集》及其他手册中各种管支架的质量进行计算。

7. 法兰安装

法兰安装可按不同材质（铸铁、碳钢）、连接方式（螺纹、焊接）、管道公称直径，分别以“副”为单位计量，执行《全国统一安装工程预算定额》第八册的法兰安装定额项目。

两片法兰为一“副”，若只安装一片时，可按“半副”计。法兰安装（螺纹连接）定额中不含连接螺栓的制作，应另计。

8. 管道伸缩器制作安装

管道伸缩器包括螺纹连接法兰式套筒伸缩器、焊接法兰式套筒伸缩器、方形伸缩器的制作安装。各种伸缩器制作安装均以“个”为单位计量，执行《全国统一安装工程预算定额》第八册的伸缩器制作安装项目。方形伸缩器除按伸缩器部分计算外，还应把伸缩器所占长度计入管道安装长度内。如图4-7所示，伸缩器所占长度为 $L+2H$。

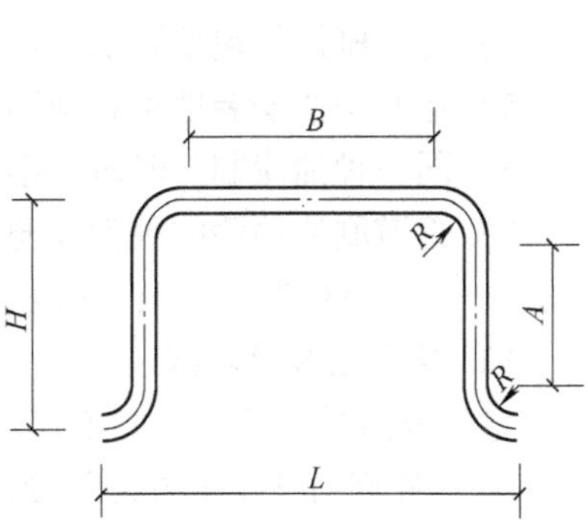

图4-7　方形伸缩器示意图

9. 室内给水管道的消毒、冲洗及压力试验

室内给水管道的消毒、冲洗均按管道公称直径分档，以长度“m”为单位计量，执行《全国统一安装工程预算定额》第八册的管道消毒、冲洗项目。工程量计算时不扣除阀门、管件所占长度。

室内外管道安装项目中已包括了压力试验工作内容，一般不单独执行该项目，只有在遇到停工时间较长后再进行安装或者有特殊要求需进行二次打压试验时才可单独执行管道压力试验项目。压力试验的工程量也是按管道公称直径分档，以“m”为单位计量。

10. 管道除锈工程量计算及定额应用

除锈分为手工除锈、动力工具除锈、喷射除锈、化学除锈。

1）锈蚀程度划分。锈蚀程度可分为微、轻、中、重四种。微锈：氧化皮紧附，仅有少量锈点。轻锈：部分氧化皮破裂脱落，红锈开始发生。中锈：部分氧化皮破裂脱落，呈堆粉状，除锈后用肉眼能见到腐蚀小凹点。重锈：大部分氧化皮破裂脱落，呈片状锈层或凸起的锈斑，除锈后出现麻点或麻坑。

2）管道除锈工程量计算。管道除锈工程量计算以管道展开面积以“m^2”为单位计量。其计算公式为

$$钢管：F = \pi DL$$

$$铸铁管：F = 1.2\pi DL$$

式中 F——管道展开面积（m^2）；

π——圆周率，取3.14；

D——管道外径（m）；

L——管道中心线长度（m）；

1.2——管道承头增加面积系数。

3）管道除锈以微、轻、中、重级，根据管道展开面积，以“m^2”为单位计量，执行《全国统一安装工程预算定额》第十一册的除锈工程项目。定额中不含除微锈子目，发生时按轻锈子目基价乘以系数0.2计算。

4）定额中已包含各种管件、阀门及设备人孔、管道凹凸部分的除锈。

11. 管道刷油工程量及定额应用

1）管道刷油工程量计算同管道除锈。

2）管道刷油定额根据材料的种类（红丹防锈漆、带锈底漆、银粉漆、厚漆、调和漆、磁漆等）、刷油的遍数划分子目。

3）管道刷油应根据其所用材料的不同，按第一遍、第二遍套用相应子目。

4）管道刷油不包括除锈工作内容。

5）定额中按安装地点就地刷油考虑，如安装前管道集中刷油，人工乘以系数0.7。

6）同一种油漆刷三遍时，第三遍刷油套用第二遍定额子目进行计算。

7）管道刷油油漆的种类及遍数可按设计图样或规范要求确定。一般管道明敷时，通常刷底漆一遍，调和漆两遍；埋地暗敷时，通常刷沥青漆两遍。

12. 管道土方及基础

室内外给排水管道土方工程及基础工程可按土建预算定额规定计算。

（1）管道沟槽挖土方工程量计算　管道沟槽断面图如图4-8所示。

沟槽土方工程量计算公式如下

$$V = h(b + kh)L$$

式中　h——沟的深度。按设计的室外地面标高与沟槽底标高之差计算；

b——沟槽底的宽度。如设计有沟槽断面图时按设计沟槽底宽尺寸计算，如无设计沟槽断面图时可按表 4-6 选用；

L——沟的长度。按管道的安装长度计算；

k——放坡系数。根据土的性质确定。

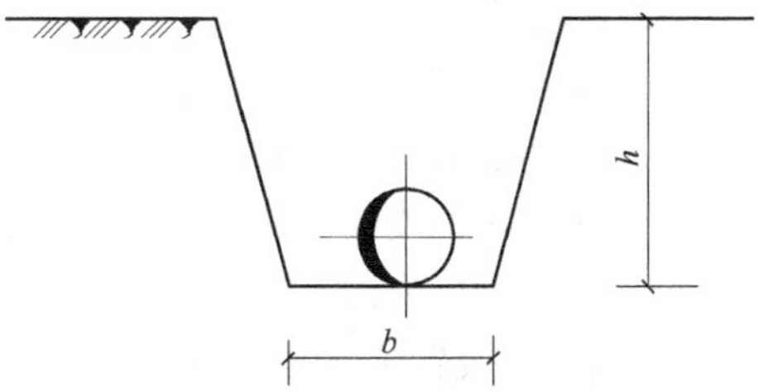

图 4-8　管道沟槽断面图

计算管沟土方量时，各种检查井及管道（不含铸铁给排水管）接口处，因加宽多挖的土方工程量不得增加；但铸铁给排水管道接口处操作坑处增加的土方工程量应按全部铸铁给排水管道土方量的 2.5% 计量增加量。底面积大于 $20m^2$ 的井类土方量并入到管道土方量内。

表 4-6　管道沟槽底宽取值表

管径/mm	铸铁、钢、石棉、水泥管道底宽/mm	混凝土、钢筋混凝土管道底宽/mm
50 ~ 70	0.60	0.80
100 ~ 200	0.70	0.90
250 ~ 350	0.80	1.00
400 ~ 450	1.00	1.30
500 ~ 600	1.30	1.50
700 ~ 800	1.60	1.80
900 ~ 1000	1.80	2.00

（2）管道沟槽回填土方工程量计算　管道沟槽回填土方工程量以挖方体积减去埋设的管道所占体积计算。

*DN*500 以下管道沟槽回填土方量计算时，不扣除埋设的管道所占体积；*DN*500 以上管沟沟槽回填土方量计算时，应扣除埋设的管道所占体积。管道体积可按表 4-7 采用。

表 4-7　管道占回填土方量的体积

管径/mm	钢管道占回填土方量/m^3	铸铁管道占回填土方量/m^3	混凝土、钢筋混凝土管道占回填土方量/m^3
500 ~ 600	0.21	0.24	0.33
700 ~ 800	0.44	0.49	0.60
900 ~ 1000	0.70	0.77	0.92

4.2.3　阀门安装工程量计算及定额应用

1. 阀门安装工程量计算

（1）阀门安装　各种阀门安装工程量应按其不同类别、规格型号、公称直径和连接方式，分别以“个”为单位计量。阀门为未计价材料。

（2）浮标液面针，水搭、水池浮漂水位标尺制作安装

1）浮标液面针的安装以“组”为单位计量。浮标为未计价材料。

2）水塔、水池浮漂水位标尺制作安装均以“套”为单位计量。

2. 定额应用

1）阀门安装定额工作内容：切管、套丝、制垫、上阀门、水压试验。

2）阀门安装定额子目划分：定额根据阀门的类别、连接形式、接口材料等划分子目。

3）螺纹阀门安装适用于各种内外螺纹连接的阀门安装。

4）法兰阀门安装适用于各种法兰阀门的安装，如仅为一侧法兰连接时，定额中的法兰、带帽螺纹及钢垫圈数量减半。

5）各种法兰连接用垫片均按橡胶石棉板计算，如用其他材料，不做调整。

6）浮标液面计 FQ—Ⅱ型安装是按《采暖通风国家标准图集》编制的。

7）水塔、水池浮漂水位标尺制作与安装是按《全国通用给水排水标准图集》编制的。

3. 定额套用

【例 4-3】 试计算例 4-2 中阀门工程量及定额直接费。均采用螺纹截止阀。

解 1. 阀门工程量计算见表 4-8。

表 4-8 阀门工程量计算表

序号	项目名称	单位	数量	部位提要	计算式
1	*DN*50 螺纹截止阀	个	1	GL_1	1
2	*DN*32 螺纹截止阀	个	3	GL_1	3
3	*DN*25 螺纹截止阀	个	1	GL_2	1
4	*DN*20 螺纹截止阀	个	6	GL_2	2×3

2. 阀门工程定额直接费见表 4-9，按《全国统一安装工程预算定额》第八册套用。

表 4-9 阀门工程预算表

序号	定额编号	项目名称	单位	数量	基价/元	合价/元	其中人工费	
							单价/元	合价/元
1	8-242	*DN*50 螺纹截止阀安装	个	1	5.00	5.00	2.32	2.32
2	8-243	*DN*32 螺纹截止阀安装	个	3	6.24	18.72	2.79	8.37
3	8-244	*DN*25 螺纹截止阀安装	个	1	8.57	8.57	3.48	3.48
4	8-246	*DN*20 螺纹截止阀安装	个	6	15.06	90.36	5.8	87.35
		小计				122.65		101.52

4.2.4 水表组成与安装工程量计算及定额应用

水表是一种计量建筑物或设备用水量的仪表，根据连接方式及管道直径不同分为螺纹水表（*DN*≤40）及法兰水表（*DN*≥50）两种，如图 4-9、图 4-10 所示。

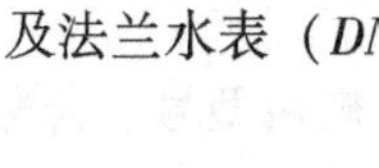

图 4-9 螺纹连接水表

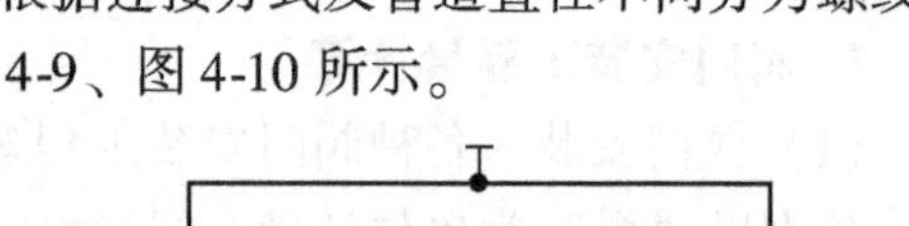

图 4-10 法兰连接水表组

1. 工程量计算规则

螺纹水表按公称直径的不同，以“个”为单位计量；焊接法兰水表（带旁通管及止回阀）按公称直径的不同，以“组”为单位计量。

2. 预算定额套用

法兰水表安装是按《全国通用给水、排水标准图集》编制的，定额内包括旁通管及止回阀，如实际安装形式与此不同时，阀门可按实调整，其余不变。螺纹水表安装定额包括了水表本身的安装及水表前端的一个螺纹闸阀的安装。

4.2.5　卫生器具的制作与安装工程量计算及定额应用

卫生器具的种类和规格繁多，有盆类、水龙头（喷头）类、便器类、排水口类、开（热）水器具等。所有卫生器具的安装项目，定额均参照《全国通用给水、排水标准图集》中有关标准做法综合考虑卫生器具与给水管、排水管连接的人工与材料用量，如设计无特殊要求均不做调整。

1. 浴盆安装

浴盆按材质可分为铸铁搪瓷、玻璃钢、塑料等，外形尺寸又有大小之分，按安装形式又可分为自带支撑和砖砌支撑，按使用情况又可分为不带淋浴器、带固定淋浴器、带活动淋浴器等几种形式。工程量计算时，根据浴盆材质及供水种类（冷水、冷热水、冷热水带喷头）等情况以“组”为单位计量。浴盆安装的范围与管道系统分界点为：给水的分界点为水平管与支管的交接处，水平管的安装高度按750mm考虑。若水平管的设计高度与其不符时，则需增加引下（上）管，该增加部分管的长度计入室内给水管道的安装中。排水的分界点为排水管道的存水弯处。浴盆具体安装范围如图4-11所示。

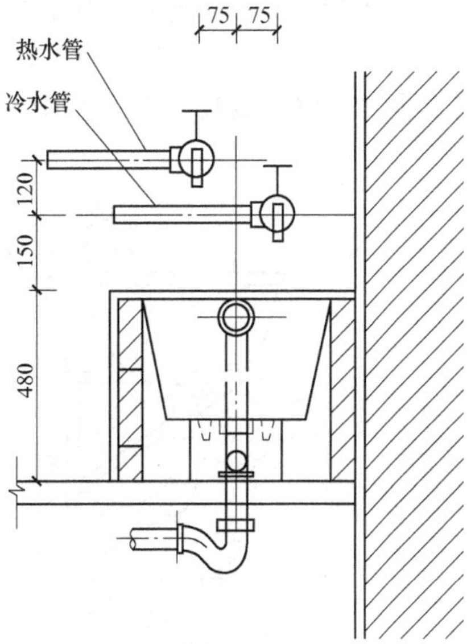

图4-11　浴盆安装范围

浴盆安装项目的未计价材料包括浴盆本体、冷热水嘴或冷热水混合水嘴、蛇形管带弯喷头、喷头卡架或喷头挂钩、毛巾架、肥皂盆、浴帘、浴帘杆等。浴盆支架及周边的砌砖、粘贴的瓷砖，应执行土建预算定额。

2. 洗脸（手）盆安装

洗脸（手）盆安装根据接管种类（钢管、铜管）、开启方式（普通开关、肘式开关、脚踏开关）、供水种类（冷水、冷热水）的不同，分别以“组”为单位计量。洗脸（手）盆安装的范围与管道系统分界点为：给水的分界点为水平管与支管的交接处，水平管的安装高度按530mm考虑。若水平管的设计高度与其不符时，则需增加引下（上）管，该增加部分管的长度计入室内给水管道的安装中。排水的分界点为存水弯与排水支管（或短管交接处）。洗脸（手）盆具体安装范围如图4-12所示。

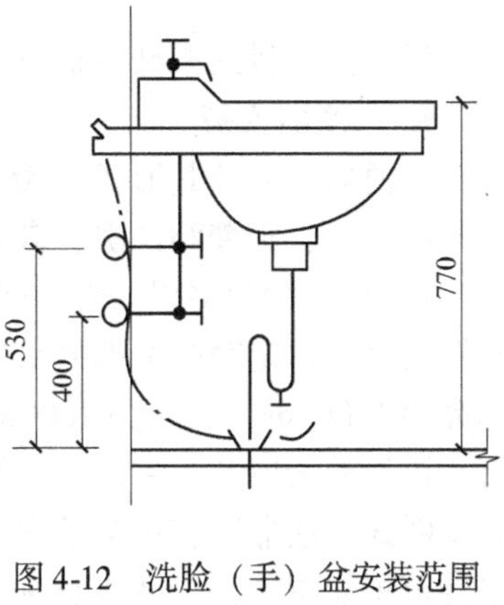

图4-12　洗脸（手）盆安装范围

洗脸（手）盆项目的未计价材料包括盆具，立式洗脸盆、理发用洗脸盆铜活，肘式、脚踏式开关阀门。

3. 洗涤盆安装

洗涤盆安装根据洗涤盆规格（单嘴、双嘴）、开启方式（肘式开关、脚踏开关、鹅颈水嘴）的不同，分别以“组”为单位计量。安装范围同洗脸盆。洗涤盆定额中水平管的安装高度按900mm考虑，安装工作包括上下水管的连接、试水，安装洗涤盆、盆托架；不包括地漏的安装。洗涤盆具体安装范围如图4-13所示。

洗涤盆项目的未计价材料包括盆具、开关等。

4. 淋浴器的组成与安装

淋浴器组成与安装按钢管组成或钢管制品（成品）分冷水、冷热水，以“10组”为单位计量，执行《全国统一安装工程预算定额》第八册的淋浴器组成安装定额子目。

给水的分界点为水平管与支管的交接处，定额中水平管的安装高度按1000mm考虑，如水平管的设计高度与其不符时，则需增加引上管，该引上管的长度计入室内给水管道的安装工程量中。淋浴器具体安装范围如图4-14所示。

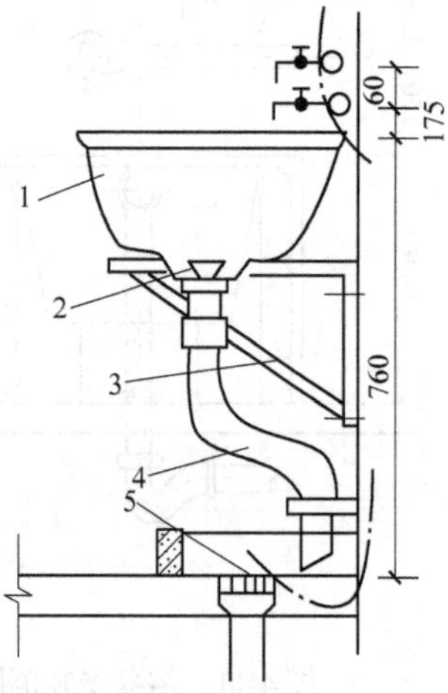

图4-13 洗涤盆（带拖布池）安装范围
1—洗涤盆 2—排水栓 3—托架
4—排水弯管 5—地漏

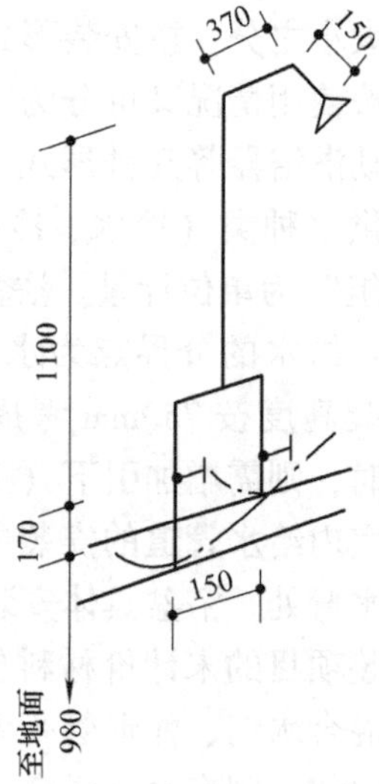

图4-14 淋浴器安装范围

淋浴器项目的未计价材料为莲蓬喷头、单双管成品淋浴器。

5. 大便器安装

大便器安装按其形式（蹲式、坐式）、冲洗方式（瓷高水箱、瓷低水箱、普通阀冲洗、手压阀冲洗、脚踏阀冲洗、自闭冲洗阀）、接管材料的不同，以“套”为单位计量。

1）蹲式大便器以冲洗方式划分子目，定额单位为“10套”。给水的分界点为水平管与支管交接处，定额中考虑的水平管的安装高度为：高位水箱2200mm，普通阀门冲洗交叉点标高为1500mm，其余为1000mm。若水平管的设计高度与其不符时，则需增加引上（下）管，该管的长度计入室内给水管道的安装工程量内。“排水”计算到存水弯与排水支管交接处。蹲式大便器安装包括了固定大便器的垫砖，但不含蹲式大便器的砌筑。蹲式大便器具体安装范围如图4-15、图4-16所示。

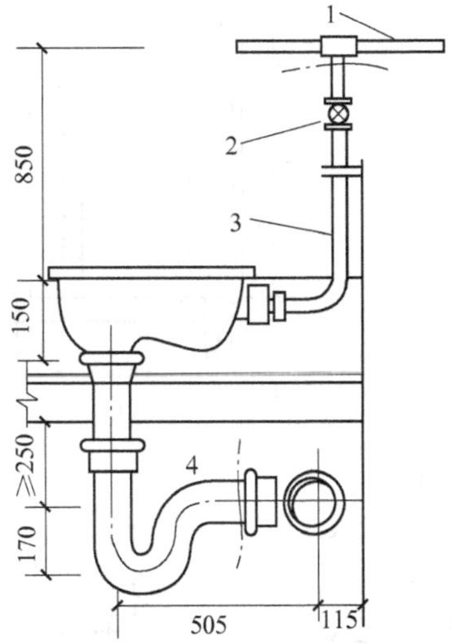

图 4-15　蹲式大便器（冲洗管式）安装范围
1—水平管　2—*DN*25 普通冲洗阀
3—*DN*25 冲洗管　4—*DN*100 存水弯

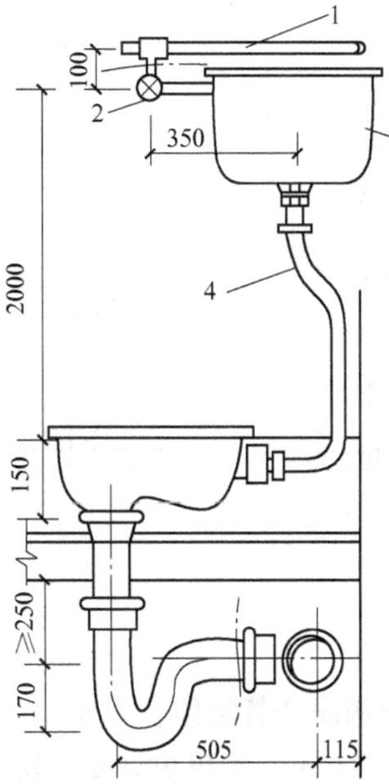

图 4-16　蹲式大便器（高水箱冲洗）安装范围
1—水平管　2—*DN*15 进水阀
3—水箱　4—*DN*25 冲洗管

蹲式大便器项目的未计价材料包括大便器、水箱及水箱配件（高、低水箱）、手压阀门和脚踏阀门。

2）坐式大便器按冲洗式方式划分子目，定额以“10 套”为单位计量。给水分界点为水平管与连接水箱支管交接处，定额中水平管安装高度按 250mm 考虑。排水计算到坐式大便存水弯与排水支管交接处。坐式大便器具体安装范围如图 4-17 所示。

坐式大便器项目的未计价材料包括坐式大便器（带盖）、瓷质低位水箱带配件。

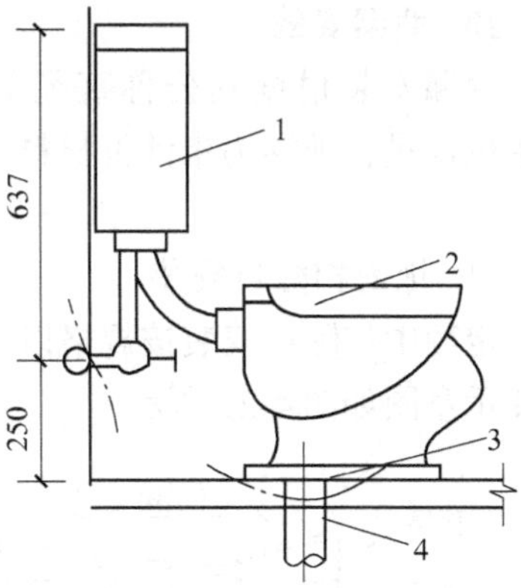

图 4-17　坐式低水箱大便器安装范围
1—水箱　2—坐式大便器
3—油灰　4—ϕ100 铸铁管

6. 小便器安装

小便器安装根据其形式（挂斗式、立式）、冲洗方式（普通冲洗、自动冲洗）、联数（一联、二联、三联）的不同，分别以“套”为单位计量。安装范围分界点为水平管与支管交接处，其水平管高度为 1200mm，自动冲洗水箱的水平管为 2000mm。小便器具体安装范围如图 4-18 所示。

小便器项目的未计价材料包括小便器及瓷高水箱。

7. 大便槽、小便槽自动冲洗水箱安装

定额均以“10 套”为单位计量，未计价材料为铁制自动冲洗水箱，但定额已包括了自动冲洗阀门及水箱托架的制作、安装。

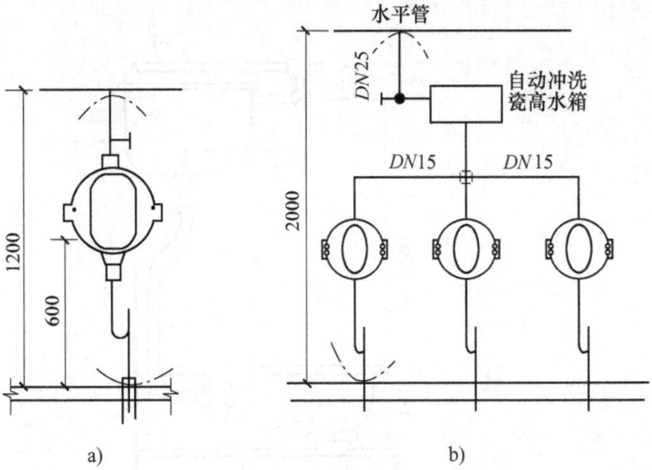

图 4-18　小便器的安装范围

a）挂斗式　b）高水箱三联挂斗式　c）立式

8. 小便槽冲洗管制作、安装

定额以“10m”为单位计量。定额中不包括阀门安装，其工程量按相应定额另行计算。小便槽具体安装范围如图 4-19 所示。

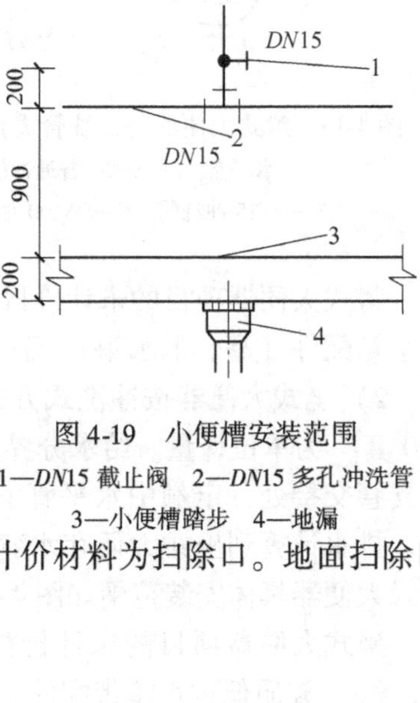

图 4-19　小便槽安装范围

1—DN15 截止阀　2—DN15 多孔冲洗管

3—小便槽踏步　4—地漏

9. 水龙头安装

水龙头安装按公称直径的不同,以“个”为单位计量。

10. 地漏安装

地漏安装根据其公称直径的不同，分别以“个”为单位计量，地漏为未计价材料。地漏安装示意图如图 4-20 所示。

11. 地面扫除口安装

定额中扫除口安装按规格以“10 个”为单位计量，未计价材料为扫除口。地面扫除口安装示意图如图 4-21 所示。

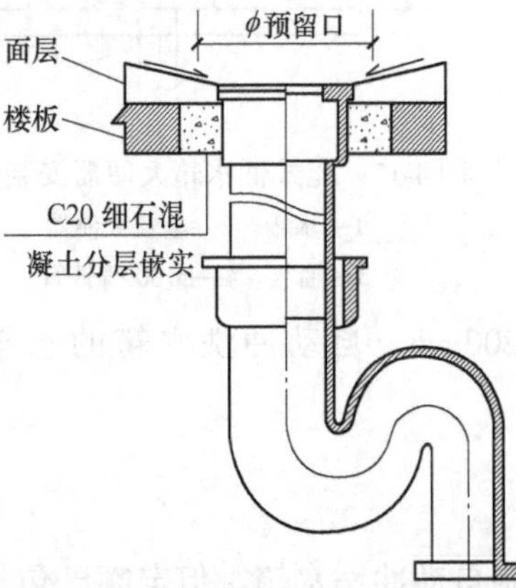

图 4-20　地漏安装示意图

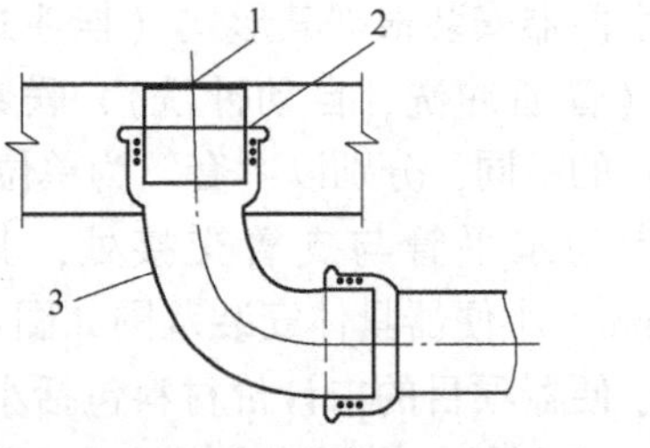

图 4-21　地面扫除口安装示意图

1—铜清扫口盖

2—铸铁清扫口身　3—排水管弯头

12. 清通口安装

清通口安装在楼层排水横管的末端，如图4-22所示。清通口有油灰堵口和丝堵堵口两种做法，其工程量以“个”为单位计量，执行地面扫除口安装子目。若用油灰堵口、油灰不计未计价材料费，若用管箍和链堵则计算管箍以及链堵的未计价材料费。

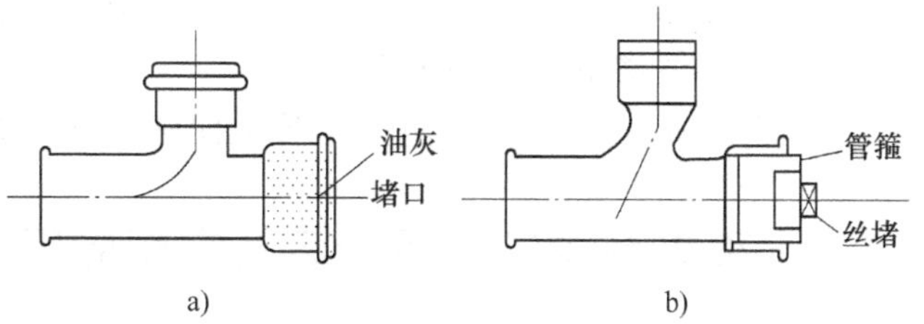

图4-22　清通口构造
a）油灰堵口　b）丝堵堵口

13. 排水栓安装

定额中排水栓分为带存水弯和不带存水弯两项，按规格（直径）划分子目，以“组”为单位计量，排水拴带链堵为未计价材料。带存水弯的排水栓安装图如图4-23所示。盥洗池、槽执行土建预算定额。

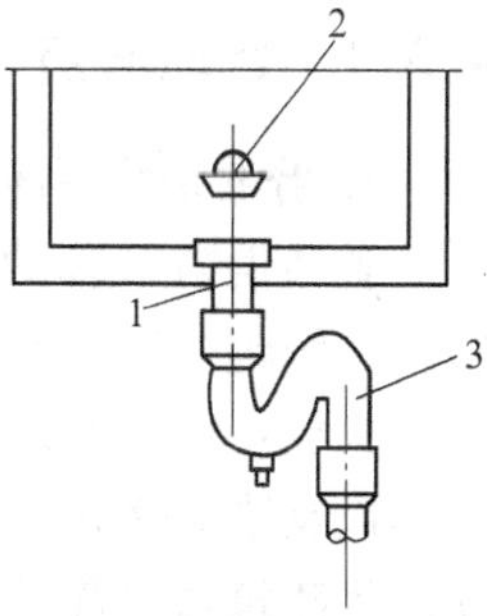

图4-23　排水栓安装
1—排水栓　2—链堵
3—存水弯

14. 冷热水混合器安装

冷热水混合器安装以“套”为单位计量，未计价材料为冷热水混合器。定额中不包括支架制作安装及阀门安装，其工程量可按相应定额另行计算。

15. 蒸汽—水加热器安装

蒸汽—水加热器安装以“台”为单位计量，包括蓬头安装，未计价材料为蒸汽式水加热器。定额中不包括支架制作安装及阀门疏水器的安装，其工程量可按相应定额另行计算。

16. 容积式热交换器安装

容积式热交换器安装以“台”为单位计量，未计价材料为容器式水加热器。定额中不包括安全阀安装、保温刷油与基础等工作，其工程量可按相应定额另行计算。

17. 电热水器、电开水炉安装

电热水器、电开水炉安装以“台”为单位计量，未计价材料为电热器。定额中只考虑本体安装，其连接管、连接件等工程量可按相应定额另行计算。

18. 饮水器安装

饮水器安装以“台”为单位计量，未计价材料为饮水器。阀门和脚踏开关工程量可按相应定额另行计算。

4.2.6　小型容器制作与安装工程量计算及定额应用

1. 钢板水箱制作

钢板水箱制作定额根据水箱的不同形式（圆形或矩形）及箱质量的不同划分子目。钢板水箱制作工程量按施工图所示尺寸，不扣除人孔、手孔质量，以“kg”为单位计量。法兰和短管水位工程量可按相应定额另行计算。定额中不包括各类水箱支架制作安装，其工程量可按相应定额另行计算。水箱除锈刷油通常按内部刷樟丹青漆两遍，外部刷樟丹青漆一遍和调和漆两遍，执行《全国统一安装工程预算定额》第十一册《刷油、绝热、防腐蚀工程》定额子目。

2. 钢板水箱安装

钢板水箱安装按国家标准图集水箱容量，执行《全国统一安装工程预算定额》第八册第五章水箱安装定额子目。各种小箱安装均以“个”为单位计量。

3. 大、小便槽冲洗水箱的制作

大、小便槽冲洗水箱的制作应区别大便槽和小便槽，分别以“kg”为单位计量。

4.3 水灭火系统工程量计算及定额应用

水灭火系统分普通消防系统（又称消火栓灭火系统）和自动喷水系统两种。普通消防系统由管网和消火栓等组成；自动喷水系统由管网、控制设备和喷头组成。

4.3.1 普通消防系统

1. 普通消防系统的组成

普通消防系统的组成包括室外系统和室内系统。室外系统包括室外给水管网与消防水泵接合器以及室外消火栓；室内系统包括室内消防给水管网与室内消火栓以及储水设备、升压设备、管路附件等。如图4-24所示为建筑物内普通消防系统。

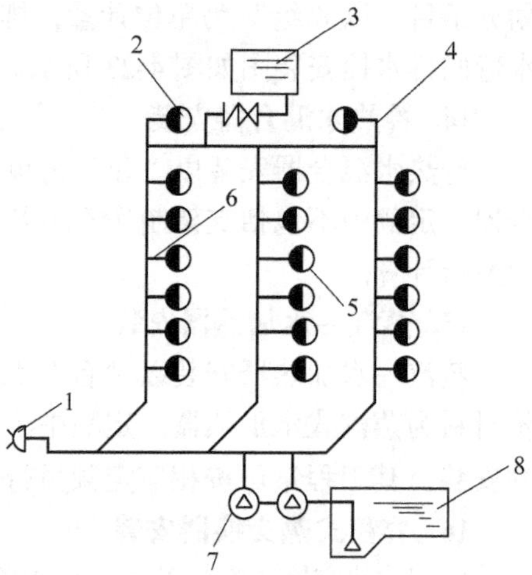

图4-24 建筑物内普通消防系统

1—接合器 2—试验消防栓 3—水箱 4—消防给水干管 5—室内消火栓 6—消防给水支管 7—消防水泵 8—水池

一般建筑物内，室内消火栓给水管网常与生活、生产共用一个管网系统，只是在合并不经济、技术上不可能或在高层建筑物中时，才采用独立的消防给水管网系统。室内消火栓的水源多取自室外给水管网，也可把水储存在水池中。

(1) 消防水泵接合器 消防水泵接合器是供消防车往室内消防管网送水的接口。

当建筑物设置的消防水泵发生故障或室内供水量不足时，需要消防车从室外消火栓、消防水池或天然水源取水，通过消防水泵接合器，将水送至室内消防给水管网，供室内火场用水。同时，也可以将接合器组件中的逆止阀拆除，通过消防接合器把室内消防给水管网中的水引向室外火场。

消防水泵接合器根据安装形式可分为地下式、地上式、墙壁式，如图4-25所示。

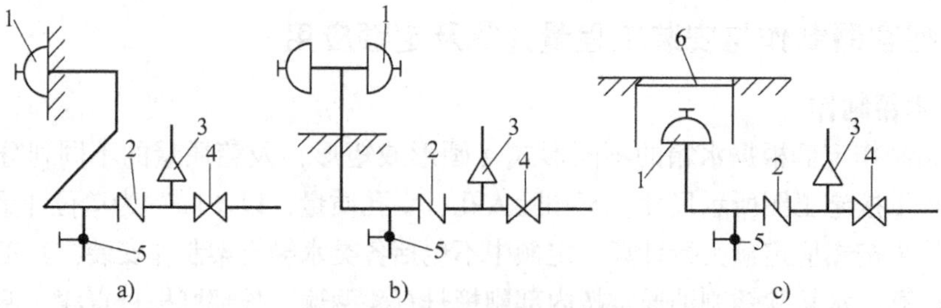

图4-25 消防水泵接合器

a）墙壁式 b）地上式 c）地下式

1—消防接口 2—止回阀 3—安全阀 4—阀门 5—防水阀 6—井盖

（2）室内消火栓管网　室内消火栓管网包括干管和支管。其常用管材为焊接钢管焊接连接，安装要求同室内生活给水管道。

（3）室内消火栓　室内消火栓是设置在建筑物内部，供室内火场使用的灭火设备，由消火栓箱、水龙带、水枪以及消火栓组成，如图4-26所示。消火栓根据出口的多少分单栓和双栓两种，一般安装在建筑物楼梯或走廊的墙上，箱距地1.4m左右。

（4）其他　在室内消火栓系统中还设置一些阀门、水箱、水池和水泵。当不能直接从室外管网取水（或室外给水管网的水压不能满足消防水压要求）时，需在建筑物中（外）设消防水池和水泵。

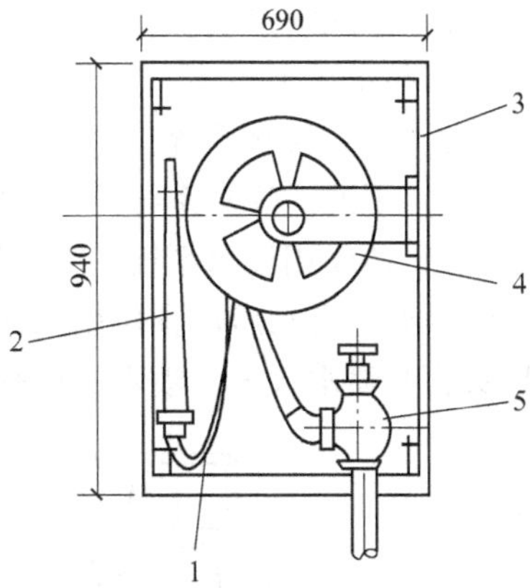

图4-26　室内消火栓

1—水龙带　2—水枪　3—消防栓箱体　4—消火栓水龙带架　5—消火栓

2. 普通消防系统工程量计算及定额应用

（1）消防水泵接合器　消防水泵接合器是包括阀门、短管、消防接口在内的一套组件。《全国统一安装工程预算定额》定额第七册《消防及安全防范设备安装工程》中共划分为三种类型6个子目，三种类型分别是地下式、地上式、墙壁式；公称直径有*DN*100、*DN*150两种。消防水泵接合器工程量以“套”为单位计量，未计价材料是成套的消防水泵接合器。

（2）室内消火栓　室内消火栓也执行第七册的室内消火栓安装项目。定额按单栓和双栓划分子目，工程量以“套”为单位计量，每套消火栓包括火栓、消防箱、水龙带、喷枪等，未计价材料是成套的室内消火栓。

（3）其他

1）室内消火栓管网按室内生活给水管道安装定额规定执行，套用《全国统一安装工程预算定额》第八册中相应项目；刷油按第十一册有关规定执行。

2）阀门及水箱制作安装按生活给水系统中的相关规定执行，套用《全国统一安装工程预算定额》第八册中相应项目。

3）水泵安装按《全国统一安装工程预算定额》第一册中相应项目计算。

4）储水池按土建工程预算定额规定进行计算。

4.3.2　自动喷水系统

1. 自动喷水系统的组成

除了上述多低层建筑物常用的室内消火栓系统外，另一种水灭火系统——自动喷水系统，通常用在高层建筑物及重要建筑物中。

自动喷水系统是由管网、报警装置、水流指示器、喷头、消防水泵等组成。自动喷水系统根据喷头的不同，可分为喷水系统（用闭式喷头）、雨淋系统（用开式喷头）、水幕系统（用水幕喷头）。闭式喷头是用控制设备（如低熔点金属或内装膨胀液的玻璃球）堵住喷水头的出水口，当控制设备作用时才开始喷水灭火；开式喷头的出水口是开启的，其控制设备在管网上，其喷水头的开放是成组的。

使用闭式自动喷水系统，当室温上升到足以打开闭式喷头上的闭锁装置时，喷头即自动喷水灭火，同时报警阀门通过水力警铃发出报警信号。闭式自动喷水系统管网有四种类型：

1）湿式喷水系统：喷水管网中经常充满有压力的水，发生火灾时，闭式喷头一经打开则立即喷水灭火。

2）干式喷水系统：平时管网中充满有压气体，只在报警阀前的管道中充满有压水。

3）干湿式喷水系统：冬季管网中充满有压气体，在温暖季节管网中充满有压水。

4）预作用喷水系统：喷水管网平时不充水，只充气体。发生火灾时，由火灾探测器接到信号后，自动启动预作用阀而向喷水管网中充水。当起火房间温度达到喷头开放温度时，喷头打开喷水灭火。喷水头如图 4-27 所示。

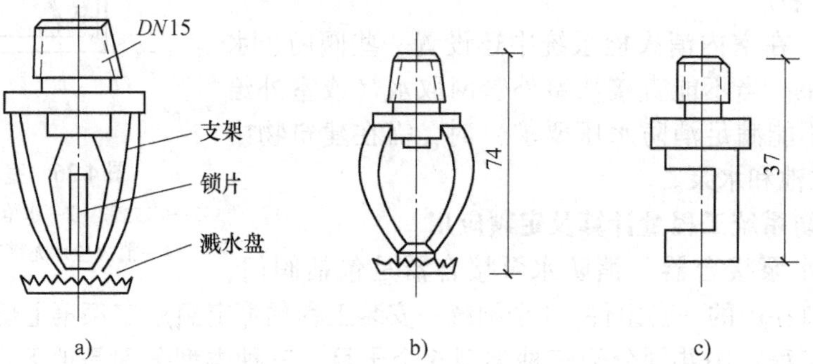

图 4-27 喷水头

a）易熔合金闭式喷头 b）开式喷头 c）水幕喷头

自动喷水干湿两用系统如图 4-28 所示。

水幕消防系统如图 4-29 所示。

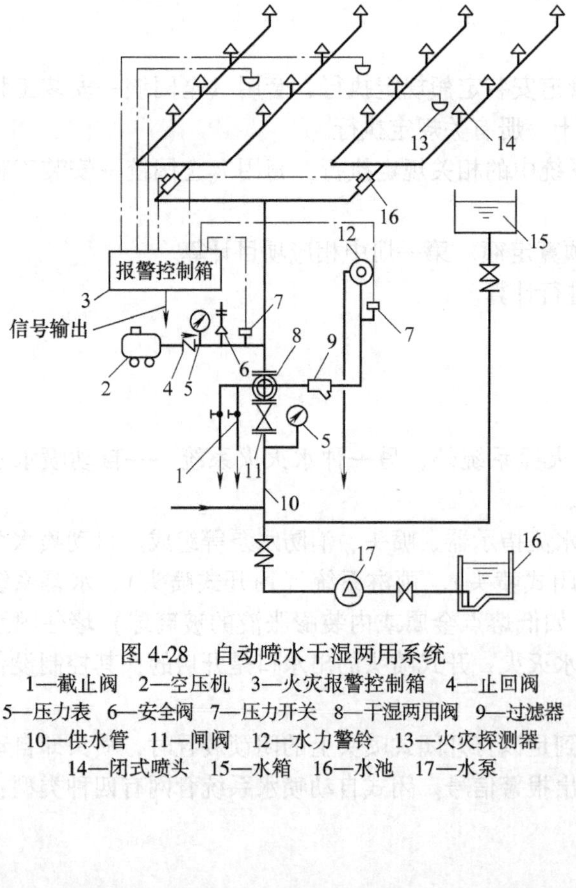

图 4-28 自动喷水干湿两用系统

1—截止阀 2—空压机 3—火灾报警控制箱 4—止回阀 5—压力表 6—安全阀 7—压力开关 8—干湿两用阀 9—过滤器 10—供水管 11—闸阀 12—水力警铃 13—火灾探测器 14—闭式喷头 15—水箱 16—水池 17—水泵

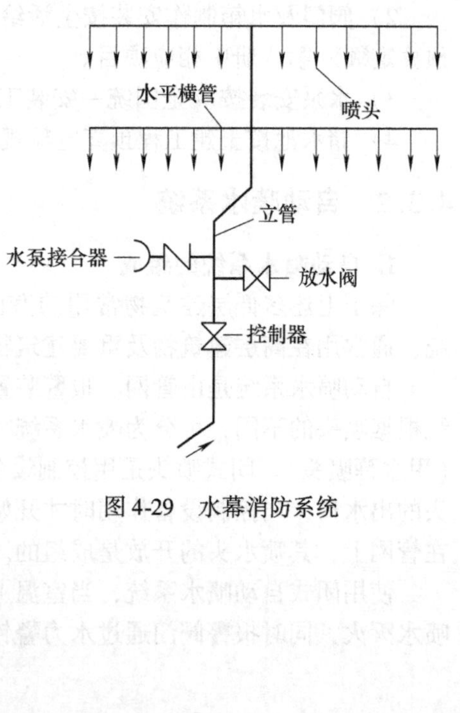

图 4-29 水幕消防系统

高层建筑分区喷水灭火系统如图4-30所示。

2. 自动喷水系统工程量计算及定额套用

（1）水喷淋管网安装工程量计算

1）水喷淋管道安装按设计图示管道中心线长度，以“m”为单位计量，不扣除阀门、管件及各种相关组合体所占长度。

2）管道材质以镀锌钢管为主，*DN*100以下用螺纹连接管道安装，其管件为未计价材料，可按当地市场单价计算其价值。*DN*100以上用法兰连接管道安装，其法兰、管件弯头等均以成品为准，不考虑施工现场加工制作，所以法兰、螺栓、管件等为未计价材料，其数量按设计图样数量计算，仍按市场价计算其价值。如果管件要在施工现场加工，则按《全国统一安装工程预算定额》第六册定额相应子目计算。

水喷淋镀锌钢管管道所需管件按定额计算，而给水镀锌钢管安装，定额已包括管件不再另列项计算，这一点一定要注意区别。

3）水喷淋管道安装套用《全国统一安装工程预算定额》第七册定额，不能套用第八册一般生活用给水管道安装定额。

4）用镀锌无缝钢管安装时，仍使用镀锌钢管安装定额子目。因镀锌钢管用公称直径表示，而无缝钢管用外径表示，为了便于使用定额可按表4-10对应使用。

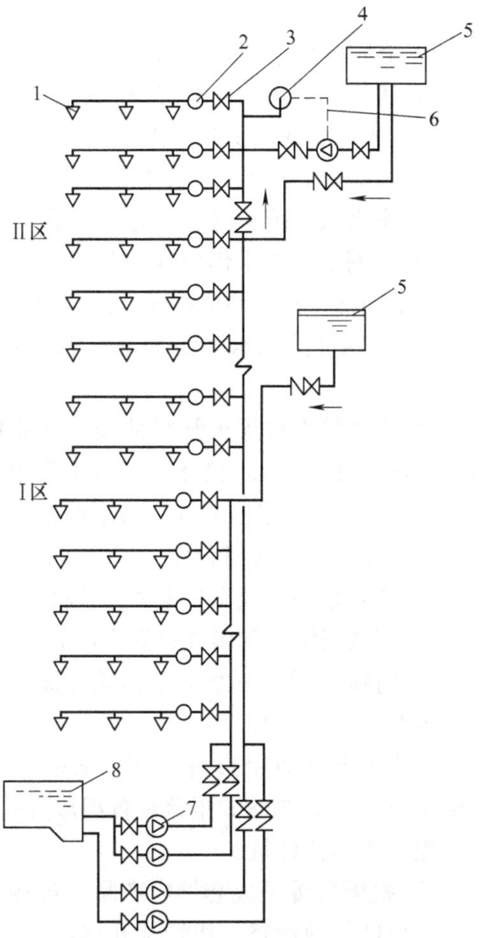

图4-30　高层建筑分区喷水灭火系统

1—喷头　2—水流指示器　3—闸阀　4—压力开关　5—水箱　6—补压　7—消防水泵　8—水池

表4-10　无缝钢管管径与公称直径对应表

公称直径/mm	15	20	25	32	40	50	70	80	100	150	200
无缝钢管直径/mm	20	25	32	38	45	57	76	89	108	159	219

5）设备及管道支架制作安装，套用《全国统一安装工程预算定额》第七册相应子目，不能用第八册子目。第七册管道安装子目不包括支架、吊架、弹簧吊架、防晃支架等，其工程量应另列项目计算，以“100kg”为单位计量。

该册管道支架定额，不包括除锈、刷底漆或防腐漆、面漆（或防火漆）的内容，应按设计图样要求计算，套用第十一册相应定额子目。

6）管道穿墙、穿楼板管道套管制作与安装以“个”为单位计量，套用第六册第八章相应子目。

7）管道在管道间、管廊内安装，因增加工作难度，所以基价人工乘以系数1.3。

8）主体工程用钢模板现浇混凝土，因管道安装增加了工作难度，所以内外全现浇混凝土时基价人工费乘以系数1.05，内浇外砌时基价人工费乘以系数1.03。

（2）水灭火系统管网水冲洗工程量计算

1）水灭火系统管网水冲洗工程量，按管径分档，以“m”为单位计量。

2）管网水冲洗工作内容包括准备工具和材料、制作与堵盲板、安装拆除排水临时管线、通水冲洗、检查冲洗情况、清理现场等。

3）管网冲洗以水冲洗为准，若采用水压气动法冲洗，可按施工方案要求另按实计算。

4）自动喷水水灭火管网冲洗，只能用第七册定额，不能用第六册第六章管道压力试验、吹扫与清洗中水冲洗子目，也不能用第八册第一章管道消毒、冲洗子目，因为它们所包括的工作内容和要求有差异，故不能串用。

（3）水灭火系统组合件——湿式报警装置安装工程量计算

1）湿式报警装置安装定额按公称直径分档，以“组”为单位计量。

2）湿式报警装置属成套供应产品，它由湿式阀、蝶阀、装配管、供应压力表、装置压力表、试验阀、泄放试验管、试验管流量计、过滤器、延时器、水力警铃、报警截止阀、漏斗、压力开关等组成。

其他如干湿两用报警装置（ZSL）、电动雨淋报警装置（ZSYL）、预作用报警装置（ZSU）等，它们与湿式报警装置组成大致相同，也是供应商成套供应，所以安装工程量均以“组”为单位计量。

3）报警装置是成套供应产品，现场不能加工。除法兰在现场焊接组对外，安装工作还有：部件外观检查、切管及开坡口、组件和管组对、焊法兰、紧螺栓、临时短管安拆、报警阀渗漏试验、整体组装、配套、调试等。湿式报警装置及平焊法兰是未计价材料。

（4）水灭火系统组合件——喷淋头安装工程量计算

1）喷淋头安装不分型号、规格和类型，只按有吊顶与无吊顶分档，以“个”为单位计量。

2）喷淋头由喷头架、溅水盘、喷水口、堵水支撑等组成，常见有易熔合金锁片支撑型和玻璃球支撑型；喷水口有堵水支撑的称闭式喷头，无堵水支撑的称开式喷头以及水幕喷头；如按安装形式分，又可分为吊顶型与无吊顶型。

喷头用色彩来表示额定温度，易熔合金闭式喷头以本色、白色、蓝色来表示不同额定温度；玻璃球支撑型，在玻璃球中充满橙、红、黄、绿、蓝等色的液体来表示不同的额定温度。

喷头为未计价材料，不同类型和规格的喷头，其价格也不同。

（5）水灭火系统组合件——水流指示器安装工程量计算

1）水流指示器安装根据管道连接的方式（螺纹连接、法兰连接）不同，按公称直径分档以“个”为单位计量，套用《全国统一安装工程预算定额》第七册定额，水流指示器与平焊法兰是未计价材料。

2）水流指示器等的接线及校线计算：水灭火管网系统中的各种仪表安装、带电讯号的阀门、水流指示器、压力开关、驱动装置、泄漏报警开关等的连线及校线，用《全国统一安装工程预算定额》第十章《自动化控制装置及仪表安装工程》中端子板校线、接线相应子目，以“10头”为单位计量。

上述元器件的接线、校线计算，不能使用第二册第四章端子板外部接线子目，因为安装条件和要求不同。

（6）水灭火管网中阀门、法兰安装工程量计算

1）阀门和法兰安装以“个”和“副”为单位计量，使用《全国统一安装工程预算定额》第六册第三章及第四章相应子目，不能使用第八册第一章法兰安装子目和第二章阀门安装子目。

2）法兰阀门和法兰是未计价材料。法兰阀门和法兰用螺栓、螺母均为未计价材料，其数量按下式计算：

$$螺栓套数或质量 = 法兰螺栓质量 \times (1 + 3.3\%)$$

法兰螺栓质量查《法兰螺栓质量表》，见第六册定额附录或五金手册。

（7）水灭火系统中钢板水箱制作与安装工程量计算　工程量计算方法见本课程给排水部分所述。

（8）自动消防水灭火系统控制装置调试工程量计算　自动报警系统装置调试和水灭火系统控制装置调试，均以系统控制器控制的点数分档，按“系统”计量，用《全国统一安装工程预算定额》第七册定额。

水灭火系统安装工程量计算，主要用第七册定额，但也引用了其他册定额相关子目。用系数计取费用时，可按“以主代次”原则，用水灭火系统工程主册定额规定的系数计算计取，可以简化安装工程预算编制工作，精度也满足要求。

【例4-4】　如图4-31所示某自动喷淋系统，试列项计算自动喷淋系统工程量。

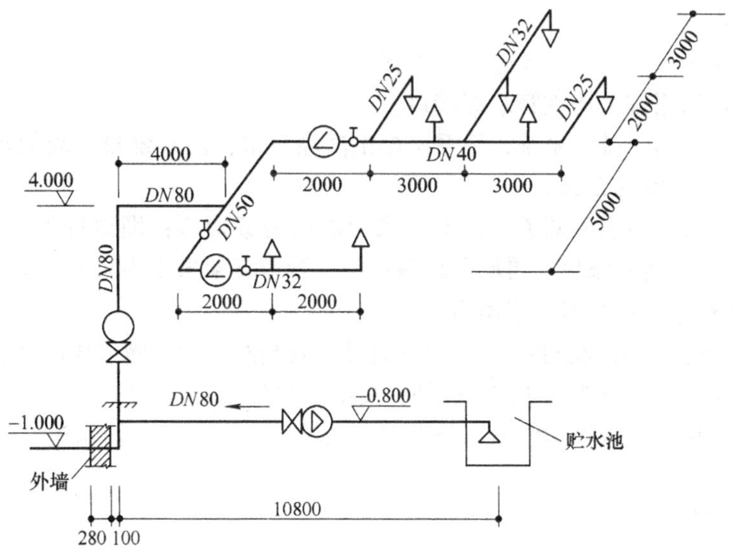

图4-31　某工程自动喷淋系统图

解 工程量计算见表4-11。

表4-11 自动喷淋系统工程量计算表

序　号	工程名称	单位	数量	计算公式
1	镀锌钢管（螺纹）*DN*80	m	11.10	1.5+0.8+0.8+4.0+4.0
2	镀锌钢管（螺纹）*DN*50	m	5.00	5
3	镀锌钢管（螺纹）*DN*40	m	8.00	2.0+3.0+3.0
4	镀锌钢管（螺纹）*DN*32	m	9.00	2.0+2.0+2.0+3.0
5	镀锌钢管（螺纹）*DN*25	m	4.00	2.0+2.0
6	湿式喷淋自动报警阀 *DN*80	组	1.00	1.0
7	水流指示器 *DN*40	个	1.00	1.0
8	水流指示器 *DN*32	个	1.00	1.0
9	螺纹阀 *DN*50	个	1.00	1.0
10	螺纹阀 *DN*40	个	1.00	1.0
11	螺纹阀 *DN*32	个	1.00	1.0
12	自动喷淋头 *DN*15	个	8.00	8.00
13	管网冲洗	m	37.10	11.1+5.0+8.0+9.0+4.0

4.4 室内给排水工程施工图预算编制实例

某学生宿舍楼给排水工程施工图样如图4-32～图4-35所示。该宿舍楼共4层，层高为3.3m，墙厚均为240mm，每层设男厕所、女厕所、盥洗室各1个。

1. 设计说明

1）给水管道全部采用镀锌钢管螺纹连接。

2）排水管道采用排水铸铁管水泥接口。

3）该工程设置两个排水系统，甲系统排出洗涤污水，乙系统排出粪便污水，第一个排水检查井距建筑物外墙皮2.5m。

4）埋地给水管刷防锈漆两道，地上给水管刷银粉漆两道；埋地排水管刷热沥青两道，地上排水管刷一道带锈底漆后、再刷两道银粉漆；管道支架采用 ∟50×5 等边角钢，需人工除轻锈，并刷防锈漆两道及银粉漆两道。

5）除 *DN*50 阀门采用 Z45T—10 法兰闸阀外，其余阀门均为螺纹阀门 Z15T—10。

6）除了污水池水水龙头为 *DN*20 以外，其余水龙头均为 *DN*15。

7）该工程采用瓷高水箱蹲便器，每个厕所均设污水池一个，污水池、盥洗槽见土建设计。

2. 工程量计算

工程量计算时有关数据的取定：墙厚240mm，墙单面抹灰厚20mm，给水管道中心距墙皮60mm，排水管道中心距墙皮150mm。埋地管道土方考虑与土建配合施工，在该安装预算中不考虑。本例中未考虑管道过墙及过楼板的套管。

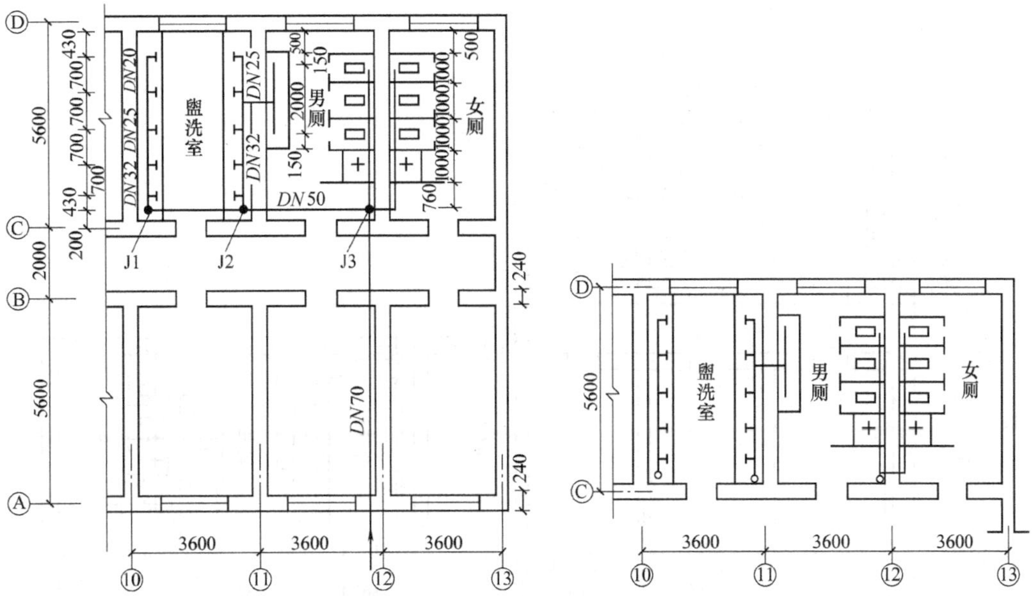

a)　　b)

图4-32　给水平面图

a）一层平面图　b）二、三、四层平面图

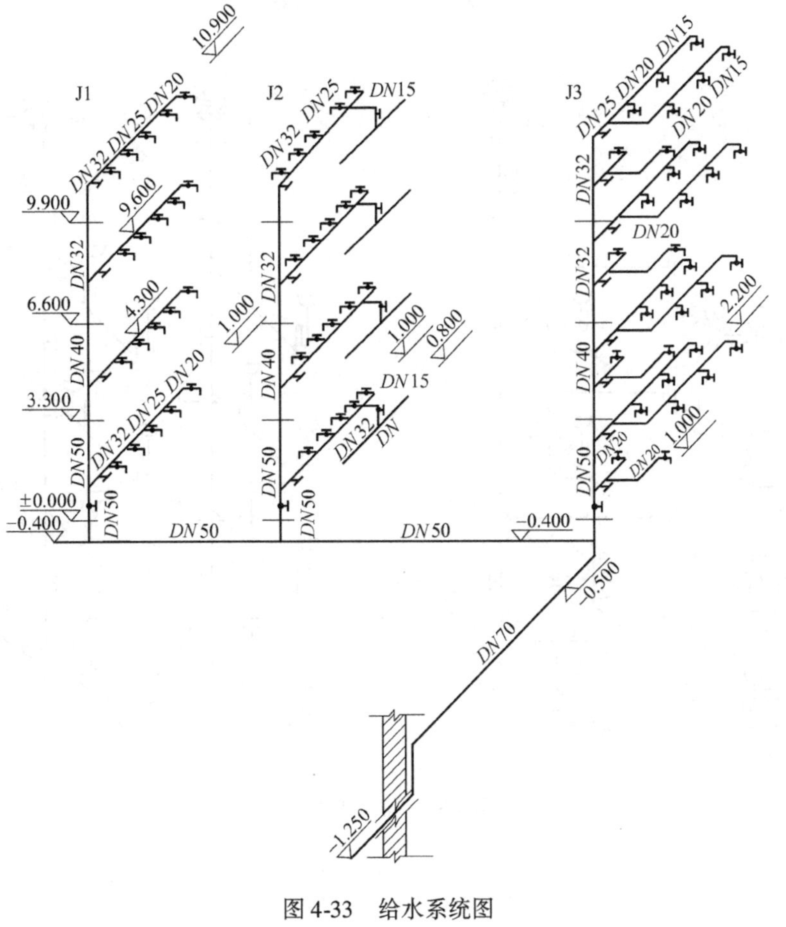

图4-33　给水系统图

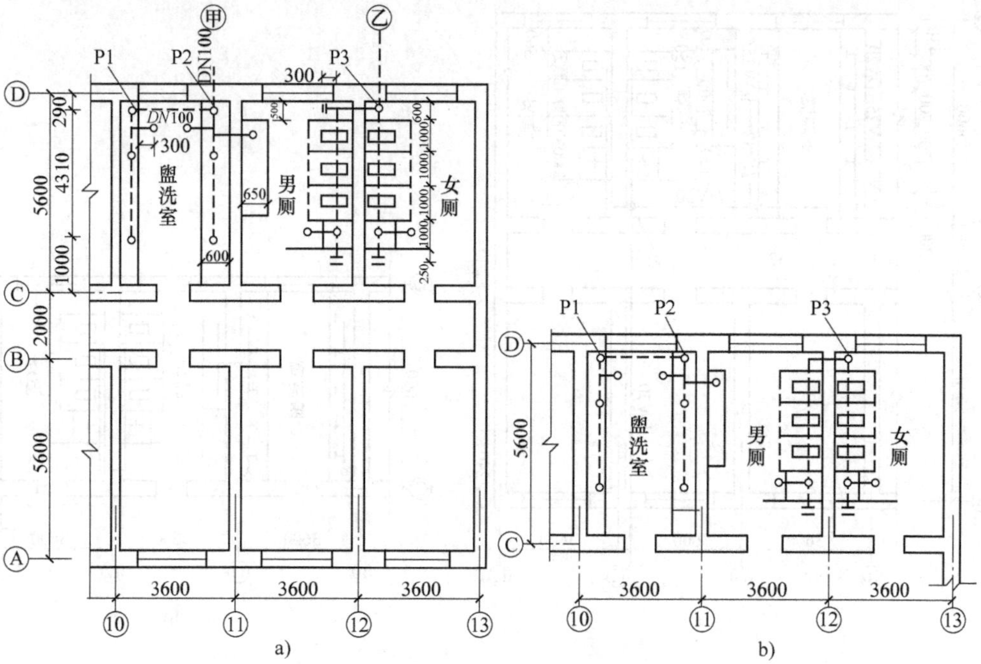

图 4-34　排水平面图

a）一层平面图　b）二、三、四层平面图

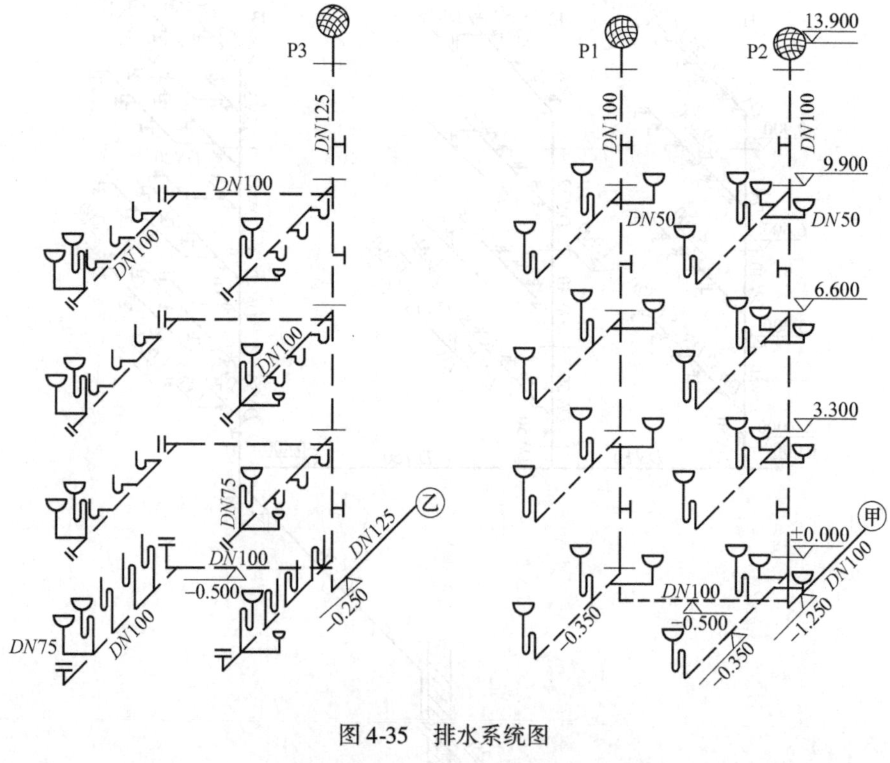

图 4-35　排水系统图

工程量计算表见表4-12。

表4-12 工程量计算表

工程名称：某学生宿舍楼给排水工程

序号	项目名称	单位	数量	计算公式
	一、给水系统			
1	镀锌钢管 *DN*70（地下）	m	10.29	1.5(距外墙皮)+0.14(半墙厚)+(1.25-0.4)+7.6+0.14+0.06(立管距墙)=10.29
2	镀锌钢管 *DN*50（地下）	m	8.00	水平干管：3.6×2-0.28(墙厚)-0.06×2(立管距墙)=6.80 立管：0.4×3=1.20
3	镀锌钢管 *DN*50（地上）	m	10.80	立管1：3.3+1.0=4.30 立管2：3.3+1.0=4.30 立管3：2.20
4	镀锌钢管 *DN*40	m	9.90	立管1：3.30 立管2：3.30 立管3：3.30
5	镀锌钢管 *DN*32	m	27.84	立管1：3.3(立管)+(0.43+0.7)(支管)×4=7.82 立管2：3.3(立管)+(0.43+0.7×3)(支管)×4=13.42 立管3：3.3×2=6.60
6	镀锌钢管 *DN*25	m	17.44	立管1：0.7×2×4=5.60 立管2：0.7×4=2.80 立管3：(0.76+1.0+0.5)×4=9.04
7	镀锌钢管 *DN*20	m	33.12	立管1：0.7×4=2.80 立管2：[1.0+(0.06+0.28+0.06)+0.76+1.0+1.5]×4=18.64 立管3：[0.76+0.5+(0.06+0.28+0.06)+0.76+0.5]×4=11.68
8	镀锌钢管 *DN*15	m	10.40	立管2：(0.06+0.28+0.06+0.2)×4=2.40 立管3：1.0×2×4=8.00
9	*DN*50 法兰闸阀 Z45T—10	个	3.00	立管1~3：3
10	*DN*32 螺纹阀门 Z15T—10	个	8.00	立管1~2：4×2=8
11	*DN*25 螺纹阀门 Z15T—10	个	4.00	立管3：4
12	*DN*20 螺纹阀门 Z15T—10	个	4.00	立管3：4
13	*DN*15 螺纹阀门 Z15T—10	个	4.00	4（小便槽冲洗管上）
14	水龙头 *DN*25	个	8.00	2×4=8（污水池上）
15	水龙头 *DN*15	个	40.00	5×4×2=40（盥洗槽上）
16	小便槽冲洗管 *DN*15	m	8.00	2×4=8.00
17	管道冲洗 *DN*75	m	10.29	
18	管道冲洗 *DN*50 以下	m	117.50	8.0+10.8+9.9+27.84+17.44+33.12+10.4=117.50
19	管道支架（*DN*32 以上）	kg	6.78	6(每层一个)×0.3(支架长度)×3.77(理论质量)=6.78
20	管道刷防锈漆两遍（地下）	m^2	3.95	$S=\pi DL$=3.14×(0.0755×10.29+0.06×8.0)=3.95
21	管道刷银粉漆两遍（地上）	m^2	12.53	$S=\pi DL$=3.14×(0.06×10.8+0.048×9.9+0.04225×27.84+0.0335×17.44+0.02675×33.12+0.02125×10.4)=12.53

（续）

序号	项目名称	单位	数量	计算公式
22	支架刷防锈漆一遍	kg	6.78	同管道支架重量
23	支架刷银粉漆二遍	kg	6.78	同管道支架重量
	二、排水系统			
	甲系统			
24	铸铁承插排水管 *DN*100(地下)	m	7.70	2.5(出户管)+0.28(墙厚)+0.15(距墙)+(3.6-0.28-0.15×2)(水平)+1.25(P1)+0.5(P2)=7.70
25	铸铁承插排水管 *DN*100(地上)	m	27.80	13.9×2=27.80
	P1			
26	铸铁承插排水管 *DN*75（地下）	m	5.01	4.31+0.35+0.35=5.01
27	铸铁承插排水管 *DN*75（地上）	m	15.03	(4.31+0.35+0.35)×3=15.03
28	铸铁承插排水管 *DN*50（地下）	m	1.10	0.45+0.3+0.35=1.10
29	铸铁承插排水管 *DN*50（地上）	m	3.30	(0.45+0.3+0.35)×3=3.30
30	排水栓带存水弯 *DN*75	个	8.00	8
31	地漏 *DN*50	个	4.00	4
	P2			
32	铸铁承插排水管 *DN*75（地下）	m	5.01	4.31+0.35+0.35=5.01
33	铸铁承插排水管 *DN*75（地上）	m	15.03	(4.31+0.35+0.35)×3=15.03
34	铸铁承插排水管 *DN*50（地下）	m	2.205	0.45+0.3+0.35+0.15+0.28+0.325+0.35=2.205
35	铸铁承插排水管 *DN*50（地上）	m	6.62	(0.45+0.3+0.35+0.15+0.28+0.325+0.35)×3=6.62
36	排水栓带存水弯 *DN*75	个	8.00	8
37	地漏 *DN*50	个	8.00	4+4=8
	乙系统（P3）			
38	铸铁承插排水管 *DN*125(地下)	m	4.18	2.5+0.28+0.15+1.25=4.18
39	铸铁承插排水管 *DN*125(地上)	m	13.90	13.90
40	铸铁承插排水管 *DN*100(地下)	m	1.38	0.15+0.28+0.15+0.3+0.5（扫除口）=1.38
41	铸铁承插排水管 *DN*100(地上)	m	2.64	(0.15+0.28+0.15+0.3)×3=2.64
42	铸铁承插排水管 *DN*100(地下)	m	13.50	[4.70+0.5×2+0.35×3(大便器横支管)]×2=13.50
43	铸铁承插排水管 *DN*100(地上)	m	34.50	(4.70+0.35×3)×2×3=34.50
44	铸铁承插排水管 *DN*75(地下)	m	4.00	0.5×4(垂直)+1.0×2(水平)=4.00
45	铸铁承插排水管 *DN*75(地上)	m	12.00	(0.5×4+1.0×2)×3=12.00
46	排水栓带存水弯 *DN*75	个	8.00	2×4=8
47	地漏 *DN*75	个	8.00	2×4=8
48	蹲式大便器	个	24.00	3×2×4=24（带高水箱）
49	地面清扫口 *DN*100	个	3.00	3
50	楼层清通口(油灰堵头)*DN*100	个	9.00	3×3=9
51	地下排水管道刷热沥青两道	m^2	16.81	$S=1.2\pi DL=1.2\times3.14\times(0.14\times4.18+0.114\times21.38+0.0885\times14.07+0.06\times3.31)=16.81$
52	地上排水管道刷带锈底漆一道	m^2	51.24	$S=1.2\pi DL=1.2\times3.14\times(0.14\times13.9+0.114\times64.34+0.0885\times42.06+0.06\times9.92)=51.24$
53	地上排水管道刷银粉漆两道	m^2	51.24	同上

3. 工程造价计算

施工图预算书的组成：预算书封面见表4-13，预算书编制说明见表4-14，工程取费表见表4-15，主材价格表见表4-16，工程预算表见表4-17。

表4-13　预算书封面

安装工程预算书

工程名称：某学生宿舍楼
专业名称：给排水工程
结构类型：砖混结构
建筑面积：
工程造价：31402.97元
单方造价：
施工单位：　　　　建设单位：
编 制 人：　　　　审 核 人：
资格证号：　　　　资格证号：
年　月　日

表4-14　预算书编制说明

编 制 说 明

一、编制依据
1. ××设计院设计的××学校学生宿舍楼给排水工程施工图以及有关设计说明。
2. 该工程地点在××市××区。
3. 《河南省安装工程单位综合基价》第八册及第十一册。
4. 《河南省安装工程计价办法》及相关规定。
5. 主要材料价格以工程所在地预算编制时市场价格综合取定。
二、主要材料来源
主要材料均由施工企业自行采购。
三、其他
施工时发生设计变更或其他问题涉及造价调整，双方根据施工协议书的约定进行调整。

表4-15　工程取费表

工程名称：某学生宿舍楼给排水工程　　　　工程类别：三类

序号	费用名称	取费基数	费率（%）	金额/元
1	综合计价合计	Σ(分项工程量×分项子目综合基价)		11652.96
2	计价中人工费合计	Σ(分项工程量×分项子目综合基价中人工费)		2886.57
3	未计价材料费用	主材费合计		16635.26
4	施工措施费	[5]+[6]		
5	施工技术措施费	其费用包含在1中		
6	施工组织措施费			
7	安全文明施工增加费	(人工费合计)×7%	7.00	202.06

（续）

序号	费用名称	取费基数	费率（%）	金额/元
8	差价	[9]+[10]+[11]		
9	人工费差价	不调整		
10	材料差价	不调整		
11	机械差价	不调整		
12	专项费用	[13]+[14]		981.44
13	社会保险费	[2]×33%	33.00	952.57
14	工程定额测定费	[2]×1%	1.00	28.87
15	工程成本	[1]+[3]+[4]+[8]+[12]		29269.66
16	利润	[2]×38%	38.00	1096.90
17	其他项目费	其他项目费		
18	税金	([15]+[16]+[17])×3.413%	3.413	1036.41
19	工程造价	[15]+[16]+[17]+[18]		31402.97
	含税工程造价：叁万壹仟肆佰零贰元玖角柒分			小写：31402.97

表 4-16 主材价格表

项目文件：某宿舍楼给排水工程

序 号	名称及规格	单 位	数 量	市 场 价	合计/元
1	型钢 ∟50×5	kg	7.21	3.10	22.35
2	承插铸铁排水管 *DN*50	m	11.55	35.67	411.83
3	承插铸铁排水管 *DN*75	m	49.55	51.74	2563.74
4	承插铸铁排水管 *DN*100	m	76.29	67.34	5137.42
5	承插铸铁排水管 *DN*125	m	17.36	94.00	1631.54
6	螺纹阀门 *DN*15	个	4.04	9.00	36.36
7	螺纹阀门 *DN*20	个	4.04	10.00	40.40
8	螺纹阀门 *DN*25	个	4.04	15.00	60.60
9	螺纹阀门 *DN*32	个	8.08	24.00	193.92
10	法兰阀门 *DN*50	个	3.00	120.00	360.00
11	镀锌钢管 *DN*15	m	10.61	7.50	79.56
12	镀锌钢管 *DN*20	m	33.78	10.50	354.72
13	镀锌钢管 *DN*25	m	17.79	13.00	231.25
14	镀锌钢管 *DN*32	m	31.25	20.00	625.06
15	镀锌钢管 *DN*40	m	10.10	27.00	272.65
16	镀锌钢管 *DN*50	m	19.18	30.00	575.28
17	镀锌钢管 *DN*70	m	10.50	49.00	514.29
18	瓷蹲式大便器	个	24.24	90.00	2181.60
19	铜水嘴 *DN*15	个	40.40	3.68	148.67

（续）

序号	名称及规格	单位	数量	市场价	合计/元
20	铜水嘴 *DN*25	个	8.08	6.16	49.77
21	排水栓带链堵	套	24.00	4.49	107.76
22	地漏 *DN*50	个	12.00	26.30	315.60
23	地漏 *DN*75	个	8.00	40.40	323.20
24	地面扫除口 *DN*100	个	12.00	25.10	301.20
25	酚醛防锈漆	kg	1.02	10.41	10.64
26	酚醛清漆	kg	4.54	8.40	38.16
27	带锈底漆	kg	3.87	12.30	47.64
	合计				16635.26

表4-17 工程预算表

工程名称：某学生宿舍楼给排水工程

序号	定额编号	工程项目名称	工程量		定额直接费/元		其中人工费/元		未计价材料				
			单位	工程量	基价	合价	基价	合价	材料名称	单位	数量	单价/元	合价/元
	一、	给排水工程											
	(一)	管道安装											
1	8-87	室内镀锌钢管(螺纹连接)公称直径(*DN*15)	10m	1.040	93.99	97.75	38.43	39.97	镀锌钢管 *DN*15	m	10.61	7.50	79.56
2	8-88	室内镀锌钢管(螺纹连接)公称直径(*DN*20)	10m	3.312	94.36	312.52	38.43	127.28	镀锌钢管 *DN*20	m	33.78	10.50	354.72
3	8-89	室内镀锌钢管(螺纹连接)公称直径(*DN*25)	10m	1.744	115.96	202.22	46.20	80.57	镀锌钢管 *DN*25	m	17.79	13.00	231.25
4	8-90	室内镀锌钢管(螺纹连接)公称直径(*DN*32)	10m	3.064	118.68	363.64	46.20	141.56	镀锌钢管 *DN*32	m	31.25	20.00	625.06
5	8-91	室内镀锌钢管(螺纹连接)公称直径(*DN*40)	10m	0.990	135.05	133.70	55.02	54.47	镀锌钢管 *DN*40	m	10.10	27.00	272.65
6	8-92	室内镀锌钢管(螺纹连接)公称直径(*DN*50)	10m	1.880	148.98	280.08	56.28	105.81	镀锌钢管 *DN*50	m	19.18	30.00	575.28
7	8-94	室内镀锌钢管(螺纹连接)公称直径(*DN*70)	10m	1.029	174.69	179.77	60.90	62.67	镀锌钢管 *DN*70	m	10.50	49.00	514.29
8	8-144	室内承插铸铁排水管(水泥接口)公称直径(*DN*50)	10m	1.312	168.89	221.59	47.04	61.72	承插铸铁排水管 *DN*50	m	11.55	35.67	411.83
9	8-145	室内承插铸铁排水管(水泥接口)公称直径(*DN*75)	10m	5.328	255.21	1,359.75	56.28	299.86	承插铸铁排水管 *DN*75	m	49.55	51.74	2563.74
10	8-146	室内承插铸铁排水管(水泥接口)公称直径(*DN*100)	10m	8.572	378.83	3,247.33	72.66	622.84	承插铸铁排水管 *DN*100	m	76.29	67.34	5137.42

（续）

序号	定额编号	工程项目名称	工程量		定额直接费/元		其中人工费/元		未计价材料				
			单位	工程量	基价	合价	基价	合价	材料名称	单位	数量	单价/元	合价/元
11	8-147	室内承插铸铁排水管（水泥接口）公称直径（DN125）	10m	1.808	353.54	639.20	77.07	139.34	承插铸铁排水管 DN125	m	17.36	94.00	1631.54
12	8-178	管道支架制作安装一般管架	100kg	0.068	847.39	57.63	212.94	14.48	型钢 L50×5	kg	7.21	3.10	22.35
13	8-230	管道消毒、冲洗 公称直径(50mm 以内)	100m	1.203	34.45	41.44	10.92	13.14					
14	8-231	管道消毒、冲洗公称直径(100mm 以内)	100m	0.103	48.76	5.02	14.28	1.47					
		分部小计				7141.64		1765.18					
	（二）	阀门安装											
15	8-241	螺纹阀公称直径(15mm)	个	4	6.8	27.20	2.10	8.40	螺纹阀门 DN15	个	4.04	9.00	36.36
16	8-242	螺纹阀公称直径(20mm)	个	4	8.2	32.80	2.10	8.40	螺纹阀门 DN20	个	4.04	10.00	40.40
17	8-243	螺纹阀公称直径(25mm)	个	4	9.57	38.28	2.52	10.08	螺纹阀门 DN25	个	4.04	15.00	60.60
18	8-244	螺纹阀公称直径(32mm)	个	8	12.22	97.76	3.15	25.20	螺纹阀门 DN32	个	8.08	24.00	193.92
19	8-258	焊接法兰阀公称直径(50mm)	个	3	75.97	227.91	10.29	30.87	法兰阀门 DN50	个	3.00	120.00	360.00
		分部小计				423.95		82.95					
	（三）	卫生器具制作安装											
20	8-407	蹲式大便器安装瓷高水箱	10套	2.400	1018.48	2444.35	202.86	486.86	瓷蹲式大便器	个	24.24	90.00	2181.60
21	8-438	水龙头安装公称直径(15mm)	10个	4	12.71	50.84	5.88	23.52	铜水嘴 DN15	个	40.40	3.68	148.67
22	8-440	水龙头安装公称直径(25mm)	10个	0.800	16.48	13.18	7.77	6.22	铜水嘴 DN25	个	8.08	6.16	49.77
23	8-443	排水栓安装带存水弯50	10组	2.400	156.45	375.48	39.90	95.76	排水栓带链堵	套	24.00	4.49	107.76
24	8-447	地漏安装50	10个	1.200	77.81	93.38	33.60	40.32	地漏 DN50	个	12.00	26.30	315.60
25	8-448	地漏安装75	10个	0.800	172.21	137.76	78.33	62.66	地漏 DN75	个	8.00	40.40	323.20
26	8-453	地面扫除口安装100	10个	1.200	41.79	50.14	20.37	24.44	地面扫除口 DN100	个	12.00	25.10	301.20
27	8-456	小便槽冲洗管制作、安装公称直径(15mm 以内)	10m	0.800	337.4	269.92	136.29	109.03					
		分部小计				3,435.05		848.81					
	二、	刷油、防腐蚀工程											
	（一）	除锈工程											
28	11-7	手工除锈角钢支架轻锈	100kg	0.068	22.25	1.51	7.14	0.48					
		分部小计				1.51		0.48					

（续）

序号	定额编号	工程项目名称	工程量		定额直接费/元		其中人工费/元		未计价材料				
			单位	工程量	基价	合价	基价	合价	材料名称	单位	数量	单价/元	合价/元
	（二）	刷油工程											
29	11-53	给水管道刷油防锈漆第一遍	$10m^2$	0.395	12.44	4.92	5.67	2.24	酚醛防锈漆	kg	0.52	10.41	5.39
30	11-54	给水管道刷油防锈漆第二遍	$10m^2$	0.395	12.33	4.87	5.67	2.24	酚醛防锈漆	kg	0.44	10.41	4.61
31	11-56	给水管道刷油银粉漆第一遍	$10m^2$	1.290	16.28	21.01	5.88	7.59	酚醛清漆	kg	0.46	8.40	3.90
32	11-57	给水管道刷油银粉漆第二遍	$10m^2$	1.290	15.44	19.92	5.67	7.31	酚醛清漆	kg	0.43	8.40	3.58
33	11-119	角钢支架刷油防锈漆第一遍	100kg	0.068	17.02	1.16	4.83	0.33	酚醛防锈漆	kg	0.06	10.41	0.65
34	11-122	角钢支架刷油银粉漆第一遍	100kg	0.068	19.49	1.32	4.62	0.31	酚醛清漆	kg	0.02	8.40	0.14
35	11-123	角钢支架刷油银粉漆第二遍	100kg	0.068	18.8	1.27	4.62	0.31	酚醛清漆	kg	0.02	8.40	0.13
36	11-199	排水铸铁管刷油带锈底漆一遍	$10m^2$	4.210	15.1	63.58	6.93	29.18	带锈底漆	kg	3.87	12.30	47.64
37	11-200	排水铸铁管刷油银粉漆第一遍	$10m^2$	4.210	19.32	81.34	7.14	30.06	酚醛清漆	kg	1.89	8.40	15.91
38	11-201	排水铸铁管刷油银粉漆第二遍	$10m^2$	4.210	18.3	77.05	6.93	29.18	酚醛清漆	kg	1.73	8.40	14.50
39	11-206	排水铸铁管刷油热沥青第一遍	$10m^2$	1.381	101.97	140.82	22.89	31.61					
40	11-207	排水铸铁管刷油热沥青第二遍	$10m^2$	1.381	47.19	65.17	10.92	15.08					
		分部小计				482.43		155.44					
41		脚手架搭拆费（第8册）	元	1.000	168.38	168.38	33.71	33.71					
		合计	元			11652.96		2886.57					16635.26

小　　结

给排水工程系统包括给水工程和排水工程两个系统。给水工程又分为室外给水工程和室内给水工程，室外给水工程可划分为市政给水工程与住宅小区、企事业单位院内给水工程；室内给水工程是指建筑内给水系统，其包括生活给水、生产给水、消防给水等。排水工程又分为室外排水工程和室内排水工程。室外排水工程包括市政排水与住宅小区、企事业单位院内排水工程；室内排水是指建筑物内的生活污水排除、生产污（废）水排除和雨水排除。在给排水工程施工图预算编制时，首先要区分市政给排水、住宅小区及企事业单位院内给排水（室外给排水）和建筑物内给排水（室内及排水），市政给排水工程预算通过市政工程预算体系进行编制，室外给排水及室内给排水工程预算通过安装工程预算体系进行编制，本章主要讲述了室内给排水工程预算的编制。

编制室内给排水预算时，要根据预算定额中项目划分情况，正确列出工程量计算项目；准确理解和运用工程量计算规则和计算方法；正确套用定额计算直接工程费。工程量的计算重点是管道安装长度的计算。如在计算室内给水管道安装工程量时，应根据管子材质、连接方式、公称直径分项计算，水平敷设管道以施工平面图所示管道中心线尺寸计算，垂直安装管道按立面图、剖面图、系统轴测图与标高尺寸配合计算。工程量计算的一般顺序为：从入口处算起，先入户管、主干管，后支管。在计算排水管道工程量时，根据管道材质、规格、种类、连接方式，排水立管系统编号或排出管的编号顺序，先计算各排出管、立管长度，再计算各立管或排出管上的横管、横支管、立支管的长度。为便于除锈、刷油工程的计算，应分别按地上管道和埋地管道计算。计算室内给排水工程工程量时，要特别注意正确划分卫生器具安装与管道安装工程量的分界线，以便精确计算管道安装工程量；将各种管材的管道按埋地、明装分开计算，以便计算防腐及刷油工程量；管道中的水平长度按平面图中管道的实际安装位置，根据建筑物轴线尺寸计算；当图上未标明尺寸时则按比例尺量取。在定额套用时应注意每项定额子目所包括的安装工作内容。

水灭火系统主要包括普通灭火系统和自动灭火系统。在编制施工图预算时，除了要正确列项、准确计量外，特别要注意定额的套用。这部分工程内容所涉及的定额册较多，在套用时要根据工程内容和定额中的说明，正确进行套用。

认真识读各专业施工图样，通过图样中的设计说明，平面图、系统图、详图，了解管道线路在空间的走向和卫生器具设备的位置和数量，为准确计算工程量打下坚实的基础。

思考题

4-1 室内给排水系统各由哪些部分组成？各部分的作用是什么？

4-2 什么是水表节点？它的安装内容有哪些？

4-3 室内给排水工程中常见的管材有哪几种？其连接方式有哪些？

4-4 室内外给排水管道的分界线如何划分？

4-5 简述管道安装工程量的计算方法。

4-6 如何计算管道支架工程量？

4-7 穿楼板及墙体管道套管如何计算工程量和套用定额？

4-8 如何计算管道除锈、刷油工程量？

4-9 如何计算给排水工程的超高增加费、高层建筑费等按规定系数计取的费用？

4-10 高层建筑内消防泵间管道界线如何划分？

4-11 火灾自动报警系统安装项目定额中包含了哪些内容？

4-12 水灭火系统安装项目定额包含了哪些内容？

4-13 室内消火栓、消防水泵结合器安装包含了哪些内容？

第5章　采暖、室内民用燃气工程施工图预算的编制

学习目标

了解室内燃气工程内容；熟悉室内采暖系统工程内容；熟悉室内燃气工程工程量计算及定额套用；掌握室内采暖工程工程量计算及定额套用。

关键词

热水采暖系统　蒸汽采暖系统　燃气系统

5.1　采暖系统工程内容

5.1.1　采暖工程基本组成

采暖工程包括室外供热管网和室内采暖系统两大部分。

1. 室外供热管网

室外供热管网的任务是将锅炉产生的热能，通过蒸汽、热水等热媒输送到室内采暖系统，以满足生产、生活的需要。室外供热管网根据输送介质的不同，可分为蒸汽管网和热水管网两种；按其工作压力不同，可分为低压、中压和高压三种。室外供热管网本教材不作详细介绍。

2. 室内采暖系统

室内采暖系统根据室内供热管网输送的介质不同，可分为热水采暖系统和蒸汽采暖系统两大类。

（1）热水采暖系统　热水采暖系统是指以热水作为传媒介质的采暖系统。热水采暖系统按供水温度不同，可分为一般热水采暖（供水温度95℃，回水温度70℃）和高温热水采暖（供水温度96～130℃，回水温度70℃）两种；按水在系统内循环的动力不同，可分为自然循环系统（靠水的重度差进行循环）和机械循环系统（靠水泵力进行循环）两种，分别如图5-1、图5-2所示。

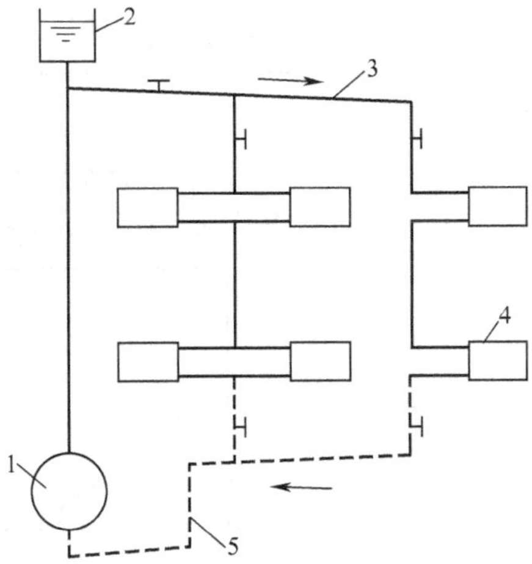

图5-1　自然循环上供式单管系统

1—锅炉　2—膨胀水箱　3—供水干管　4—散热器　5—回水干管

（2）蒸汽采暖系统　蒸汽采暖系统是指以蒸汽作为传媒介质的采暖系统。蒸汽采暖系统按压力不同，可分为低压蒸汽采暖（蒸汽工作压力≤0.07MPa）和高压蒸汽采暖（蒸汽工作

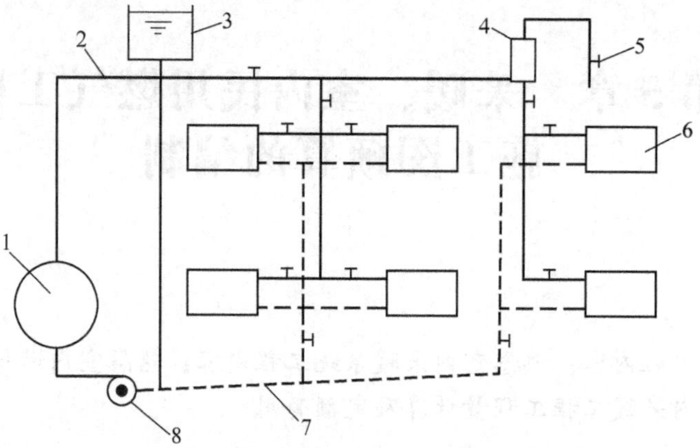

图 5-2　机械循环上供式双管系统

1—锅炉　2—供水干管　3—膨胀水箱　4—集气罐　5—放气阀　6—散热器　7—回水干管　8—水泵

压力 >0.07MPa）两种；按凝结水回水方式不同，可分为重力回水式蒸汽采暖系统和机械回水式蒸汽采暖系统两种，分别如图 5-3、图 5-4 所示。

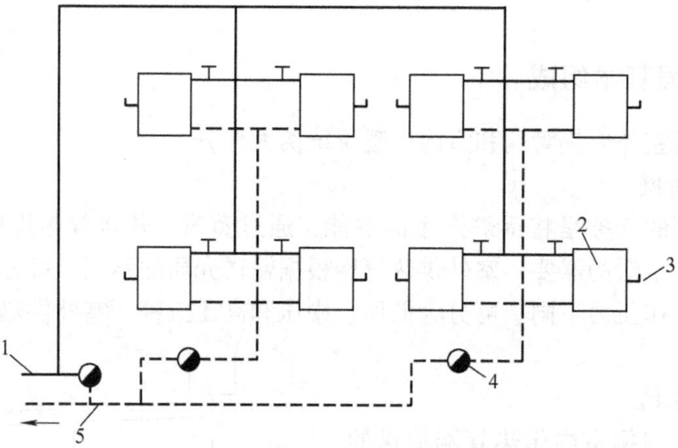

图 5-3　重力回水式蒸汽采暖系统

1—供气干管　2—散热器　3—放气阀　4—疏水器　5—凝水干管

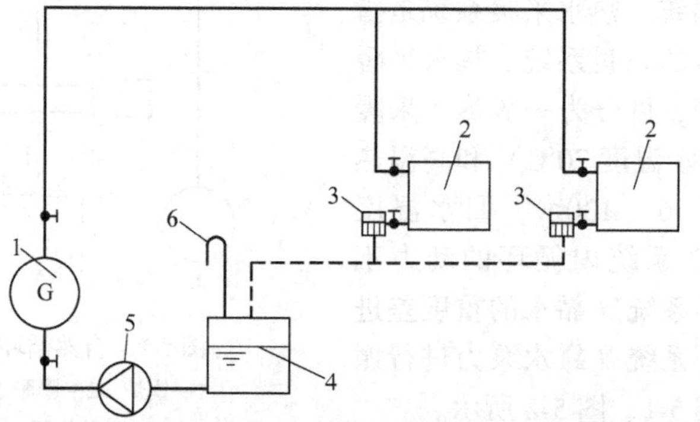

图 5-4　机械回水式蒸汽采暖系统

1—蒸汽锅炉　2—散热器　3—疏水器　4—凝结水箱　5—凝水泵　6—空气管

5.1.2 室内采暖系统的组成

室内采暖系统由入口装置、室内采暖管道、管道附件、散热器等组成。

1. 入口装置

室内采暖系统与室外供热管网相连接处的阀门、仪表和减压装置统称为采暖系统入口装置。

在采暖系统的入口处常设减压器与疏水器。减压器靠阀孔的启闭对通过介质进行节流以达到减压的目的，减压器的安装一般以阀组的形式出现。疏水器与减压阀类似，一般是由疏水器和前后的控制阀、旁通装置、冲洗和检查装置等组成的阀组。减压阀、疏水器、安全阀等根据需要也可单体安装。图5-5是热水采暖系统常用的调压板入口装置；图5-6是蒸汽采暖系统常用的减压阀入口装置；图5-7是疏水器组；图5-8是单体安装的减压阀、疏水器、安全阀、压力表。

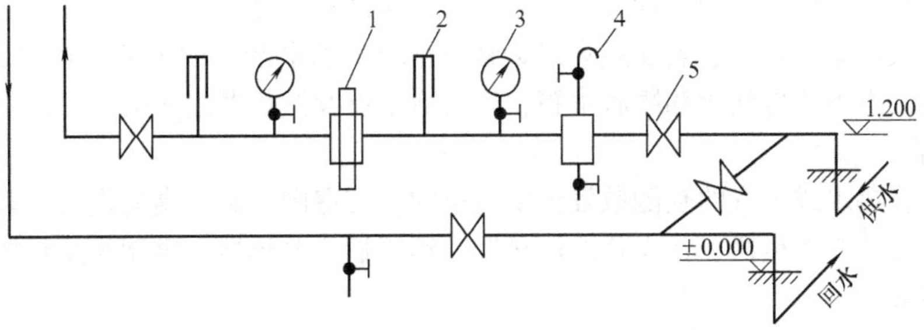

图5-5 热水采暖系统设调压板的入口装置示意图

1—调压板 2—温度计 3—压力表 4—除污器 5—阀门

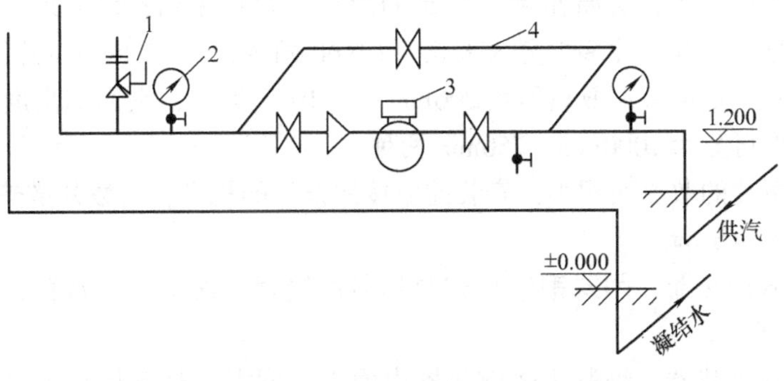

图5-6 蒸汽采暖系统设减压阀的入口装置示意图

1—安全阀 2—压力表 3—减压阀 4—旁通管

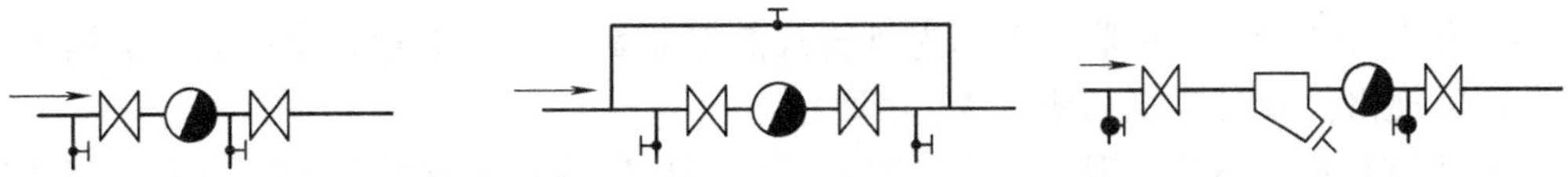

a) b) c)

图5-7 疏水器组

a）不带旁通管 b）带旁通管 c）带滤清器

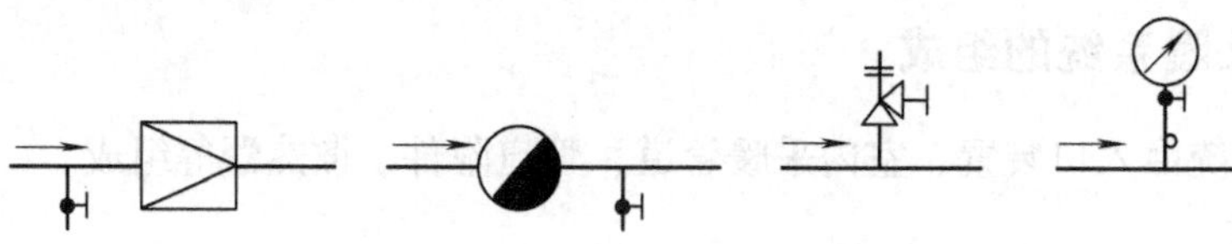

图 5-8 单体安装的减压阀、仪表等
a）减压阀 b）疏水器 c）安全阀 d）压力表

2. 室内采暖管道

室内采暖管道是由供水（汽）干管、立管及支管组成的，其管道安装要求与给水管道安装要求相似。

3. 管道附件

采暖管道上的附件包括阀门、放气阀、集气罐、膨胀水箱、伸缩器等。

放气阀一般设在供汽干管的最高点。当管道水压试验前充水和系统启动时，利用此阀排除管道内的空气。集气罐一般装在热水采暖管道系统中供水干管的末端（高点），用于排除系统中的空气；也可装排气阀和膨胀水箱，来排除系统及散热器组内的空气。

4. 散热器

散热器是将热水或蒸汽的热能散发到室内空间，使室内气温升高的设备。散热器的种类很多，常用的有铸铁散热器、钢串片式散热器、钢制板式散热器、钢制光排管式散热器、钢制柱型散热器等。

（1）铸铁散热器 铸铁散热器分柱型和圆翼型、长翼型三种。柱型又有二柱、四柱、五柱和六柱等，如图 5-9 所示。

二柱型散热器的规格以宽度表示，如 M132 型，其宽度为 132mm。四柱、五柱、六柱型散热器的规格以高度表示，分带足和不带足的两种，如四柱 813 型，其高度为 813mm。长翼型散热器是根据高度及翼片多少分为大 60 和小 60 两种，大 60 是指每片散热器长 280mm，共 14 个翼片；小 60 是指每片散热器长 200mm，共 10 个翼片，它们的高度均为 600mm。圆翼型散热器按长度可分为 1000mm、750mm 两种。

柱型散热器每片的散热面积小，安装前应按照设计的规定，将数片散热器组对成一组散热器，然后进行水压试验。

（2）钢串片式散热器 闭式钢串片式散热器由钢管、钢串片、联箱、放气阀及管接头组成，如图 5-10 所示。

（3）钢制板式散热器 钢制板式散热器由面板、背板、对流片和进出水管接头等部件组成，如图 5-11 所示。散热器高度有 380mm、480mm、580mm、680mm 等，长度有 600mm、800mm、1200mm、1400mm、1600mm 等。

（4）钢制光排管式散热器 钢制光排管式散热器是由焊接钢管焊制而成，依据不同管径区分不同规格，如图 5-12 所示（A、B 型）。

（5）钢制柱型散热器 钢制柱型散热器是仿铸铁散热器形状的钢制散热器。该散热器是将钢板冲压成所需的形状，再经焊接，组成散热器片，如图 5-13 所示。

散热器通常安装在室内外墙的窗台下（居中）、走廊和楼梯间等处。安装时，一般先栽托架（钩），然后将散热器组挂在托架上，如果是带足柱式散热器，直接搁置在地面或楼面上。

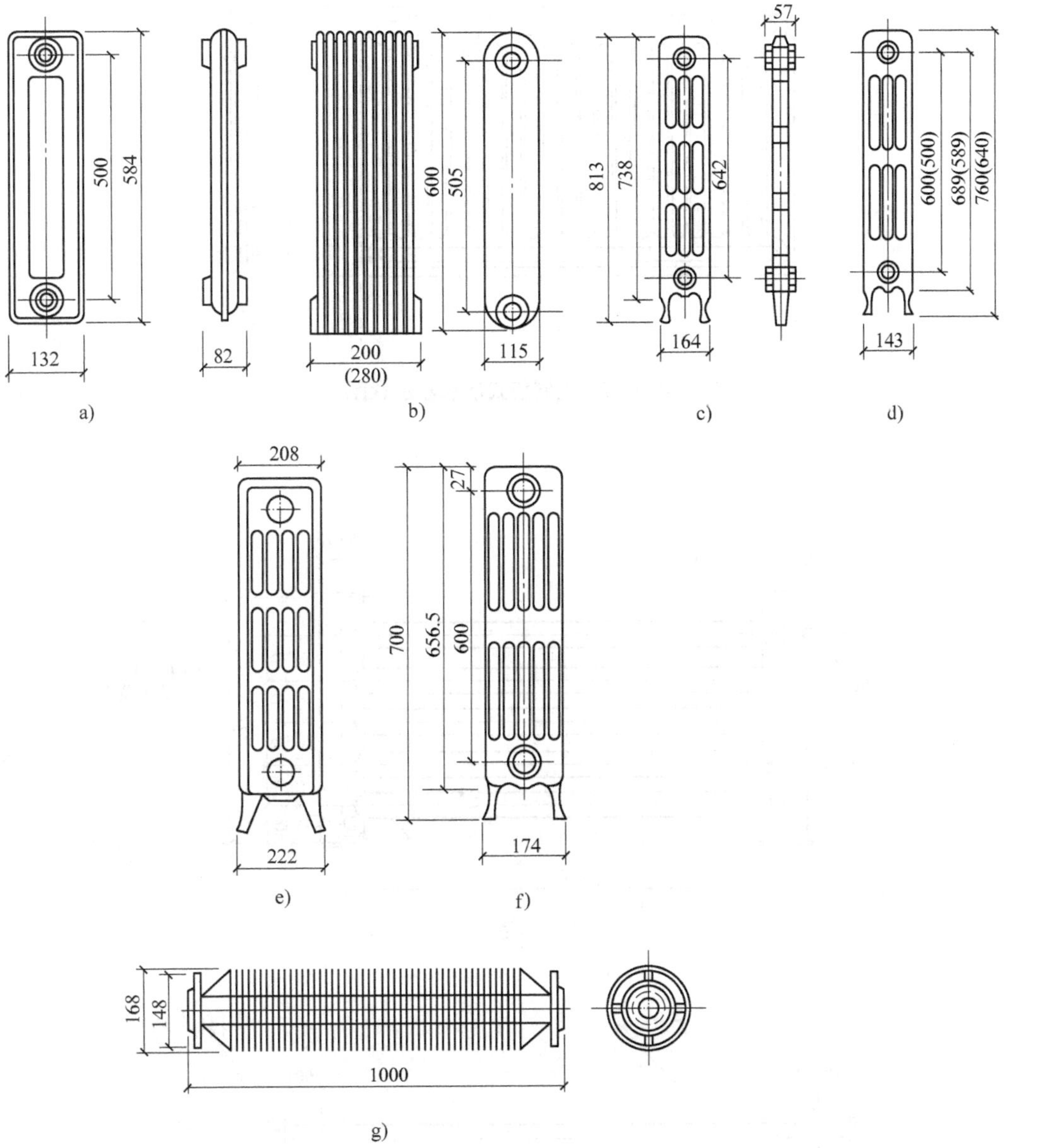

图 5-9　铸铁散热器

a）M132 型　b）长翼型　c）四柱 813 型　d）四柱 760（640）型　e）五柱型　f）六细柱 700 型　g）圆翼型

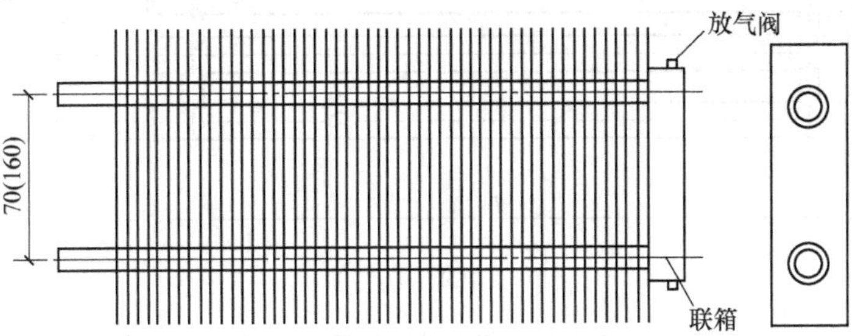

图 5-10　钢串片式散热器示意图

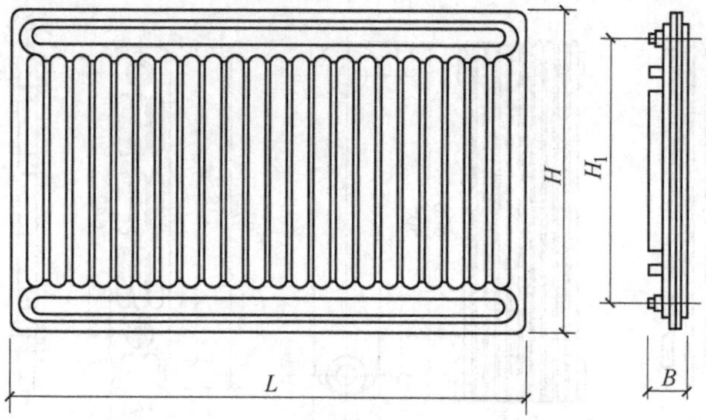

图 5-11　钢制板式散热器示意图

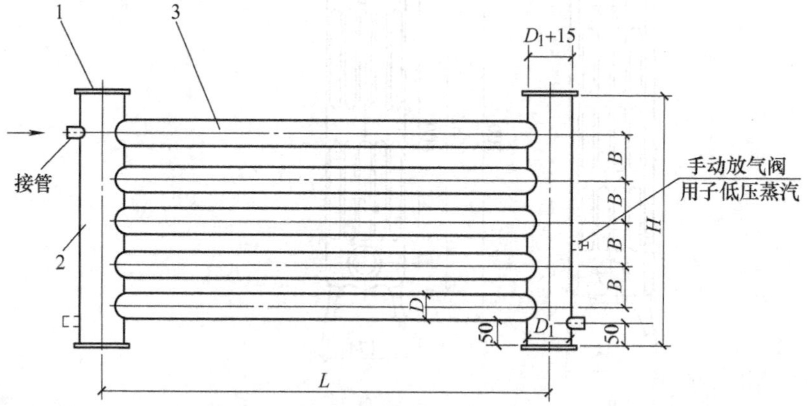

A型

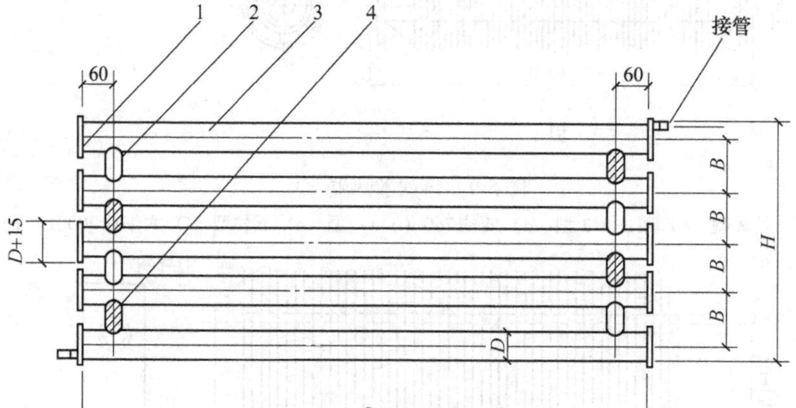

B型

图 5-12　光排管散热器示意图

1—堵板　2—立管　3—排管　4—支撑管

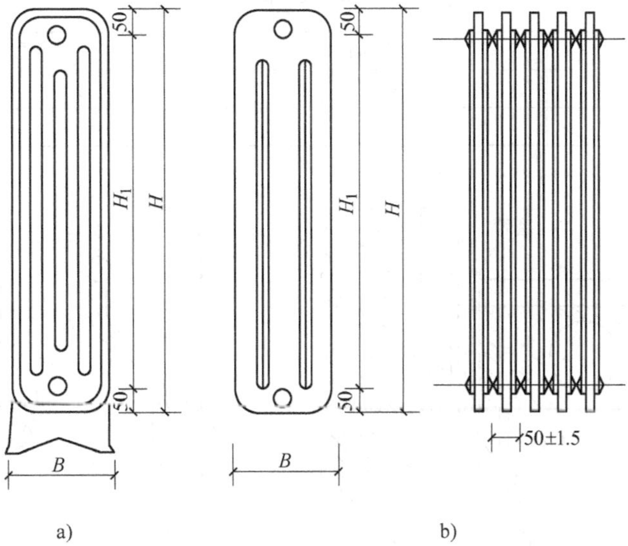

图5-13 钢制柱型散热器

a）有足式 b）无足式

5.2 室内采暖工程工程量计算及定额应用

5.2.1 采暖管道界线划分

采暖管道按所处位置的不同，可分为室内采暖管道和室外采暖管道；按执行定额册的不同，可分为执行第八册定额的管道（生活管道）和执行第六册定额的管道（工业管道）。生产生活共用的采暖管道、锅炉房和泵站房内的管道以及高层建筑内加压泵房内的管道均属工业管道的范围。具体划分界线如下：

1）室内外管道划分以入口处阀门或建筑物外墙皮外1.5m为界。

2）生活管道与工业管道划分以锅炉房或泵站外墙皮外1.5m为界。

3）工厂车间内采暖管道以车间采暖系统与工业管道碰头点为界。

4）设在高层建筑内的加压泵间管道以泵间外墙皮为界，泵间管道执行工业管道定额。

5.2.2 采暖管道安装

1. 工程量计算

（1）工程量计算规则 采暖管道工程量，不分干管、支管，均按不同管材、公称直径、连接方法，分别以“m”为单位计量。计算管道长度时，均以图示中心线长度为准，不扣除阀门及管件所占长度。管道中成组成套的附件（如减压阀、疏水器等）、伸缩器所占长度，定额中已综合考虑，也不扣除。

采暖立管、支管上如有缩墙、躲管的灯叉弯、半圆弯时（图5-14），其增加的工程量应计入管道工程量中，增加长度可参照表5-1中的数值计取。

表 5-1 灯叉弯、半圆弯增加长度表

管 别	灯叉弯/mm	半圆弯/mm
支管	35	50
立管	60	60

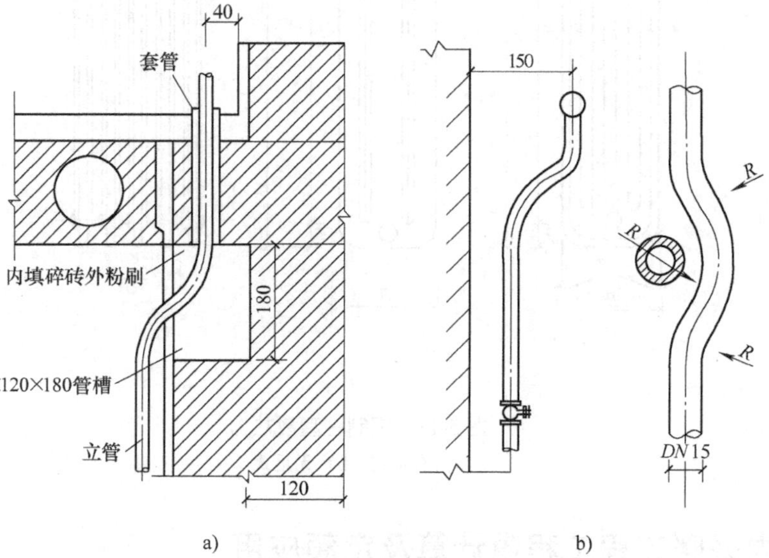

图 5-14 缩墙、躲管的灯叉弯、半圆弯示意图
a）缩墙 b）躲管

（2）采暖管道立管、支管工程量计算

1）立管工程量计算。采暖系统立管应按管道系统图中的立管标高以及立管的布置形式（单管式、双管式）计算工程量。在施工图中，立管中间变径时，应分别计算工程量。供水管变径点在散热器的进口处，回水管变径点在散热器的出口处。

① 单管顺流。图 5-15 为单管顺流式立管、支管安装示意图，立管长度计算见表 5-2（立管与干管有一段距离）。

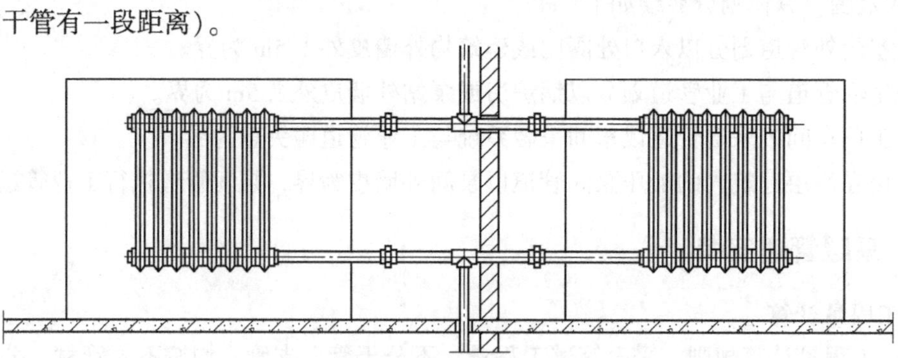

图 5-15 柱型散热器单管顺流式立管、支管安装示意图

表 5-2　单管顺流式立管长度计算

图　　示	计 算 公 式
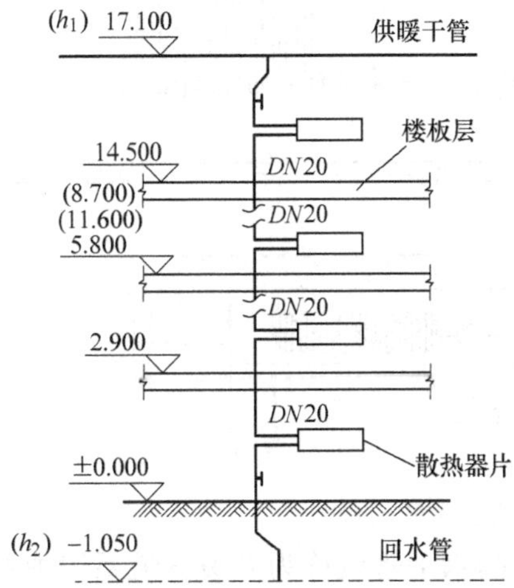	$H = h_1 - h_2 + 2b - h_0 \times n$ 式中　h_1——供暖干管标高； h_2——回水干管标高； b——缩墙灯叉弯（60mm）； h_0——散热器进出口的中心距（642mm）； n——楼层数。 DN20 立管长度： $H = 17.10 - (-1.05) + 2 \times 0.06 - 0.642 \times 6\text{m}$ $= 14.42\text{m}$

②双管式。图 5-16 为双管式立管、支管安装示意图，立管长度计算见表 5-3。

表 5-3　双管式立管长度计算

图　　示	计 算 公 式
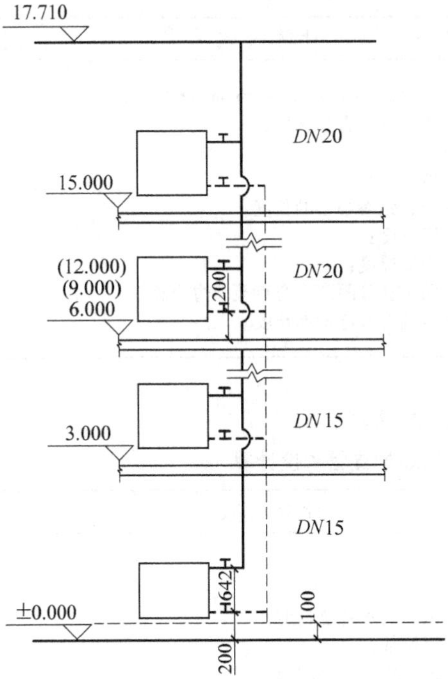	1. 供水立管 DN20 立管长度： $H = (17.71 - 6.00 - 0.642 - 0.20 + 3 \times 0.06)\ \text{m}$ $= 11.05\text{m}$ DN15 立管长度： $H = (6.00 + 2 \times 0.06)\ \text{m} = 6.12\text{m}$ 2. 回水立管 DN20 立管长度： $H = (15.00 - 6.00)\ \text{m} = 9\text{m}$ DN15 立管长度： $H = (6.00 + 0.20 - 0.10)\ \text{m}$ $= 6.10\text{m}$

注：如果回水管敷设在地沟中，由于地沟内管道的防腐和绝热与明敷设管道不同，为了套定额方便，可按地下、地上分别列项，工程量计算时应以 ±0.000 为界。

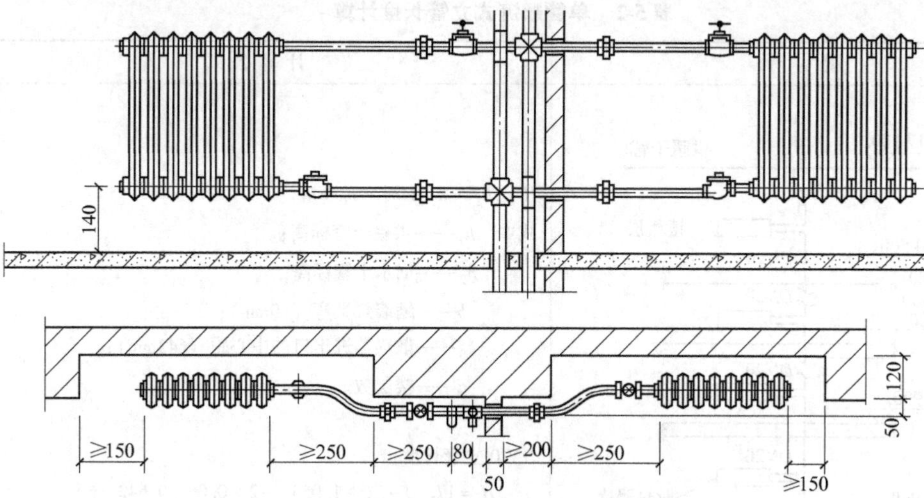

图 5-16　柱型散热器双管式立管、支管安装示意图

2）支管工程量计算。连接立管与散热器进、出口的水平管段称为采暖管道系统中的水平支管。水平支管的计算是比较复杂的，在采暖系统中，由于各房间散热器的大小不同、立管和散热器的安装位置不同，水平支管的计算也不同。为了使计算长度尽可能接近实际安装长度，水平支管的计算一般应按建筑平面图上各房间的细部尺寸，结合立管及散热器的安装位置分别进行。下面就双立管式中几种常见的布置形式计算支管工程量。

① 立管在墙角、散热器在窗中安装，支管长度计算见表 5-4。

表 5-4　立管在墙角、散热器在窗中安装的支管长度计算

图　示	计 算 公 式
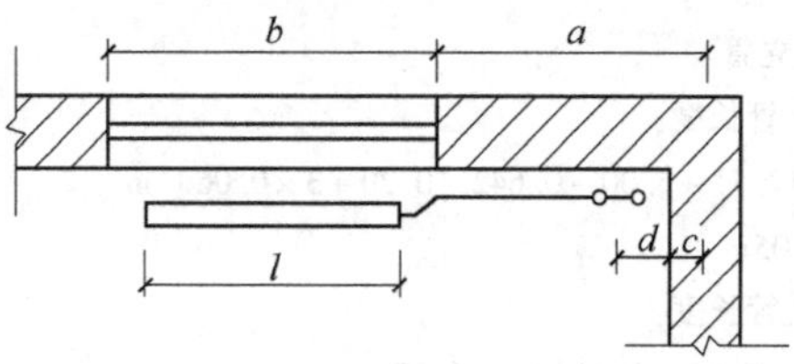	$L = [a + b/2 - (d + c) - l/2 + 35\text{mm}] \times 2 \times n$ 式中　L——供、回水管总长度； n——楼层数； l——散热器长度； a——窗边距墙中心的长度； b——窗宽度； c——半墙厚度； d——两个立管距离中心点至墙边距离； 35mm——缩墙灯叉弯增加长度。

注：当散热器是若干片组成一组的，l = 每片厚度 × 总片数。

② 立管在墙角、散热器在窗边安装，支管长度计算见表 5-5。

表 5-5　立管在墙角、散热器在窗边安装的支管长度计算

图　示	计 算 公 式
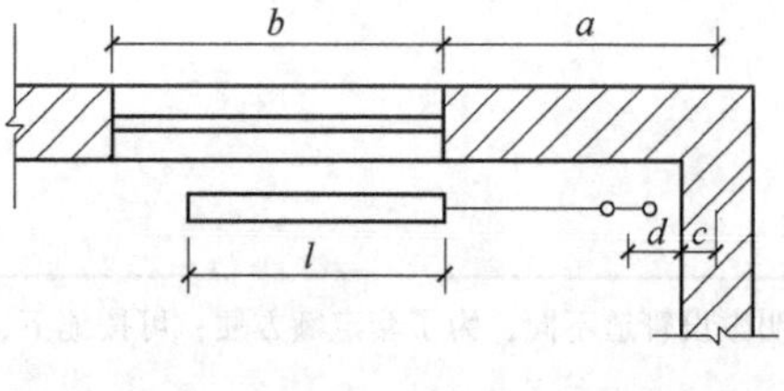	$L = [a - (d + c)] \times 2 \times n$ 式中　L——供、回水管总长度； n——楼层数； a——窗边距墙中心的长度； c——半墙厚度； d——两个立管距离中心点至墙边距离。

③ 立管在墙角，两边带散热器在窗中安装，支管长度计算见表5-6。

表5-6　立管在墙角、两边带散热器在窗中安装的支管长度计算

图　示	计算公式
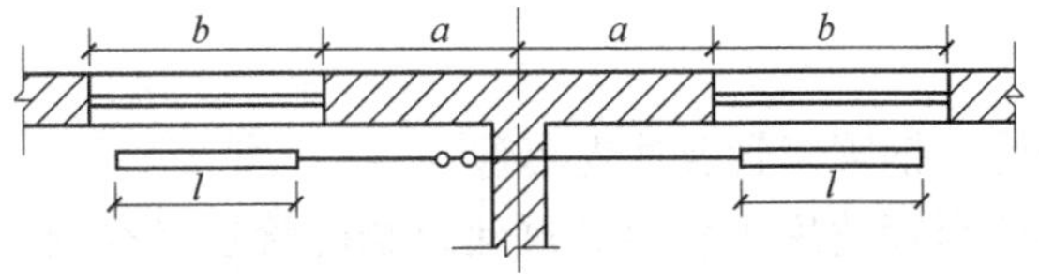	$L = (2a + 2 \times b/2 - 2 \times l/2) \times 2 \times n$ 式中　L——供、回水管总长度； n——楼层数； l——散热器长度； a——窗边距墙中心的长度； b——窗宽度。

2. 定额套用

室内采暖系统管道和给水管道套用同样的定额项目，其定额套用规定和方法相同。

5.2.3　供暖设备与器具及附件安装

1. 工程量计算

（1）散热器

1）铸铁散热器安装。长翼、圆翼、柱型铸铁散热器组成安装均以“片”为单位计量。

2）光排管散热器制作安装。按光排管的长度以“单管延长米”为单位计量，联管作为计价材料已列入定额，其长度不得计入工程量内。

3）钢制散热器安装。钢制散热器根据不同种类，分别按下面规定进行计算：钢制闭式散热器按不同型号以“片”为单位计量；钢制板式散热器按不同型号以“组”为单位计量；钢制壁式散热器按不同质量（15kg以下、15kg以上）以“组”为单位计量；钢制柱式散热器按不同片数（6～8片、10～12片）以“组”为单位计量。

（2）管路组件组成与安装　成组的减压器、疏水器以“组”为单位计量，单体的减压阀和疏水阀以“个”为单位计量。

（3）管道伸缩器安装　伸缩器制作安装，定额按不同形式分为法兰式套筒伸缩器安装（分螺纹连接和焊接）和方形伸缩器制作安装。

各种伸缩器制作安装均以“个”为单位计量。方形伸缩器两臂，按其臂长的两倍，加算在同管径的管道延长米内。螺纹法兰式套筒伸缩器安装未包括法兰及带帽螺栓的费用，应另外计算。焊接法兰式套筒伸缩器已包括法兰、螺栓、螺母、垫片的费用，不再另行计算。套筒伸缩器在计算管道长度时所占长度不扣除，其为未计价材料。

（4）管道支架制作安装　管道支架制作安装定额按一般管架编制。型钢支架套用一般支架定额。

支架定额中已包括制作和安装用的螺栓、螺母和垫片的费用，不另行计算。

管道支架制作安装，室内管道在$DN32$以下的，定额已包括在内，不再计算；在$DN32$以上的，按图示尺寸以“100kg”为单位计量。

管道支架的总质量 = Σ（某种规格的管道支架个数 × 一个该规格管道支架的质量）。

水平管道支架间距同给水管道支架设置方法，垂直管道支架可按楼层每层设置一个。计算公式如下：

$$G_n = G_{理} \times L \times (1 + 损耗率)$$

式中 G_n——型钢的质量（kg）；

$G_{理}$——型钢的理论质量（kg/m）；

L——型钢的图示长度（m）；

损耗率——一般按5%。

（5）套管制作安装

1）套管分类。套管分柔性套管、刚性套管、钢管套管及铁皮套管。

2）套管制作安装工程量计算。柔性及刚性套管适用于管道穿过建筑物时管道必须要密封的部位，如管道穿过屋面板、水池水箱壁、地下室壁、防爆车间的墙等需要安装套管。穿过水池、地下室壁及屋面的刚性及柔性防水套管制作安装工程量以“个”为单位计量，执行第六册相应定额子目。

穿墙及过楼板钢套管的制作安装，按室外管道中钢管（焊接）项目计算，钢套管规格一般比管道直径大1~2号，工程量计算规定同给水管道部分。

镀锌铁皮套管制作，以“个”为单位计量，其安装已包括在管道定额内，不另行计算。

（6）管道消毒冲洗　管道消毒冲洗按施工图说明或技术规范要求套用相应定额，工程量计算按管道公称直径不同，不扣除阀门、管件所占长度，以“m”为单位计量。

（7）其他管道附件及阀门　其他管道附件及阀门的计算规定同给水工程。

2. 定额套用

（1）散热设备

1）各种散热器，不分明装和暗装，按类型分别选用相应子目，柱型散热器若是无足支撑且需挂装时，可套用M132型散热器定额子目；钢制闭式散热器定额中不包括托钩的价格；所有散热器安装子目中均不含散热器的价格，散热器应按未计价材料进行处理。

2）暖风机安装。按暖风机质量的不同（50kg、100kg、150kg、…、2000kg），以“台”为单位计量。

3）太阳能集热器安装。按单元质量的不同（100~140kg、141~200kg、…、300kg以上），以“个单元”为单位计量。

4）热空气幕安装。按空气幕型号及质量的不同（150kg、150~200kg、200kg以上）以“台”为单位计量。

（2）其他内容套用　减压器、疏水器成组安装时，以“组”为单位计量。减压器、疏水器组成与安装是按《采暖通风国家标准图集》编制的，如实际组成与此不同时，阀门和压力表数量可按实调整，其余不变。如果是单体安装，按阀门部分项目套用子目。在套用定额时，一定要注意定额中的未计价材料，按未计价材料的计算规定计算。

集气罐的制作与安装应按公称直径的不同，以“个”为单位计量，套用第六册定额《工业管道》中的相应规定。膨胀水箱安装工程量以水箱的总容量（m^3）的不同，以“个”为单位计量。分气缸（分水缸）制作按制作材料和质量的不同，以“100kg”为单位计量，其安装按质量的不同，以“个”为单位计量。

5.2.4 管道、设备的除锈、刷油、绝热工程

室内采暖工程中，还应根据设计情况对采暖管道、金属支架、铸铁散热器片的除锈、刷

油、保温费用进行计算。本书第4章中已经讲过给排水管道的除锈和刷油的费用计算办法，本节中采暖管道的除锈和刷油与其相同的，就不再重复。

1. 工程量计算

(1) 除锈工程量计算　管道除锈工程按管道表面展开面积以“m^2”为单位计量，同给水管道计算方法。金属支架除锈用人工和喷砂除锈时，以“kg”为单位计量；若用砂轮和化学除锈，以“m^2”为单位计量，可按金属结构每100kg折成7.25m^2面积来折算。散热器除锈工程量按散热器散热面积计算。常用铸铁散热器散热面积见表5-7。

表5-7　常用铸铁散热器散热面积

散热器型号		外形尺寸/mm	散热器散热面积/m^2
柱型	四柱813	813×164×57	0.28
	四柱760	760×116×51	0.235
	五柱813	813×208×57	0.37
	M132	584×132×200	0.24
长翼型	大60	600×115×280	1.17
	小60	600×132×200	0.80
圆翼型	D75	168×168×1000	1.80

(2) 刷油工程量计算　管道表面刷油按管道表面积以“m^2”为单位计量，工程量计算同除锈工程量。管道漆标志色环等零星刷油，执行相应定额子目，其人工乘以系数2.0。金属支架刷油以“kg”为单位计量，按每100kg折成7.25m^2计算。铸铁散热器刷油工程量同散热器除锈工程量。

(3) 绝热保温工程量计算　管道保温工程量按下式以“m^3”为单位计量，不扣除法兰、阀门所占长度。

$$V_{管} = L\pi(D+\delta+\delta\times3.3\%)\times(\delta+\delta\times3.3\%)$$

或

$$V_{管} = L\pi(D+1.033\delta)\times1.033\delta$$

式中　L——管道长度；

D——管道外径；

δ——保温层厚度；

3.3%——保温（冷）层偏差。

管道保温瓦块制作工程量按下式计算：

$$V_{制} = 瓦块安装工程量\times（1+加工损耗率）$$

式中，加工损耗率按5%～8%考虑。

绝热层各种材料的加工制作套用相应子目，但如为外购成品按地区商品价格计算。阀门、法兰保温工程量以“个”为单位计量，主材单价按实调整。

保温层的保护层制作工程量以“m^2”为单位计量，其计算公式如下

$$S = \pi(D+2.1\delta+0.082)\times L$$

式中　2.1——调整系数；

0.082——捆扎线直径或钢带厚；

D——管道外径；

δ——保护层厚度；

L——管道长度。

管道表面刷油按刷的遍数、油漆的种类及管道保温层表面的不同材料，套相应子目。

2. 定额套用

1）定额中喷砂除锈按二级标准确定，如变更级别，一级标准人工、材料、机械乘以系数1.1，三级、四级标准乘以系数0.9，具体级别划分标准见第十一册《刷油、防腐蚀、绝热工程》第一章说明。

2）定额不包括除微锈（标准氧化皮完全紧附，仅有少量锈点），微锈发生时按轻锈定额的人工、材料、机械乘以系数0.2。

3）因施工发生的二次除锈，其工程量另行计算。

4）定额按安装地点就地刷（喷）油漆考虑，如安装前集中刷油，人工乘以系数0.7（暖气片除外）。

5）定额中没有列第三遍刷油的子目，若同一种油漆，设计需刷第三遍油漆时，可套用第二遍子目。

6）管道绝热工程，除法兰、阀门外，均包括其他各种管件绝热。

阀门绝热工程量计算公式为：

$$V = \pi(D + 1.033\delta) \times 2.5D \times 1.033\delta \times 1.05 \times N$$

式中 D——管道直径；

1.033——调整系数；

δ——绝热层厚度；

1.05——系数；

N——阀门个数。

法兰绝热工程量计算公式为：

$$V = \pi(D + 1.033\delta) \times 1.5D \times 1.033\delta \times 1.05 \times N$$

式中符号含义与阀门绝热工程量计算公式相同。

7）保温层厚度大于100mm时，按两层施工计算工程量。

8）聚氨酯泡沫塑料发泡工程按现场直喷无模具考虑，若采用有模具施工，其模具制作安装以施工方案另行计算。

9）设备、管道绝热均按现场先安装后绝热考虑，若先绝热后安装，其人工乘以系数0.9。

5.2.5 其他费用的计算

1. 脚手架搭拆费

脚手架搭拆费按人工费的5%计算，其中人工工资占25%。

2. 采暖工程系统调试费

采暖工程系统调整费按采暖工程人工费的15%计算，其中人工工资占20%。

3. 超高增加费

超高增加费的计算规定同给排水工程部分。

4. 高层建筑增加费

高层建筑增加费计算规定同给排水工程部分。

5. 安装与生产同时进行增加费及在有害身体健康的环境中施工降效增加费

安装与生产同时进行增加费及在有害身体健康的环境中施工降效增加费，当实际发生时均按有关规定的系数计取。

5.3　室内民用燃气工程工程量计算及定额应用

燃气是一种气体燃料，按其来源不同，主要有天然气、人工燃气和液化石油气三大类。城镇燃气供应方式主要有两种：管道输送和瓶装供应。本书只介绍管道输送方式的民用燃气室内管道系统的施工图预算编制。

燃气经净化后通过管网输送至城镇燃气管网系统。城镇管网系统包括市政管网系统、室外管网系统及室内管道系统三部分。三部分的分界线是：室外管网系统和市政管网系统的分界点为两者的碰头点；室内管道系统和室外管网系统的分界点分为两种情况，一是由地下引入室内的管道以室内第一个阀门为界，如图5-17所示；二是由地上引入室内的管道以墙外三通为界，如图5-18所示。

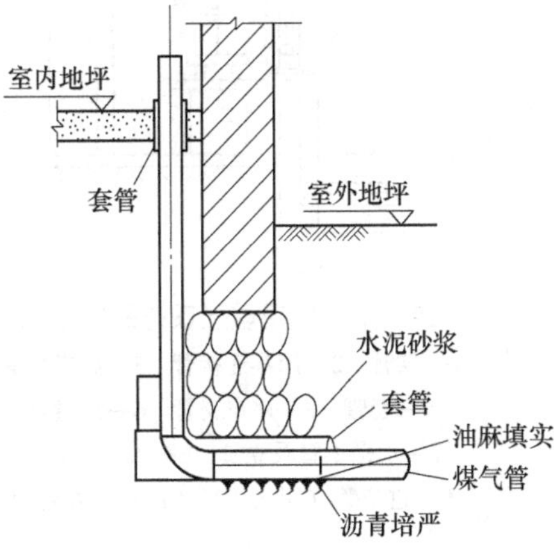

图5-17　地下引入管道示意图

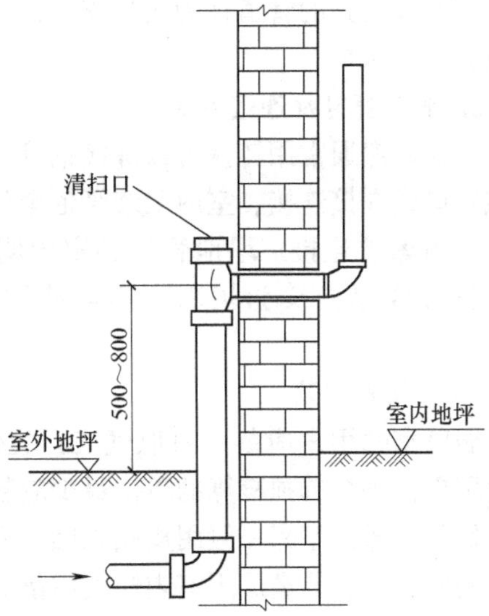

图5-18　地上引入管道示意图

5.3.1　民用燃气管道、管道附件及常用燃气用具安装

室内民用燃气系统由进户管道（引入管）、户内管道（干、立、支管）、燃气计量表和燃气用具设备等四部分组成，如图5-19所示。

1. 进户管道（引入管）

自室外管网至用户总开闭阀门为止，这段管道称为进户管道（引入管）。

引入管直接引入用气房间（如厨房）内，但不得敷设在卧室、浴室、厕所。当引入管穿过房屋基础或管沟时，应预留孔洞，加套管，其间隙用油麻、沥青或环氧树脂填塞；引入管应尽量在室外穿出地面，然后再穿过墙进入室内。在立管上设三通、丝堵来代替弯头。

2. 室内管道

自用户总开闭阀门起至燃气表或用气设备为止，这段管道称为室内管道。室内管道分为水平干管、立管、用户支管等。

(1) 水平干管　引入管连接多根立管时，应设水平干管。水平干管可沿楼梯间或辅助房间的墙壁明敷设，管道经过的房间应有良好的通风。

(2) 立管　立管是将燃气由水平干管（或引入管）分送到各层的管道。立管一般敷设在厨房、走廊或楼梯间内。立管通过各层楼层时应设套管。套管高出地面应至少50mm，套管与立管之间的间隙用油麻填堵，沥青封口。立管在一幢建筑中一般不改变管径，直通上面各层。

(3) 用户支管　由立管引向各层单独用户计量表及燃气用具的管道称为用户支管，支管穿墙时也应有套管保护。

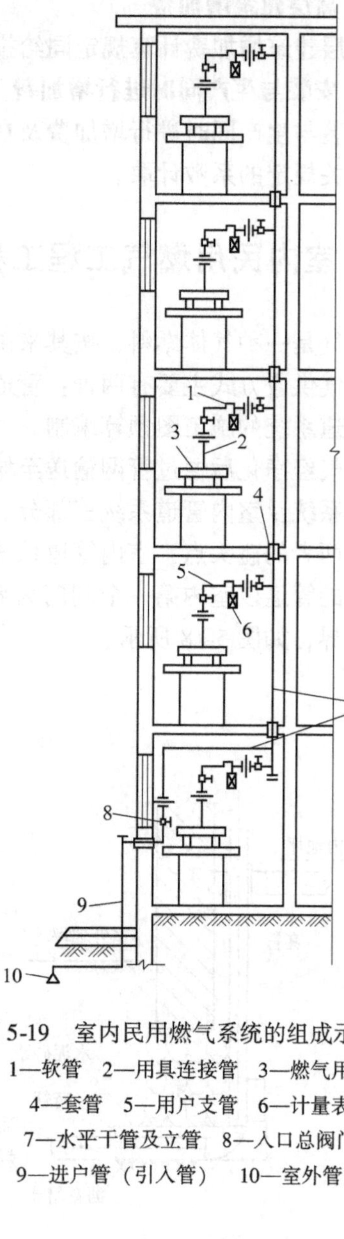

图 5-19　室内民用燃气系统的组成示意图

1—软管　2—用具连接管　3—燃气用具　4—套管　5—用户支管　6—计量表　7—水平干管及立管　8—入口总阀门　9—进户管（引入管）　10—室外管网

3. 常用管材及连接方式

埋地管道通常用铸铁管或焊接钢管，采用柔性机械咬口或焊接连接；室内明装管道全部用镀锌钢管，采用螺纹连接。埋地管道和室内明装管道均以生料带或厚白漆为填料，不得使用麻丝做填料。

4. 燃气表安装

居民家庭用户应装一只燃气表；集体、企业、事业用户，每个单独核算的单位最少应装一只燃气表。目前，居民家庭一般用皮膜式燃气表，工业建筑常用罗茨表。计量民用室内燃气用量的燃气表一般为容积式计量。膜式燃气表是室内民用常用的容积式燃气表，气流量较小的为1.5～$3m^3/h$，对于公共建筑燃气用量较大的有6～$57m^3/h$，工业用的容积式罗茨燃气表有100～$1000m^3/h$等。

膜式燃气表分为单管和双管，双管是指燃气进口和出口管接头均分别从燃气表引出，单管是指进、出口都在此管接头上。

燃气表应设在便于安装、维修、抄表、清洁无湿气、无振动并远离电气设备、远离明火的地方。

5. 燃气炉灶安装

燃气炉灶通常是放置在砖砌或混凝土板的台子上，进气口与燃气表的出口（或出口短管）以橡胶软管连接。

6. 热水器安装

热水器通常安装在洗澡间外面的墙壁上，安装时，热水器的底部距地面约 1.5 ~1.6m。

对于大容量的热水器需安装排烟管，排烟管应引至室外，在其立管端部安装伞形帽。

冷水阀出口与热水器进口、热水器出水口与莲蓬头进水口的管段，可采用胶管连接。热水器进气口的管段采用白铁管及胶管连接。

7. 燃气加热设备安装

定额中燃气加热设备安装有开水炉（JL—150 型、YL—150 型）；采暖炉型号有箱式、YHRQ 红外线、辐射采暖炉；沸水器型号有容积式、自动沸水器、消毒器；快速热水器型号有直排式、平衡式、烟道式等。

燃气加热设备按不同用途规定型号，分别以“台”为单位计量。

8. 燃气工程安装节点大样

除前边内容中的入口做法外，燃气管穿墙及穿楼板做法、单管直联式燃气系统安装如图 5-20、图 5-21、图 5-22 所示。

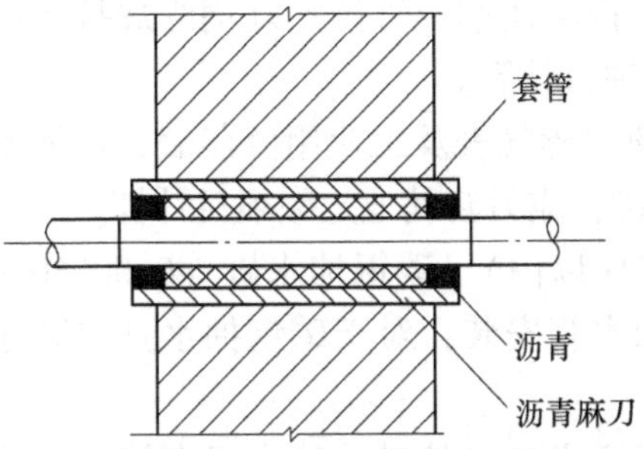

图 5-20 燃气管穿墙做法示意图

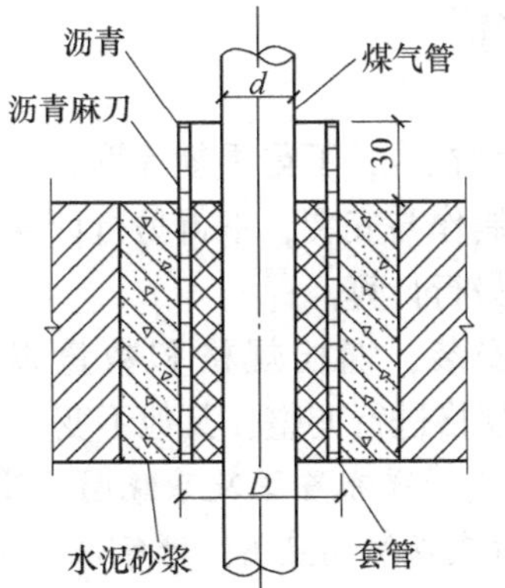

图 5-21 燃气管穿楼板做法示意图

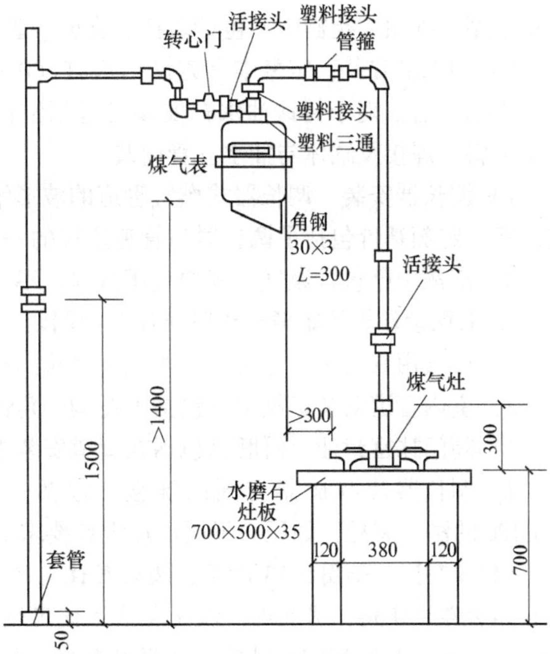

图 5-22 单管直联式燃气系统安装图

5.3.2 工程量计算及定额套用

1. 工程量计算

1）室内外管道分界：地下引入室内的管道以室内第一个阀门为界；地上引入室内的管道以墙下三通为界；室外管道（包括生活用燃气管道、民用小区管网）和市政管道以两者的碰头点为界。

2）管道的安装工程量计算规则同给水管道部分。按管道的安装部位（室内或室外）、材质、连接方式和公称直径的不同分别列项计算。

3）燃气热水器及其他加热设备均以“台”为单位计量。

4）燃气计量表的安装应区分民用燃气表、公商用燃气表及工业用罗茨表，根据不同规格、型号以“块”为单位计量，不包括表托、支架、表底基础。

5）长距离管道中的附件如抽水缸、调长器按公称直径不同均以“个”为单位计量。

6）燃气管道钢套管制作安装以“个”为单位计量，计算方法同采暖管道。燃气嘴安装以“个”为单位计量。钢套管及燃气嘴均为未计价材料，材料费另计。

2. 定额套用

1）各种管道安装套用第八册第七章燃气管道的定额项目，其内容包括：管件制作（包括机械煨弯、三通、异径管）；管道、管件安装；室内托钩角钢卡制作安装。

2）定额项目中的钢管（焊接连接）适用于无缝钢管和焊接钢管。

3）阀门、法兰安装按第八册相应项目另行计算。

4）穿墙套管：铁皮套管按第八册相应项目计算；内墙用钢套管按室外钢管焊接定额计算；外墙钢套管按第六册《工业管道工程》定额相应项目计算。

5）燃气计量表安装定额应区分民用燃气表、公商用燃气表及工业用罗茨表，根据不同规格、型号列项，定额中不包括表托、支架、表底基础，应另套其他定额项目计算。

6）抽水缸安装，定额中有铸铁抽水缸（0.005MPa 以内）、碳钢抽水缸（0.005MPa 以内）等项内容。对于铸铁抽水缸安装已包括缸体、抽水管安装；对于碳钢抽水缸安装还包括了下料、焊接及缸体与抽水立管组装。

7）调长器安装，调长器式燃气管道的波形钢制补偿器安装按其公称直径套用调长器安装定额，定额基价包括了调长器与管道连接的一副法兰安装。

8）定额中已包含燃气工程的气压试验，不再另行计算。

3. 工程量计算及定额套用时应注意的问题

1）燃气用具安装已考虑了与燃气用具阀门连接的短管在内，不得重复计算。

2）室内管道安装定额中已包括了托钩、角钢管卡的制作与安装，不得另行计算。

3）阀门抹密封油、研磨已包括在管道安装中，不得另行计算。

4）调长器及调长器与阀门连接，包括一副法兰安装，螺栓规格和数量以压力为 0.6MPa 的法兰装配，如压力不同可按设计要求的数量、规格进行调整，其他不变。

【例 5-1】 如图 5-23 所示，某六层住宅厨房人工燃气管道布置图及系统图，管道采用镀锌钢管螺纹连接，明敷设。燃气表采用民用燃气表（双表头）$3m^3/h$，燃气灶为 JZR—83 自动点火灶，采用 XW15 型单嘴外螺纹气嘴，燃气管道采用旋塞阀门。管道距墙为 40mm，连接燃气表支管长度为 0.9m。试计算其定额直接费。

解 本例中工程量计算包括燃气管、燃气表、燃气灶、燃气嘴工程量，定额执行《全国统一安装工程预算定额》第八册相关子目。

1. 工程量计算

1）管道工程量计算。本例中燃气管道的室内外分界线为进户三通。

① *DN*50 镀锌钢管（进户管）：(0.04 + 0.28 + 0.04 + 2.6 − 0.8 + 3 − 0.28 − 0.08 + 2.4 − 0.28 − 0.08) m = 7.02m

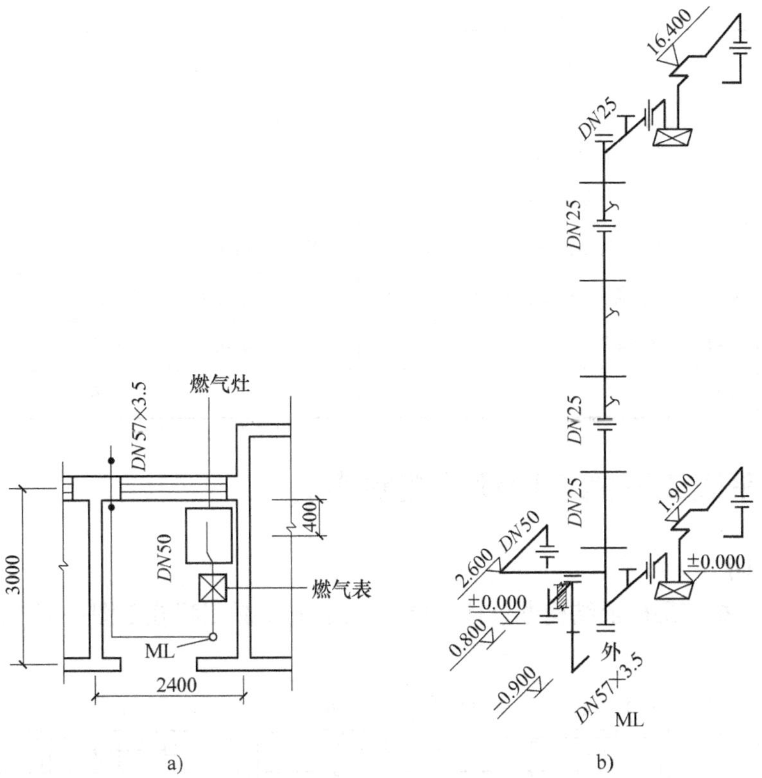

图5-23 燃气工程平面图、系统图

a) 平面图 b) 系统图

② *DN*25 镀锌钢管（立管）：(16.4 − 1.9) m = 14.5m

③ *DN*15 镀锌钢管（支管）：(3.0 − 0.28 − 0.04 − 0.4 + 0.9 × 2) m × 6 = 24.48m

2) 燃气表：6 台。

3) 燃气灶：6 台。

4) 燃气嘴：6 个。

5) 旋塞阀门：6 个。

6) 钢套管：*DN*40　5 × 0.21m = 1.05m

*DN*80　1 × 0.32m = 0.32m

2. 定额直接费计算（表5-8）

表5-8 安装工程预算表

序号	定额编号	项目名称	单位	数量	单价/元	合价/元	其中工人费/元	
							单价	合价
1	8-589	*DN*15 镀锌钢管（螺纹连接）	10m	2.48	67.94	168.49	42.89	106.37
2	8-591	*DN*25 镀锌钢管（螺纹连接）	10m	1.45	84.67	122.77	50.97	73.91
3	8-594	*DN*50 镀锌钢管（螺纹连接）	10m	0.70	153.71	107.60	64.09	44.86
4	8-625	燃气表（$3m^3/h$ 双头表）	台	6	15.80	94.8	15.56	93.36

（续）

序号	定额编号	项目名称	单位	数量	单价/元	合价/元	其中工人费/元	
							单价	合价
5	8-648	焦炉双眼灶 JZ—2 型	台	6	8.86	53.16	6.50	39.00
6	8-572	钢套管制作安装 *DN*40	10m	0.105	23.54	2.47	18.34	1.93
7	8-574	钢套管制作安装 *DN*80	10m	0.03	66.63	2.00	18.9	0.57
8	8-678	XW15 型单嘴外螺纹燃气嘴	个	6	13.68	82.08	13.00	78.00
9	8-241	*DN*15 旋塞阀门	个	6	4.43	26.58	2.32	13.92
		合计				659.95		451.92

5.4 室内采暖工程施工图预算编制实例

1. 设计说明

本工程是一栋三层砖混结构办公楼，层高 3m，其采暖工程施工图如图 5-24 ~ 图 5-27 所示。

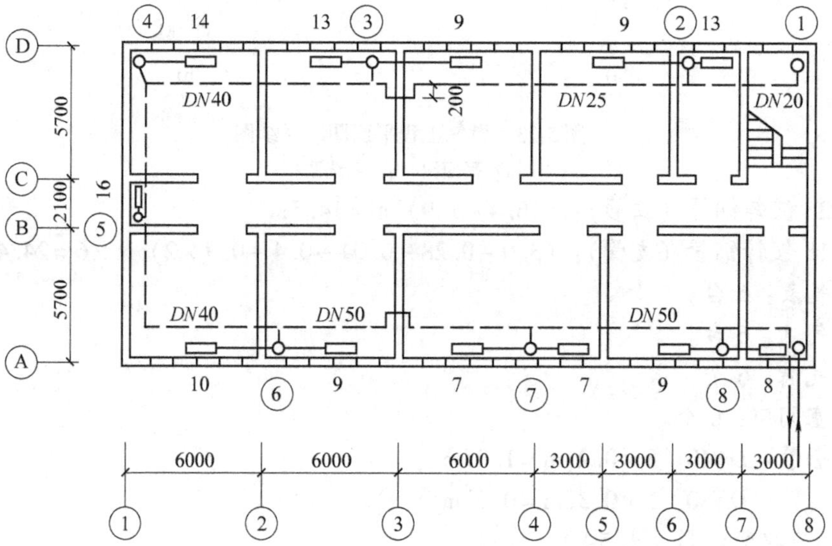

图 5-24 一层采暖平面图

1）本工程室内采暖管道均采用普通焊接钢管。管径大于 *DN*32 时，采用焊接连接（管道与阀门连接采用螺纹连接）；管径小于或等于 *DN*32 时，采用螺纹连接。室内供热管道均先除锈后刷防锈漆一遍，银粉漆两遍。室内采暖管道均不考虑保温措施。

2）供暖系统中，1 ~ 8 号立管管径为 *DN*20，所有支管管径为 *DN*15，其余管径见图中标注。

3）散热器采用铸铁四柱 813 型，散热器在外墙内侧居中安装，一层散热器为挂装，2、3 层散热器立于地上。散热器除锈后均刷防锈漆一遍，银粉漆两遍。

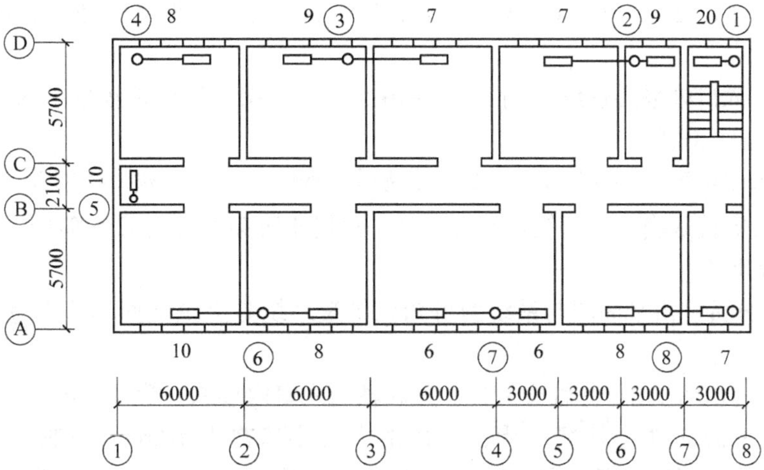

图 5-25　二层采暖平面图

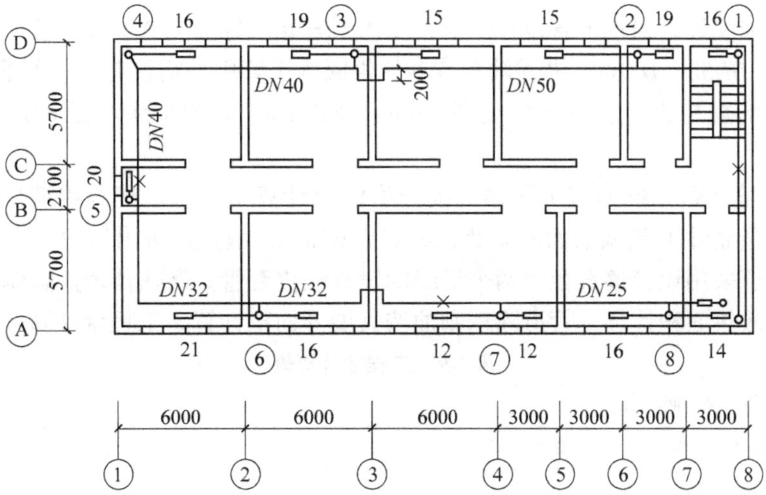

图 5-26　三层采暖平面图

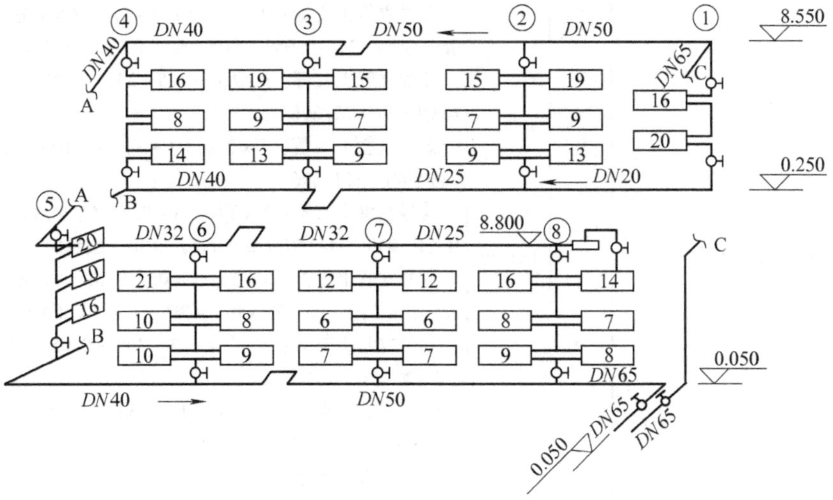

图 5-27　采暖系统图

4）集气罐采用2号（$D=150$mm），为成品安装，其放气管（管径为$DN15$）接至室外散水处。

5）阀门：入口处采用螺纹闸阀Z15T—16；放气管阀门采用螺纹旋塞阀X11T—16；其余采用螺纹截止阀J11T—16。

6）管道采用角钢支架∟50×5，支架除锈后，均刷防锈漆一遍，银粉漆两遍。

7）穿墙及穿楼板套管选用镀锌铁皮套管，规格比所穿管道大两个等级。

2. 工程量计算

（1）图样分析　由平面图与系统图可知该供暖系统是上供下回单管垂直串联同程式系统。

引入管在一层的Ⓐ轴与⑧轴交叉处，穿Ⓐ轴墙入室内接总立管（$DN65$）。总立管接供水干管在标高为8.55m处绕外墙一周，管径由大变小依次有$DN65$、$DN50$、$DN40$、$DN32$、$DN25$，供水干管末端设有管径为150mm的2号集气罐。1、2、3、4号立管分别设在Ⓓ轴线上的⑧、⑥、③、①轴处，5号立管设在①轴线上Ⓑ轴处，6、7、8号立管分别设在Ⓐ轴线上②、④、⑦轴线处。回水干管设在一层，回水干管始端标高为0.25m，管径依次为$DN20$、$DN25$、$DN40$、$DN50$、$DN65$。沿Ⓐ轴和Ⓓ轴的供回水干管中部均设有方形伸缩器。四柱813型铸铁散热器的规格为：柱高（含足高75mm）813mm，进出口中心距642mm，每小片厚57mm。

（2）工程量计算　根据施工图样，按分项依次计算工程量。建筑物墙厚（含抹灰层）取定280mm，管道中心到墙表面的安装距离取定65mm，散热器进出口中心距为642mm，穿墙及楼板的管道采用比管道直径大两个等级的镀锌铁皮套管。散热器表面除锈刷油工程量根据其型号，按散热面积计算，管道除锈刷油按其展开面积计算。工程量计算表见表5-9。

表5-9　工程量计算表

工程名称：某办公楼采暖工程

序号	工程项目名称	单位	数量	计算公式
一	采暖管道			
1	焊接钢管安装（螺纹连接$DN15$）	m	163.33	
(1)	散热器支管		154.37	①号立管上支管：2×2×［1.5－0.14（半墙厚）－0.065（立管中心距墙）］－0.057（每小片厚）×36（总片数）＝3.13 ②号立管上支管：3×2×（1.5＋3）－0.057（每小片厚）×72（总片数）＝22.896 ③号立管上支管：3×2×（3＋3）－0.057（每小片厚）×72（总片数）＝31.896 ④号立管上支管：3×2×［3－0.14（半墙厚）－0.065（立管中心距墙）］－0.057（每小片厚）×38（总片数）＝14.604 ⑤号立管上支管：3×2×［1.05－0.14（半墙厚）－0.065（立管中心距墙）］－0.057（每小片厚）×46（总片数）＝2.448 ⑥号立管上支管：3×2×（3＋3）－0.057（每小片厚）×74（总片数）＝31.782 ⑦号立管上支管：3×2×（1.5＋3）－0.057（每小片厚）×50（总片数）＝24.150 ⑧号立管上支管：3×2×（1.5＋3）－0.057（每小片厚）×62（总片数）＝23.466

（续）

序号	工程项目名称	单位	数量	计算公式
(2)	放气管		8.96	0.28（墙厚）+0.065×2（立管中心距墙）+8.55（排至室外散水处）=8.96
2	焊接钢管（螺纹连接、DN20）	m	57.224	
(1)	①供水立管		7.016	(8.55－0.25)（立管上下端标高差）－0.642（散热器进出口中心距）×2=7.016
(2)	②~⑧供水立管		44.618	[(8.55－0.25)（立管上下端标高差）－0.642（散热器进出口中心距）×3]×7（立管数量）=44.618
(3)	回水干管		5.59	6.0（沿Ⓓ轴）－0.28（两个半墙厚）－0.065×2（立管中心距墙）－5.59
3	焊接钢管（螺纹连接、DN25）	m	22.45	
(1)	3层Ⓐ轴供水干管		9.64	按在⑦号立管处变径考虑：3.0+3.0+3.0+0.14（半墙厚）+0.5（集气罐安装长度）=9.64
(2)	1层Ⓓ轴回水干管		12.81	②、③号立管之间：6.0+3.0+3.0+0.28（两个半墙厚）+0.065×2（立管中心距墙）+0.2×2（伸缩器侧增长）=12.81
4	焊接钢管（螺纹连接、DN32）	m	23.90	
(1)	沿Ⓐ轴供水干管		18.20	6.0×3－0.14（半墙厚）－0.065（管中心距墙）0.2×2（伸缩器侧增长）=18.20
(2)	沿①轴供水干管		5.70	5.70
5	焊接钢管（焊接、DN40）	m	49.66	
(1)	沿①轴供水干管		7.39	5.7+2.1－0.28（两个半墙厚）－0.065×2（立管中心距墙）=7.39
(2)	沿Ⓓ轴供水干管		11.59	6.0+6.0－0.28（两个半墙厚）－0.065×2（立管中心距墙）=11.59
(3)	回水干管		30.68	6.0×2（沿Ⓓ轴）－0.28（两个半墙厚）－0.065×2（立管中心距墙）+13.5（沿①轴）－0.28（两个半墙厚）－0.065×2（立管中心距墙）+6.0（沿Ⓐ轴）=30.68
6	焊接钢管（焊接、DN50）	m	33.39	
(1)	沿Ⓓ轴供水干管		12.40	6.0+6.0+6.0+0.2×2（伸缩器侧增长）=12.40
(2)	回水干管		20.99	6.0×3+3.0（沿Ⓐ轴）－0.28（两个半墙厚）－0.065×2（立管中心距墙）+0.2×2（伸缩器侧增长）=20.99
7	焊接钢管（焊接、DN65）	m	26.78	
(1)	管道引入管		1.845	1.5（室内外供暖管道分界至外墙皮）+0.28（墙厚）+0.065（立管中心距墙）=1.845
(2)	供暖总立管		8.50	8.55－0.05=8.50（总立管上下端高差）
(3)	沿⑧轴总干管		13.09	13.5－0.28（墙厚）－0.065×2（立管中心距墙）=13.09
(4)	回水干管、排出管		3.345	3.0+0.065（立管中心距墙）+0.28（墙厚）+1.5（墙外皮至室内外分界点）=3.345

（续）

序号	工程项目名称	单位	数量	计算公式
二	散热器	片	450	
	四柱813型散热器安装			1层为挂装124片，2层115片，3层211片 合计挂装124片，立于地上326片
三	阀门			
1	闸阀安装Z15T—1.0，*DN*65	个	2	2（入出口处）
2	截止阀安装J11T—1.6，*DN*20	个	16	2（立管上下端）×8（立管数）=16
3	旋塞阀安装X11T—1.6，*DN*15	个	1	1（集气罐放气阀）
四	套管制作			
(1)	镀锌铁皮套管制作*DN*25	个	12	4（散热器支管*DN*15穿墙）×3×2=24
(2)	镀锌铁皮套管制作*DN*32	个	16	8（立管*DN*20穿楼板）×2=16
(3)	镀锌铁皮套管制作*DN*32	个	1	1（回水干管*DN*20穿墙）
(4)	镀锌铁皮套管制作*DN*40	个	5	5（供回水干管*DN*25穿墙）
(5)	镀锌铁皮套管制作*DN*50	个	3	3（供回水干管*DN*32穿墙）
(6)	镀锌铁皮套管制作*DN*65	个	6	6（供回水干管*DN*40穿墙）
(7)	镀锌铁皮套管制作*DN*80	个	9	9（供回水干管*DN*50、*DN*65穿墙）
(8)	镀锌铁皮套管制作*DN*25	个	1	1（放气管*DN*15穿墙）
五	其他			
(1)	集气罐制作安装*DN*150	个	1	1
(2)	方形伸缩器制作*DN*32	个	2	2
(3)	方形伸缩器制作*DN*50	个	2	2
(4)	支架制作安装	kg	22.62	管径大于*DN*32的管道支架：6（供暖干管），3（回水干管），3（总立管） 固定支架：3 15×0.4（支架长度）×3.77（理论质量）=22.62
六	除锈刷油			
(1)	焊接钢管人工除轻锈	m^2	39.39	*DN*15：163.33×0.0213×3.14=10.92 *DN*20：57.224×0.0268×3.14=2.82 *DN*25：22.45×0.0335×3.14=2.36 *DN*32：23.9×0.0423×3.14=3.17 *DN*40：49.66×0.048×3.14=7.48 *DN*50：33.39×0.06×3.14=6.29 *DN*65：26.78×0.0755×3.14=6.35
(2)	柱型散热器除锈	m^2	126.00	0.28（每片散热面积）×450（总片数）=126.00
(3)	焊接钢管刷防锈漆第一遍	m^2	39.90	刷油面积=除锈面积=39.90
(4)	焊接钢管刷银粉漆第一遍	m^2	39.90	刷油面积=除锈面积=39.90
(5)	焊接钢管刷银粉漆第二遍	m^2	39.90	刷油面积=除锈面积=39.90
(6)	柱型散热器刷防锈漆第一遍	m^2	126.00	刷油面积=除锈面积=126.00

（续）

序号	工程项目名称	单位	数量	计算公式
(7)	柱型散热器刷银粉漆第一遍	m^2	126.00	刷油面积 = 除锈面积 = 126.00
(8)	柱型散热器刷银粉漆第二遍	m^2	126.00	刷油面积 = 除锈面积 = 126.00
(9)	角钢支架人工除轻锈	kg	22.62	除锈工程量 = 支架质量
(10)	角钢支架刷防锈漆第一遍	kg	22.62	刷油工程量 = 支架质量
(11)	角钢支架刷银粉漆第一遍	kg	22.62	刷油工程量 = 支架质量
(12)	角钢支架刷银粉漆第二遍	kg	22.62	刷油工程量 = 支架质量

3. 工程造价计算

施工图预算书的组成：预算书封面见表5-10，预算书编制说明见表5-11，工程取费表见表5-12，主材价格表见表5-13，工程预算表见表5-14。

表5-10　预算书封面

安装工程预算书

工程名称：某办公楼

专业名称：室内采暖工程

结构类型：砖混结构

建筑面积：

工程造价：31637.82元

单方造价：

施工单位：　　　　　　建设单位：

编制人：　　　　　　　审核人：

资格证号：　　　　　　资格证号：

年　月　日

表5-11　预算书编制说明

编 制 说 明

一、编制依据

1. ××设计院设计的××办公楼室内采暖工程施工图以及有关设计说明。

2. 该工程地点在××市××区。

3. 《河南省安装工程单位综合基价》第八册及第十一册。

4. 《河南省安装工程计价办法》及相关规定。

5. 主要材料价格以工程所在地预算编制时市场价格综合取定。

二、主要材料来源

主要材料均由施工企业自行采购。

三、其他

施工时发生设计变更或其他问题涉及造价调整，双方根据施工协议书的约定进行调整。

表 5-12 工程取费表

工程名称：某办公楼采暖工程

序号	费用名称	取费基数	费率（%）	金额/元
1	综合基价合计	Σ（分项工程量×分项子目综合基价）		10904.37
2	计价中人工费合计	Σ（分项工程量×分项子目综合基价中人工费）		2739.30
3	未计价材料费用	主材费合计		17717.00
4	施工措施费	[5] + [6]		
5	施工技术措施费	其费用包含在 1 中		
6	施工组织措施费			
7	安全文明施工增加费	（人工费合计）×7%	7.00	191.75
8	差价	[9] + [10] + [11]		
9	人工费差价	不调整		
10	材料差价	不调整		
11	机械差价	不调整		
12	专项费用	[13] + [14]		931.36
13	社会保险费	[2] ×33%	33.00	903.97
14	工程定额测定费	[2] ×1%	1.00	27.39
15	工程成本	[1] + [3] + [4] + [8] + [12]		29552.73
16	利润	[2] ×38%	38.00	1040.93
17	其他项目费	其他项目费		
18	税金	（[15] + [16] + [17]）×3.413%	3.413	1044.16
19	工程造价	[15] + [16] + [17] + [18]		31637.82
	含税工程造价：叁万壹仟陆佰叁拾柒元捌角贰分			小写：31637.82

表 5-13 主材价格表

项目文件：某办公楼采暖工程

序号	名称及规格	单位	数量	预算价	合计/元
1	集气罐	个	1.00	24.00	24.00
2	型钢 ∟50×5	kg	23.98	3.10	74.33
3	铸铁散热器 柱型	片	125.24	32.00	4007.68
4	铸铁散热器 柱型	片	225.27	32.00	7208.51
5	旋塞阀门 *DN*15	个	1.01	9.00	9.09
6	螺纹截止阀门 *DN*20	个	16.16	10.00	161.60
7	螺纹闸阀 *DN*65	个	2.02	70.00	141.40
8	焊接钢管 *DN*15	m	166.60	6.50	1082.88
9	焊接钢管 *DN*20	m	58.36	9.50	554.46
10	焊接钢管 *DN*25	m	22.90	13.00	297.69
11	焊接钢管 *DN*32	m	24.38	26.00	633.83
12	焊接钢管 *DN*40	m	50.65	24.50	1241.00
13	焊接钢管 *DN*50	m	34.06	27.00	919.56
14	焊接钢管 *DN*65	m	27.32	38.00	1037.99
15	酚醛防锈漆	kg	17.76	11.40	202.47
	合计				17716.96

表 5-14 工程预算表

工程名称：某办公楼采暖工程

序号	定额编号	工程项目名称	工程量		定额直接费/元		其中人工费/元		未计价材料				
			单位	工程量	基价	合价	基价	合价	材料名称	单位	材料用量	单价/元	合价/元
1	6-2901	集气罐安装 公称直径（150mm 以内）	个	1.000	11.31	11.31	5.67	5.67	集气罐	个	1.00	24.00	24.00
2	8-98	室内焊接钢管（螺纹连接） 公称直径（15mm 以内）	10m	16.333	90.26	1474.22	38.43	627.68	焊接钢管 *DN*15	m	166.60	6.50	1082.90
3	8-99	室内焊接钢管（螺纹连接） 公称直径（20mm 以内）	10m	5.722	96.16	550.23	38.43	219.90	焊接钢管 *DN*20	m	58.36	9.50	554.46
4	8-100	室内焊接钢管（螺纹连接） 公称直径（25mm 以内）	10m	2.245	121.76	273.36	46.20	103.72	焊接钢管 *DN*25	m	22.90	13.00	297.69
5	8-101	室内焊接钢管（螺纹连接） 公称直径（32mm 以内）	10m	2.390	127.29	304.22	46.20	110.42	焊接钢管 *DN*32	m	24.38	26.00	633.83
6	8-110	室内钢管（焊接） 公称直径（40mm 以内）	10m	4.966	88.37	438.84	38.01	188.76	焊接钢管 *DN*40	m	50.65	24.50	1241.00
7	8-111	室内钢管（焊接） 公称直径（50mm 以内）	10m	3.339	101.08	337.52	41.79	139.54	焊接钢管 *DN*50	m	34.06	27.00	919.56
8	8-112	室内钢管（焊接） 公称直径（65mm 以内）	10m	2.678	155.74	417.07	47.04	125.97	焊接钢管 *DN*65	m	27.32	38.00	1037.99
9	8-169	室内镀锌铁皮套管制作 公称直径（25mm 以内）	个	25	2.23	55.75	0.63	15.75					

（续）

序号	定额编号	工程项目名称	工程量		定额直接费/元		其中人工费/元		未计价材料				
			单位	工程量	基价	合价	基价	合价	材料名称	单位	材料用量	单价/元	合价/元
10	8-170	室内镀锌铁皮套管制作 公称直径(32mm 以内)	个	17	3.97	67.49	1.26	21.42					
11	8-171	室内镀锌铁皮套管制作 公称直径(40mm 以内)	个	5	3.97	19.85	1.26	6.30					
12	8-172	室内镀锌铁皮套管制作 公称直径(50mm 以内)	个	3	3.97	11.91	1.26	3.78					
13	8-173	室内镀锌铁皮套管制作 公称直径(65mm 以内)	个	6	5.95	35.70	1.89	11.34					
14	8-174	室内镀锌铁皮套管制作 公称直径(80mm 以内)	个	9	5.95	53.55	1.89	17.01					
15	8-178	管道支架制作安装一般管架	100kg	0.226	847.39	191.68	212.94	48.17	型钢 ∟50×5	kg	23.98	3.10	74.33
16	8-217	方形伸缩器制作安装 公称直径(32mm 以内)	个	2	49.92	99.84	12.81	25.62					
17	8-219	方形伸缩器制作安装 公称直径(50mm 以内)	个	2	80.42	160.84	20.16	40.32					
18	8-241	螺纹阀 公称直径(15mm 以内)	个	1	6.8	6.80	2.10	2.10	旋塞阀门 *DN*15	个	1.01	9.00	9.09

（续）

序号	定额编号	工程项目名称	工程量		定额直接费/元		其中人工费/元		未计价材料				
			单位	工程量	基价	合价	基价	合价	材料名称	单位	材料用量	单价/元	合价/元
19	8-242	螺纹阀 公称直径（20mm以内）	个	16	8.2	131.20	2.10	33.60	螺纹截止阀门 *DN*20	个	16.16	10.00	161.60
20	8-247	螺纹阀 公称直径（65mm以内）	个	2	33.39	66.78	7.77	15.54	螺纹闸阀 *DN*65	个	2.02	70.00	141.40
21	8-490	铸铁散热器组成安装	10片	12.400	59.78	741.27	12.81	158.84	铸铁散热器M132	片	125.24	32.00	4007.68
22	8-491	柱型铸铁散热器组成安装	10片	32.600	118.24	3854.62	8.69	283.29	铸铁散热器柱型	片	225.27	32.00	7208.51
23	11-1	手工除锈 管道轻锈	$10m^2$	3.939	16.18	63.73	7.14	28.12					
24	11-7	手工除锈 角钢支架轻锈	100kg	0.226	22.25	5.05	7.14	1.62					
25	11-4	手工除锈 散热器轻锈	$10m^2$	12.600	17.02	214.45	7.56	95.26					
26	11-53	管道刷油 防锈漆第一遍	$10m^2$	3.939	12.44	49.00	5.67	22.33	酚醛防锈漆	kg	5.16	11.40	58.83
27	11-56	管道刷油 银粉漆第一遍	$10m^2$	3.939	16.28	64.12	5.88	23.16	酚醛清漆	kg	1.42	9.24	13.10
28	11-57	管道刷油银粉漆第二遍	$10m^2$	3.939	15.44	60.82	5.67	22.33	酚醛清漆	kg	1.30	9.24	12.01
29	11-198	铸铁暖气片刷油防锈漆第一遍	$10m^2$	12	15.01	180.12	6.93	83.16	酚醛防锈漆	kg	12.60	11.40	143.64
30	11-200	铸铁暖气片刷油银粉漆第一遍	$10m^2$	12	19.32	231.84	7.14	85.68	酚醛清漆	kg	5.40	9.24	49.90

（续）

序号	定额编号	工程项目名称	工程量		定额直接费/元		其中人工费/元		未计价材料				
			单位	工程量	基价	合价	基价	合价	材料名称	单位	材料用量	单价/元	合价/元
31	11-201	铸铁暖气片刷油银粉漆第二遍	$10m^2$	12	18.3	219.60	6.93	83.16	酚醛清漆	kg	4.92	9.24	45.46
32		系统调整费（第8册）	元	1	379.76	379.76	63.35	63.35					
33		脚手架搭拆费（第8册）	元	1	131.83	131.83	26.39	26.39					
		合计	元			10904.37		2739.30					17717.00

小　　结

采暖工程包括室外供热管网和室内采暖系统两大部分。室内采暖系统根据室内供热管网输送的介质不同，可分为热水采暖系统和蒸汽采暖系统两大类。热水采暖系统按供水温度不同，可分为一般热水采暖和高温热水采暖；按水在系统内循环的动力不同，可分为自然循环系统和机械循环系统。蒸汽采暖系统按压力不同，可分为低压蒸汽采暖和高压蒸汽采暖；按凝结水回水方式不同，可分为重力回水式蒸汽采暖系统和机械回水式蒸汽采暖系统。室内采暖系统根据立管的敷设方式不同分为双管系统和单管系统。室内采暖系统是由入口装置、室内采暖管道、管道附件、散热器等组成的。

在进行室内采暖系统施工图预算编制时，要根据采暖管道按所处位置（室内采暖管道和室外采暖管道）、定额册的范围（第八册定额、第六册定额）的不同划分编制范围。室内采暖系统一般是以建筑物入口处阀门或建筑物外墙皮外1.5m为界。室内采暖系统施工图预算编制内容包括管道部分、供暖设备与器具、管道附件、管道除锈、管道刷油及绝热等。计算管道工程量时，根据不同管材、公称直径、连接方法划分项目，以图示管道中心线的长度为准（不扣除阀门及管件所占长度），按照图中管道的具体布置情况计算。计算散热器工程量时，应区分不同材质分别列项计算，要注意散热器计量单位的不同，有的项目是以片为单位计量的，有的则是以组为单位计量的，而光排管式散热器又是以排管的长度为单位计量。除了散热器以外，还有一些管道附件，如疏水器、集气罐补偿器等，在计算的时候应根据工程量计算规则进行计算。计算管道、散热器等的除锈、刷油、绝热工程量时，应注意锈蚀等级、除锈的方法、刷油的种类及涂刷遍数等情况分别计算和套用定额，要特别注意铸铁散热器个除锈刷油工程量是散热面积计算的，散热面积可以根据国家规范或者是生产厂家给定的参数查取。

燃气管网系统包括市政管网系统、室外管网系统及室内管道系统三部分。三部分的分界线是：室外管网和市政管网的分界点为两者的碰头点；室内管道和室外管网的分界有两种情况，一是由地下引入室内的管道以室内第一个阀门为界，二是由地上引入室内的管道以墙外三通为界，本章主要讲述室内燃气管道系统。室内燃气管道系统由室内管道（进户管道，户内干、立、支管道）、燃气计量表和燃气用具设备等组成。管道部分的工程量计算方法基本和采暖管道系统相同，需要注意的是燃气用具根据具体情况按照工程量计算规则计算。定额中把燃气部分单独分章，注意不要错套定额。

思 考 题

5-1　室内采暖系统如何分类?
5-2　室内采暖系统的组成内容有哪些?
5-3　室内外采暖系统应如何划分?
5-4　室内采暖管道工程量如何计算?
5-5　简述散热器工程量计算方法。
5-6　管道、阀门、法兰保温工程量如何计算? 其保护层的工程量如何计算?
5-7　管道除锈、刷油工程量如何计算?
5-8　简述室内民用燃气系统的组成。
5-9　简述室内民用燃气部分项目套用定额时应注意的问题。

第6章　通风、空调工程施工图预算的编制

学习目标

了解通风空调工程的内容；熟悉通风空调工程的组成与分类；掌握通风空调工程工程量计算和定额应用。

关 键 词

通风　空调

6.1　通风、空调工程内容

通风就是更换空气，它是以空气为介质，使之流通，用来排除房间或生产车间内的余热、余温、有害气体、粉尘等，同时送入一定质量的新鲜空气，以满足人体卫生和车间工艺的要求。

空调是空气调节的简称，是更高一级的通风，是指通过对室内空气的温度、湿度、洁净度、气流度（即四度）等进行有效的控制，使之保持室内参数相对稳定，不受室外气候条件和室内各种条件变化的影响，从而改善劳动条件和生活环境以保障人们身体健康，满足生产工艺的需要。

6.1.1　通风工程分类与组成

1. 通风工程分类

通风工程一般按通风作用范围的大小和通风动力的不同划分。

（1）按通风作用范围的大小划分

通风工程按其通风作用范围可划分为全面通风、局部通风、混合通风。

1）全面通风：对整个房间或设施进行全面空气交换。当有害气体在大范围内产生并扩散到整个房间或设施时就需要全面通风，排除有害气体或送入大量的新鲜空气，将有害气体的浓度冲淡到允许的范围之内。

2）局部通风：将污浊空气或有害气体从产生处抽出以防止扩散，或将新鲜空气送到某一个局部范围，改善局部范围内的空气状况。一般的车间应优先考虑采用局部通风。

3）混合通风：采用全面送风和局部排风或全面排风和局部送风相结合的通风形式称为混合通风。

（2）按通风动力的不同划分

通风工程按动力不同可划分为自然通风和机械通风，其中自然通风又分为无组织的自然通风和有组织的自然通风。

1）自然通风：利用风压和温差形成空气的自然对流，使空气得以交换的通风方式。它

主要靠建筑物的门、窗、天窗、百叶窗、通风口或风帽来完成。一般当地下室面积小于50m² 或设外窗且走道长度小于60m以及虽不设外窗但走道长度小于20m时，可考虑采用自然通风。自然通风示意图如图6-1所示。

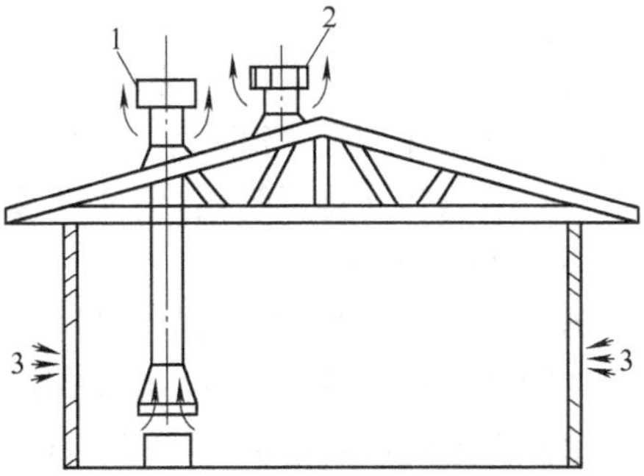

图6-1 自然通风示意图
1—炉上风帽 2—屋顶上风帽
3—室外进气

① 无组织的自然通风：建筑物不设置任何的通风装置，只依靠门窗及其缝隙进行通风。一般的建筑物应优先考虑采用这种通风方式以降低成本。

② 有组织的自然通风：建筑物在墙上、屋顶设置可以自由启闭的侧窗、天窗或风帽以控制和调节排气的地点和数量进行有组织的通风。

2）机械通风：利用通风机生产的抽力和压力，借助通风管网进行室内外空气交换的通风方式。机械通风按作用范围不同可分为局部通风和全面通风两种。机械通风示意图如图6-2所示。

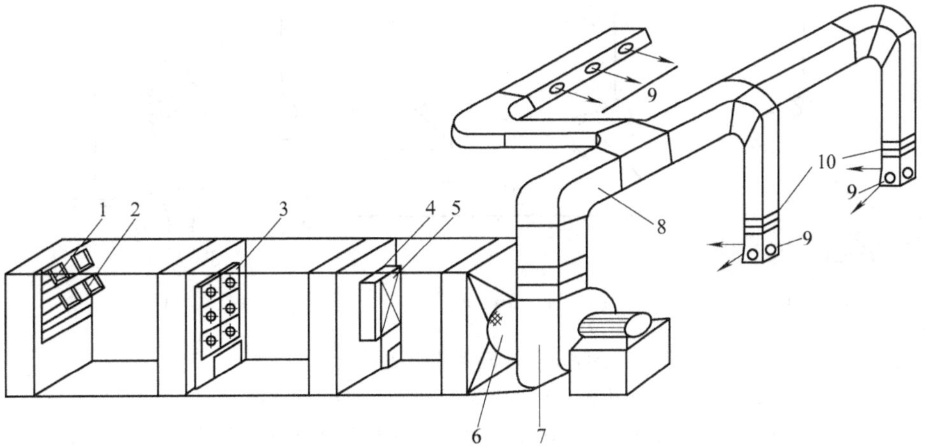

图6-2 机械送风系统
1—百叶窗 2—保温阀 3—过滤器 4—旁通阀 5—空气加热器
6—启动阀 7—风机 8—风道 9—送风口 10—调节阀

2. 通风工程的组成

通风工程一般由送风系统和排风系统两部分组成。

（1）送风系统组成 送风系统组成如图6-3所示，包括新风口、空气处理室、通风机、送风管、回风管、送（出）风口、吸（回、排）风口、管道配件、管道部件等。

1）新风口：新鲜空气的入口。

2）空气处理室：进行空气过滤、加热、加湿等处理的设备。

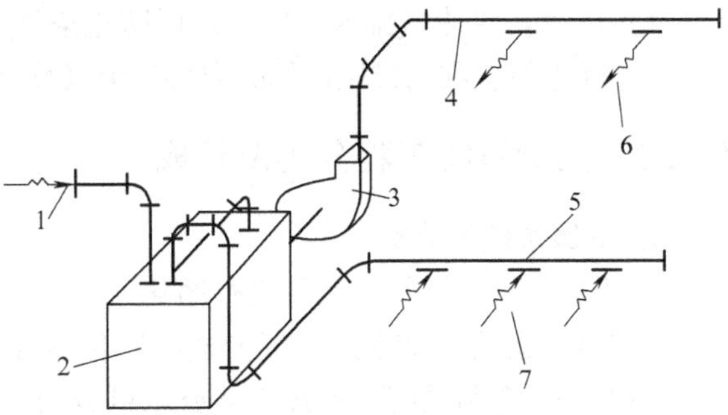

图6-3 送风系统组成示意图
1—新风口 2—空气处理室 3—通风机 4—送风管
5—回风管 6—送（出）风口 7—吸（回）风口

3）通风机：将处理后的空气送入风管内的机械。

4）送风管：将通风机送来的空气送到各个房间的管道。管道上安装有调节阀、送风口、防火阀、检查孔等部件。

5）回风管（排风管）：将浊气吸入管内，再送回空气处理室的管道，管道上装有回风口、防火阀等部件。

6）送（出）风口：将处理后的空气均匀送入房间风口。

7）吸（回、排）风口：将房间内浊气吸入回风管道，送回空气处理室进行处理的风口。

8）管道配件：弯头、三通、四通、异径、法兰盘、导流片、静压箱等。

9）管道部件：各种风口、阀门、排气罩、风帽、检查孔、测定孔及风管支架、吊托架等。

（2）排风系统组成　排风系统组成如图6-4所示，包括排风口、排风管、排风机、风帽、除尘器及其他管件和部件等。

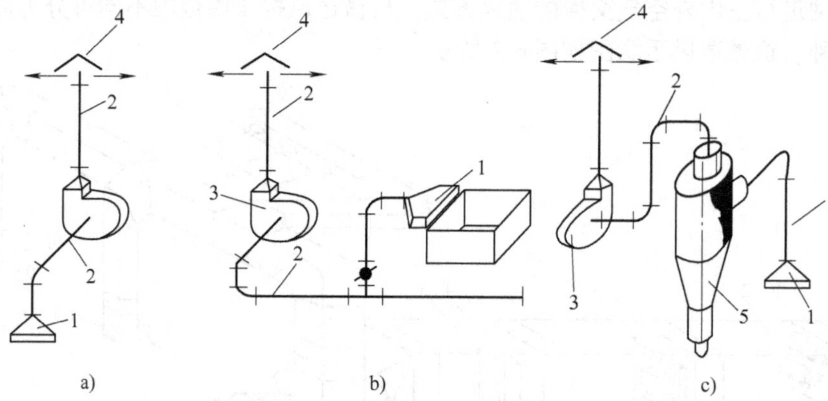

图6-4　排风系统组成示意图

a）P系统　b）侧吸罩P系统　c）除尘P系统

1—排风口（侧吸罩）　2—排风管　3—排风机　4—风帽　5—除尘器

1）排风口：将浊气吸入排风管内，包括吸风口、排风口、侧吸罩、吸风罩等部件。

2）排风管：输送浊气的管道。

3）排风机：将浊气通过机械从排气管排出。

4）风帽：将浊气排入大气中，以防止空气倒灌并防止雨水灌入的部件。

5）除尘器：利用排风机的吸力将灰尘以及有害物质吸入除尘器中，再将尘粒集中排除。

6.1.2　空调系统工程分类及组成

1. 空调系统的分类

空调是将送入房间的空气进行净化，经过加热（冷却）、干燥、加湿等处理，使其“四度”（温度、湿度、洁净度、气流速度）保持在一定范围内，从而确保空气质量适应工作与生活的需要。空调系统一般按工艺要求可分为集中空调、局部空调、混合式空调三种形式。

（1）集中空调系统　将空气集中处理后由风机把空气输送到需要空气调节的房间。当系统的制冷量要求大时，因设备体积较大，可将所有空调设备集中安装在某个机房中，然后配以风管、风机、风口及各种配套阀门和控制设备。恒温恒湿集中式空调系统如图6-5所示。

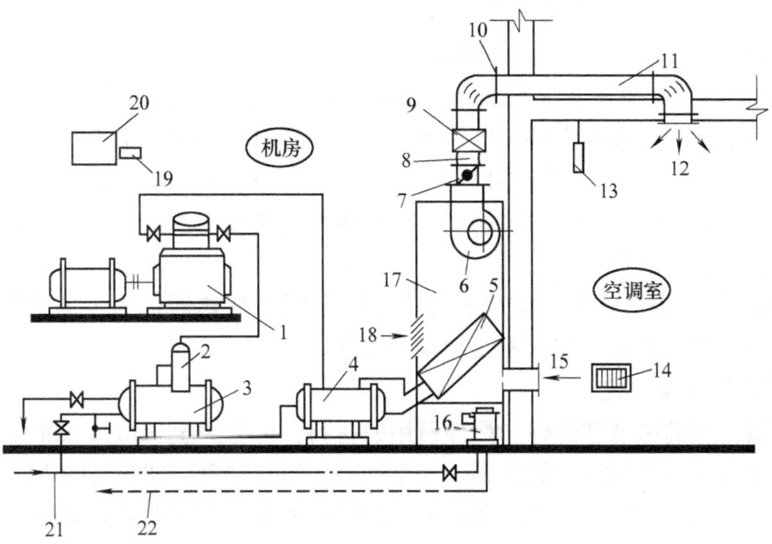

图 6-5　恒温恒湿集中式空调系统示意图

1—压缩机　2—油水分离器　3—冷凝器　4—热交换器　5—蒸发器　6—风机　7—送风调节阀　8—帆布接头　9—电加热器　10—导流片　11—送风管　12—送风口　13—电接点温度计　14—排风口　15—回风口　16—电加湿器　17—空气处理室　18—新风口　19—电子仪控制器　20—电控箱　21—给水管　22—回水管

(2) 局部空调系统（分散式）　将空气设备直接或就近安装在需要空气调节的房间，就地调节空气。这类系统只要求局部实现空气调节，可直接采用空调机组，如柜式、壁挂式、窗式等，并在空调机上加新风口、电加热器、送风口及送风管等，如图 6-6 所示。

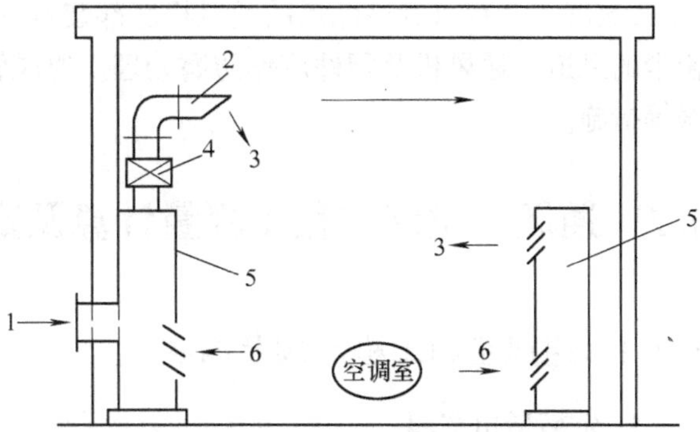

图 6-6　局部空调系统示意图

1—新风口　2—送风管　3—送风口　4—电加热器　5—空调机组（柜式）　6—回风口

(3) 混合式空调系统　混合式空调系统即既有集中处理，又有局部处理的空气调节，也称半集中式空调系统。这类系统是先通过集中式空调器对空气进行处理后，由风机和管道将处理过的空气（一次风）送至空调房间内的诱导器，空气经喷嘴以高速射出，在诱导器内形成负压，室内空气（二次风）被吸入诱导器，一、二次风相混合后由诱导器风口送出。

此外空调系统还可按对空气参数的不同要求，分为恒温恒湿空调系统、降湿空调系统；按空气循环利用方式不同分为直流式空调系统、一次循环（回风）系统、二次循环（回风）系统。

2. 空调系统的组成

空调系统多为定型设备，一般组成部分包括百叶窗、保温阀、空气过滤器、一次加热器、调节阀门、淋水室（喷淋室）、二次加热器。

1）百叶窗：用以挡住室外杂物进入。

2）保温阀：当空调系统停止工作时，可防止室外空气进入。

3）空气过滤器：清除新鲜空气中的灰尘。

4）一次加热器：安装在淋水室或冷却器前的加热器，用于提高空气湿度和增加吸湿能力，一般只在冬天使用，如用循环空气和新鲜空气混合时，有时可不用。

5）调节阀门：调节一、二次循环风量，使室内空气循环使用以节约冷（热）量。

6）淋水室（喷淋室）：可根据使用需要喷淋不同温度的水，对空气进行加热、加湿、冷却、减湿等空气处理过程。

7）二次加热器：安装在淋水室或表面冷却器之间的加热器，用于加热淋水室的空气，以保证送入室内的空气具有一定的温度和相对湿度。

3. 风道材料与连接方式

通风与空调工程的风道和部件、配件所用的材料，可分为金属材料和非金属材料。常用的金属材料主要有普通薄钢板、镀锌钢板和型钢等。当有特殊要求（如防腐、防火等）时，可采用不锈钢板（铬镍钢板和铬镍钛钢板）、铝板等材料。常用的非金属材料有硬聚氯乙烯板、玻璃钢，有时也用砖、混凝土、矿渣石膏板和木丝板等，如需要经常移动或易受振动的风管可用软管或软接头。

通风与空调工程主要部件的连接方式有咬口、焊接和法兰连接三种。

风管应在适当的位置设置测温、测压、测风量等的仪表，在风管上还需安装检查孔，对水平或倾斜敷设的风管应设清扫口。输送含水蒸气或潮湿气体的排风管道，应有不小于0.5%坡度，并在风管最低点的通风机底部装水封及排水管。对输送有腐蚀性气体、蒸气和粉尘的风道，通风机及配件应作防腐处理。通风管应根据要求考虑是否采用保温、消声、减振等措施。

6.2 通风、空调工程工程量计算及定额应用

6.2.1 通风空调工程定额及内容

1. 定额适用范围

《全国统一安装工程预算定额》第九册《通风空调工程》适用于工业与民用建筑的新建、扩建项目中的通风、空调工程。

2. 定额内容组成

《通风空调工程》定额共分十四章，有各类通风管道的制作与安装、通风管道部件的制作与安装、通风空调设备的安装、空调部件及设备支架的制作与安装、风帽的制作与安装、罩类的制作与安装等。

通风空调管道、设备刷油及绝热工程使用第十一册《刷油、防腐蚀、绝热工程》定额。

（1）通风、空调管道与部件的制作与安装　通风、空调管道与部件制作与安装定额包括薄钢板通风管道制作安装、净化通风管道及部件制作安装、不锈钢通风管道及部件制作安装、铝板通风管道及部件制作安装、塑料通风管道及部件制作安装、玻璃钢通风管道及部件制作安装等。

1）薄钢板通风管道制作安装。薄钢板通风管道制作安装定额，根据薄钢板的材质、风

管的断面形式、风管直径（或周长）、壁厚的不同分别列项，包括镀锌薄钢板圆形风管、镀锌薄钢板矩形风管、薄钢板圆形风管、薄钢板矩形风管等。定额中各种钢板为未计价材料。

除此之外，定额还列出了柔性软风管、柔性软风管阀门安装、弯头导流叶片、软管接口、风管检查孔、温度测定孔、风量测定孔等定额子目，其中柔性软风管、柔性软风管阀门为未计价材料。

2）净化通风管道及部件制作安装。定额分别列有镀锌薄钢板矩形净化风管（咬口），静压箱，铝制孔板风口，过滤器框架等制作安装及高、中、低效过滤器，净化工作台，风淋室安装等定额子目，其中优质镀锌钢板，高、中、低效过滤器，净化工作台，风淋室为未计价材料，其材料费应另行计入。

3）不锈钢通风管道及部件制作安装。不锈钢圆形风管根据壁厚和直径的不同应分别列项，其接口形式为电焊连接，不锈钢板为未计价材料。部件制作安装包括不锈钢风口、圆形法兰、圆形蝶阀、吊托支架制作安装等项目。不锈钢风口定额中不锈钢丝网为未计价材料。

4）铝板通风管道制作安装。定额包括铝板圆形风管、矩形风管，其中铝板为未计价材料，应另行计入。铝板通风管道部件制作安装包括圆伞形风帽、圆形法兰（气焊、手工氩弧焊）、矩形法兰（气焊、手工氩弧焊）、圆形蝶阀、矩形蝶阀（气焊）、风口等项目。

5）塑料通风管道及部件制作安装。塑料通风管道制作安装定额包括塑料圆形风管、矩形风管，根据风管直径或周长、壁厚的不同分别列项，塑料板为未计价材料。塑料通风管道部件制作安装包括各种形式空气分布器、直片式散流器、插板式风口、各类阀门及各类风罩、风罩调节阀、风帽、柔性接口及伸缩节。

6）玻璃钢通风管道及部件制作安装。玻璃钢通风管道安装定额根据风管断面形式的不同分为圆形风管、矩形风管两大类，又根据风管直径或周长、壁厚的不同分别列项，其中玻璃钢风管为未计价材料，应另行计入。

玻璃钢通风管道部件安装定额包括各式阀门、电机防雨罩、各式风口、散流器、风帽等子目。

（2）通风空调设备安装　通风空调设备安装定额包括空气加热器安装、冷却塔安装、离心式通风机安装、轴流式通风机安装、除尘设备安装、整体式空调机（冷风机）安装、窗式空调器安装、风机盘管安装、分段组装式空调器安装、玻璃冷却塔安装等。

通风空调设备安装定额除分段组装式空调器安装以“100kg”为单位计量外，其余均以“台”为单位计量。

（3）调节阀、消声器制作与安装

1）调节阀制作安装。调节阀制作安装定额包括空气加热器上（旁）通阀，圆形瓣式启动阀，圆形保温阀，方、矩形保温阀，圆形蝶阀，方、矩形蝶阀，圆形风管止回阀，方形风管止回阀，密闭式斜插板阀，矩形风管三通调节阀，对开多叶调节阀，风管防火阀的制作安装等。每一类又根据阀门的形状、单件质量分别列项。

2）消声器制作安装。消声器制作安装定额包括片式消声器、矿棉管式消声器、聚酯泡沫管式消声器、卡普隆纤维管式消声器、弧形声流式消声器、阻抗复合式消声器制作安装。调节阀、消声器制作安装定额均以“100kg”为单位计量。

(4) 风口、风帽、罩类制作安装

1) 风口制作安装。

① 风口制作　根据风口形式不同分为21类。钢百叶窗 (J718—1) 根据单件面积列项；风管插板风口 (T208—1、2) 制作安装定额，根据风口周长不同分别以“个”列出。

风口制作定额中，钢百叶窗、活动金属百叶风口以“m^2”为单位计量，风管插板风口以“个”为单位计量，其余均以“100kg”为单位计量，计算工程量时应予以注意。

② 风口安装　定额除钢百叶窗是根据框内面积不同以“个”列出外，其余风口均根据风口周长或直径不同以“个”列出。

2) 风帽制作安装。定额根据风帽形状不同列出了圆伞形风帽、锥形风帽、筒形风帽三类，每一类又根据风帽单件质量不同分别列项。除此之外，定额还列出了筒形风帽滴水盘、风帽筝绳、风帽泛水等。

风帽制作安装定额中，除了风帽泛水是以“m^2”为单位计量外，其余均以“100kg”为单位计量。

3) 罩类制作安装。定额根据罩类形式、功能的不同列出13类，均以“100kg”为单位计量。

(5) 空调部件及设备支架制作安装　空调部件及设备支架制作安装定额包括七部分，其中金属空调器壳体、滤水器、溢水盘、电加热器外壳、设备支架等均以“100kg”为单位计量；钢板挡水板分三折曲板、六折曲板，又根据片距的不同分别列项，以“m^2”为单位计量；钢板密闭门分带视孔、不带视孔两个子目，以“个”为单位计量。

(6) 通风空调管道、设备刷油及绝热工程　通风空调管道、设备刷油及绝热工程分别套用第十一册管道刷油、设备与矩形管道刷油、金属结构刷油及绝热工程等相关子目。

6.2.2 薄钢板通风管道制作与安装

1. 工程量计算

1) 管道工程量计算。风管制作安装按图示不同规格以展开面积计算，不扣除检查孔、测定孔、送风口、吸风口等所占面积，定额计量单位为“$10m^2$”。

$$圆管\ F = \pi DL$$

$$矩形管\ F = SL$$

式中　F——风管展开面积 (m^2)；

D——圆形风管直径 (m)；

S——矩形风管周长 (m)；

L——管道中心线长度 (m)。

工程量计算时，风管长度一律以施工图中心线为准 (立管与支管以其中心线交点划分)，包括弯头、三通、四通、变径管、天圆地方等管件的长度，但不包括部件 (如阀门) 所占长度。直径和周长按图示尺寸为准展开，咬口重叠部分已包括在定额内，不得另行增加。

计算风管长度时，应扣除的部件长度为：蝶阀 $L=150$mm；对开式多叶调节阀 $L=210$mm；圆形风管防火阀 $L=D+240$mm (D为风管直径)；矩形风管防火阀 $L=B+240$mm (B为风管高度)；止回阀 $L=300$mm；密闭式斜插板阀 $L=D+200$mm (D为风管直径)。

2）风管导流叶片的工程量均按图示叶片面积计算。

3）柔性软风管安装工程量按图示管道中心线长度以“m”为单位计量，柔性软风管阀门安装以“个”为单位计量。

4）软管（帆布接口）制作安装工程量，按图示尺寸以“m^2”为单位计量。

5）风管检查孔工程量，按定额附录四“国际通风部件标准质量表”计算。

6）风管测定孔制作安装工程量，按其型号以“个”为单位计量。

2. 定额套用

1）整个通风系统设计采用渐缩管均匀送风时，圆形风管按平均直径、矩形风管按平均周长套用相应规格子目，其人工应乘以系数2.5。

2）镀锌薄钢板风管子目中的板材是按镀锌薄钢板编制的，如不用镀锌薄钢板时，板材可以换算，其他不变。

3）软管接头使用人造革而不使用帆布时可以换算。

4）风管导流叶片不分单叶片、香蕉形双叶片均使用同一子目。

5）如制作空气幕风管时，按矩形风管平均周长套用相应风管规格子目，其人工乘以系数3，其余不变。

6）镀锌薄钢板的制作安装，除包括上述管件中的制作安装，还包括法兰、加固框、吊托支架的制作安装，但不包括跨风管落地支架，落地支架设备执行支架项目。

7）项目中法兰垫料如设计要求使用材料不同者，可以换算但人工不变；使用泡沫塑料者，每1kg橡胶板换算为泡沫塑料0.125kg；使用闭孔乳胶海绵者，每1kg橡胶板换算闭孔乳胶海绵0.5kg。

8）柔性风管适用于金属、涂塑化纤织物、聚酯乙烯、聚氯乙烯薄膜、铝箔等材料制成的软风管。

【例6-1】 如图6-7所示，已知风管安装高度为5.5m，材质为厚度为0.5mm的普通镀锌薄钢板圆形风管，采用咬口连接，风管尺寸如图，弯头的弯曲半径$R=300$mm，弯曲度数为60°、90°两种。试计算风管的定额直接费。

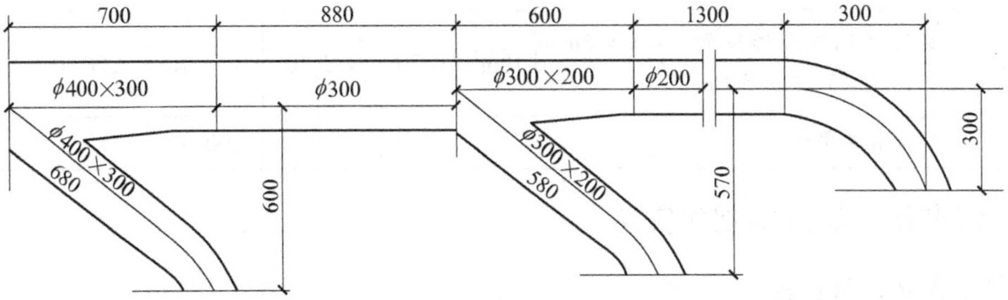

图6-7 风管示意图

解 根据镀锌钢板圆形风管薄钢板（$\delta=1.2$mm以内、咬口）的定额项目，可知本题需划分为两项来计算风管面积：直径200mm以内（含200mm）定额子目9-1；直径500mm以内定额子目9-2。工程量计算时，风管的长度应按管道中心线展开长度计算（弯头处的中心线长度应根据弯曲半径r和圆心角度数θ来计算，即$L=\dfrac{\theta\pi r}{180°}$），渐缩管应按平均直径计算。

1. 工程量计算

$$\phi200: F = \pi DL = 3.14 \times 0.2\text{m} \times \left(1.3\text{m} + \frac{90° \times 3.14 \times 0.3\text{m}}{180°}\right)$$

$$= 3.14 \times 0.2\text{m} \times 1.771\text{m}$$

$$= 1.11\text{m}^2$$

$$\phi300 \times 200 \text{渐缩管}: F = \pi DL = 3.14 \times \frac{0.3\text{m} + 0.2\text{m}}{2} \times \left(0.6\text{m} + 0.58\text{m} + \frac{60° \times 3.14 \times 0.3\text{m}}{180°}\right)$$

$$= 3.14 \times 0.25\text{m} \times 1.494\text{m}$$

$$= 1.17\text{m}^2$$

$$\phi300: F = \pi DL = 3.14 \times 0.3\text{m} \times 0.88\text{m} = 0.83\text{m}^2$$

$$\phi400 \times 300 \text{渐缩管}: F = \pi DL = 3.14 \times \frac{0.4\text{m} + 0.3\text{m}}{2} \times \left(0.7\text{m} + 0.68\text{m} + \frac{60° \times 3.14 \times 0.3\text{m}}{180°}\right)$$

$$= 3.14 \times 0.35\text{m} \times 1.69\text{m}$$

$$= 1.86\text{m}^2$$

工程量合计：直径 200mm 以内项目工程量为 1.11m²；直径 500mm 以内项目工程量 3.86m²。

2. 定额直接费计算（表 6-1）

表 6-1 定额直接费计算

序号	定额编号	项目名称	单位	数量	基价/元	合价/元	其中人工费	
							单价/元	合价/元
1	9-1	镀锌薄钢板圆形风管（δ = 1.2mm 以内、咬口）直径 200mm 以下	10m²	0.11	480.92	52.90	338.78	37.27
2	9-2	镀锌薄钢板圆形风管（δ = 1.2mm 以内、咬口）直径 500mm 以下	10m²	0.39	378.10	147.46	208.75	81.42
		定额直接费小计				200.36		118.69

6.2.3 调节阀、消声器制作安装

1. 调节阀制作与安装

通风空调系统常用阀类包括空气加热器上旁通阀、圆形瓣式启动阀、圆形保温蝶阀、方形及矩形保温蝶阀、圆形蝶阀、方形及矩形蝶阀、圆形及方形风管止回阀、密闭式斜插板阀、矩形风管三通调节阀、对开多叶调节阀、风管防火阀等。

1）调节阀的制作。调节阀的制作分标准设计和非标准设计，其工程量均按成品质量以“kg”为单位计量。如为标准设计，可根据设计型号、规格查阅标准图或定额第九册附录二查出其成品质量；如为非标准设计，应按图示成品质量计算，套用调节阀的制作子目。

2）调节阀安装。安装工程量按图示规格尺寸（周长或直径）以“个”为单位计量，套

用其相应的安装子目。

3）余压阀安装套用止回阀定额子目（第八册）。

2. 消声器制作与安装

消声器通常包括阻性和抗性、共振性、宽频带复合式消声器等。

消声器制作安装工程量按成品质量以“kg”为单位计量。如为标准设计，可根据设计型号、规格查阅标准图或定额第九册附录二查出其成品质量；如为非标准设计，应按图示成品质量计算。消声器支架应另行列项计算，套用消声器的制作安装子目。

调节阀、消声器刷油、防腐执行第十一册《刷油、防腐蚀、绝热工程》定额子目。

6.2.4 风口、风帽、罩类制作与安装

1. 风口制作与安装

1）风口制作。钢百叶窗及活动金属百叶风口的制作，以“m^2”为单位计量；除此之外均按成品质量以“kg”为单位计量。如为标准设计，可根据设计型号、规格查阅标准图或定额第九册附录二查出其成品质量；如为非标准设计，应按图示成品质量计算，套用风口制作的相应定额子目。

2）风口安装。风口安装均按规格尺寸以“个”为单位计量，套用风口安装相应子目。风口安装螺栓是以暗装考虑的，如螺栓为明装时，人工费乘以系数0.8，其余不变。

2. 风帽制作与安装

风帽的制作安装区分不同形状以“kg”为单位计量，套用风帽制作安装相应子目。风帽筝绳（牵引绳）制作安装按图所示规格、长度以“kg”为单位计量，套用风帽筝绳子目。风帽泛水制作安装按图示尺寸展开面积，以“m^2”为单位计量，套用风帽泛水子目。

3. 罩类制作与安装

罩类指通风空调系统中风机皮带防护罩、电动机防雨罩和倒吸罩、排气罩、吸式槽边罩、抽风罩、回转罩等，其制作安装根据规格、型号按质量以“kg”为单位计量，套用罩类制作安装相应定额子目。

以上风帽及罩类制作安装工程量如为标准设计时，其质量可查阅第九册定额附录中成品质量。

6.2.5 空调部件及设备支架制作与安装

空调部件及设备支架制作与安装主要包括空调器金属壳体、滤水器、溢水盘、挡水板、密闭门、电加热器外壳及设备支架等的制作安装。

1）金属空调器壳体、滤水器、溢水盘，其工程量均按成品质量以“kg”为单位计量。如为标准设计，可根据设计型号、规格查阅标准图或定额第九册附录二查出其成品质量；如为非标准设计，应按图示成品质量计算，套用相应的制作子目。

2）挡水板制作安装按空调器断面以“m^2”为单位计量，套用相应子目。如果是玻璃钢板挡水板，则执行钢挡水板相应项目，但其材料、机械均乘以系数0.45，人工不变。

$$挡水板面积 = 空调器断面面积 \times 挡水板张数$$

3）钢板密闭门制作安装区分带不带视孔，按其规格尺寸以“个”为单位计量，套用相应子目。如果是保温钢板密闭门，则执行钢板密闭门项目，其材料乘以系数0.5，机械乘以

系数0.45，人工不变。

4）设备支架制作安装按图标尺寸以“kg”为单位计量，以不同质量档次套用相应定额子目。

5）电加热器外壳制作安装工程量按图示尺寸以“kg”为单位计量，套用相应子目。

6.2.6 通风空调设备安装

通风空调设备包括通风除尘设备、空调设备、热冷空气幕、暖风机、制冷设备等。

1. 通风机

通风机按其作用和构造原理，可分为离心式通风机和轴流式通风机两种，其安装工程量按不同型号，以“台”为单位计量，套用相应定额子目。

轴流式风机安装按悬吊式考虑，若采用落地式安装，其人工乘以系数0.85；箱体式风机安装按相应定额子目乘以系数1.2；混流风机、消防温风机的安装，套用轴流式风机安装相应子目，人工乘以系数1.1。

2. 除尘器

除尘器安装按不同质量以“台”为单位计量，套用相应子目。定额中不包括除尘器制作，其制作应另行计算；亦不包括支架制作与安装。

3. 空调器

空调器一般分为风机盘管空调器、装配式空调器、整体式空调器、窗式空调器等。

1）风机盘管空调器安装，根据落地式和吊顶式分别以“台”为单位计量，套用相应定额子目。风机盘管配管安装执行第八册《给排水、采暖、燃气工程》相应定额子目。

2）装配式空调器安装，按质量以“kg”为单位计量，套用分段组装式空调器安装子目。

3）整体式空调器安装，按吊顶式、落地式、墙上式，根据不同质量分档以“台”为单位计量，套用整体式空调器安装子目。

4）窗式空调器安装以“台”为单位计量，套用“窗式”定额子目，支架制作、除锈、刷油、密封料及其木框和防晒装置等另行计算。

4. 空气加热器（冷却器）

加热及冷却器安装，按不同型号以“台”为单位计量，根据不同质量分档套用相应子目。

5. 设备安装项目基价

设备安装项目中的基价不含设备费和应配备的地脚螺栓价值，应另行计算。设备费按成品价计算。

6.2.7 净化通风管道及部件制作安装

1. 管道

净化通风管道制作安装的工程量计算方法与普通薄钢板通风管道相同，定额套用时应注意下列问题：

1）净化通风管制作安装项目中，包括弯头、三通、变径管、天圆地方等管件及法兰加固框和支吊架的制作用工，不得另行计算；但不包括过跨风管落地支架，落地支架执行设备支架项目。

2）净化风管中的板材若设计厚度不同者可以换算，但人工、机械不变。

3）风管涂密封胶是按全部口缝外表面涂抹考虑的，若设计要求口缝不涂抹而只在法兰处涂抹者，每$10m^2$风管应减去密封胶1.5kg和人工0.37工日。

4）本部分风管定额是按矩形截面考虑的，如遇圆形净化风管套用矩形风管相应子目。

2. 过滤器、净化工作台、风淋室

过滤器、净化工作台、风淋室的安装工程量以“台”为单位计量。在套用子目时，风淋室安装子目是根据质量来划分的，应根据其质量的大小分别套用。过滤器框架另行按质量计算。

过滤器安装项目定额中包括试装，如设计不要求试装者，其人工、材料、机械也不调整。

3. 洁净室

洁净室安装按质量计算工程量，套用分段组装式空调器安装定额子目。

4. 风管部件

风管部件包括静压箱、风口，静压箱以“台”为单位计量，风口以质量计。定额项目中，型钢未包括镀锌费，如设计要求镀锌时，应另计镀锌费。

6.2.8 不锈钢通风管道及部件制作与安装

不锈钢通风管道及部件制作安装的工程量计算方法与普通薄钢板管道和部件部分相同，套用定额时应注意下列问题：

1）不锈钢风管制作安装项目中包括管件，但不包括法兰和吊托支架。法兰和吊托支架可按质量以“kg”为单位计量，套用相应子目。

2）本部分风管定额是按圆形截面考虑的，如遇矩形风管套用圆形风管相应子目。

3）风管定额中是按电焊考虑的，如需使用手工氩弧焊，其定额人工乘以系数1.238，材料乘以系数1.163，机械乘以系数1.673。

4）风管中的板材如设计要求厚度不同者可以换算，人工、材料不变。

6.2.9 铝板通风管道及部件制作安装

铝板通风管道及部件制作安装的工程量计算方法与普通薄钢板风管及部件制作安装相同，套用定额时应注意下列问题：

1）风管制作安装项目中包括管件，但不含法兰和吊托支架。法兰和吊托支架应单独列项，以“kg”为单位计量，套用相应子目。

2）风管以电焊考虑的项目，如需使用手工氩弧焊的，其人工乘以系数1.154，材料乘以系数0.852，机械乘以系数9.242。

3）风管中的板材如设计厚度要求不同者可以换算，但人工、机械不变。

6.2.10 塑料通风管道及部件制作与安装

塑料风管及部件制作与安装的工作内容与工程量计算与薄钢板风管及部件相同，套用定额时应注意下列问题：

1）风管制作安装中包括管件、法兰、加固框，但不包括吊托支架，吊托支架以“kg”

为单位计量另行计算。

2）塑料风管项目中，规格所表示的圆形风管直径为内径，矩形风管周长为内周长。

3）风管制作安装中的板材（指每 $10m^2$ 定额用量为 $11.6m^2$ 者），如设计要求厚度不同者可以换算，但人工、机械不变。

4）项目中的法兰垫料如设计要求使用品种不同者可以换算，但人工不变。

5）塑料通风管道部件制作的胎具摊销材料费，未包括在定额内，按以下规定另行计算：风管工程量在 $30m^2$ 以上的，每 $10m^2$ 风管的胎具摊销木材为 $0.06m^3$，按地区预算价格计算胎具材料摊销费；风管工程量在 $30m^2$ 以下的，每 $10m^2$ 风管的胎具摊销木材为 $0.09m^3$，按地区预算价格计算胎具材料摊销费。

6.2.11 玻璃钢管通风管道及部件安装

玻璃钢管通风管道及部件安装工程量计算规则与普通薄钢板风管及部件的安装相同，套用定额时应注意下列问题：

1）玻璃钢管通风管道安装项目中包括弯头、三通、四通、变径管、天圆地方等管件的安装及法兰加固框和吊托架的制作安装，不包括跨风管落地支架，落地支架执行设备支架项目。

2）本定额按计算工程量加损耗外加工订做，其价格按实际价格，风管修补应由加工单位负责，其费用按实际发生价计算在主材内。

3）本定额未考虑预留铁件的制作与埋设，如果设计要求用膨胀螺栓安装吊托支架者，膨胀螺栓可按实际调整，其余不变。

6.2.12 复合型风管制作安装

复合型风管是由复合型板材制作的风管，其制作安装工程量计算与普通薄钢板风管相同，定额套用时应注意下列问题：

1）风管项目中，规格所表示的直径为内径，周长为内周长。

2）风管制作安装项目中，已包括管件、法兰、加固框、吊托支架的制作安装。

6.2.13 通风空调管道、设备筒体刷油及绝热工程

通风空调管道、设备筒体刷油及绝热工程应执行《全国统一安装工程预算定额》第十一册相应子目。

1. 管道、设备筒体的除锈、刷油

1）管道、设备筒体的除锈、刷油工程量以表面积“m^2”为单位计量。

2）通风空调部件和吊托支架的除锈、刷油工程量，以质量“kg”为单位计量。

3）各种管件、阀件及设备上人孔、管口凹凸部分的除锈、刷油已综合考虑在定额内，不另行计算。

2. 管道、设备筒体的防腐

1）管道、设备筒体的防腐工程量以表面积“m^2”为单位计量。

2）阀门、弯头、法兰的防腐工程量以表面积“m^2”为单位计量。

① 阀门表面积计算公式：

$$S = \pi \times D \times 2.5D \times K \times N$$

式中　D——直径；

K——1.05；

N——阀门个数。

② 弯头表面积计算公式：

$$S = \pi \times D \times 1.5D \times 2\pi \times N/B$$

式中　D——直径；

N——弯头个数；

B——90°弯头 $B=4$，45°弯头 $B=8$。

③ 法兰表面积计算公式：

$$S = \pi \times D \times 1.5D \times K \times N$$

式中　D——直径；

K——1.05；

N——法兰个数；

B——90°弯头 $B=4$，45°弯头 $B=8$。

④ 设备和管道法兰翻边工程量计算公式：

$$S = \pi \times (D + A) \times A$$

式中　D——直径；

A——法兰翻边宽。

3. 设备筒体、管道及部件的绝热

1）设备筒体、管道及部件的绝热工程量，区分不同材质，按绝热层体积以“m^3”为单位计量；防潮层、保护层工程量按展开表面面积以“m^2”为单位计量。

2）工程量计算公式。

① 矩形风管保温层体积如图6-8所示，其计算公式：

$$V = S\delta + 4\delta^2 L$$

② 矩形风管外保护壳面积计算公式：

$$S' = [(A + B) \times 2 + 8\delta]L$$

③ 圆形风管及设备筒体保温层体积计算公式：

$$V = \pi \times (D + 1.033\delta) \times 1.033\delta \times L$$

④ 圆形风管及设备筒体防潮和保护层面积计算公式：

$$S = \pi \times (D + \delta + 0.0082) \times L$$

式中　S——风管展开面积；

A、B——矩形风管截面尺寸（m）；

D——圆形风管直径（m）；

δ——保温材料厚度（m）；

L——风管或设备筒体长度（m）；

1.033、2.1——调整系数；

0.0082——捆扎线直径或钢带厚。

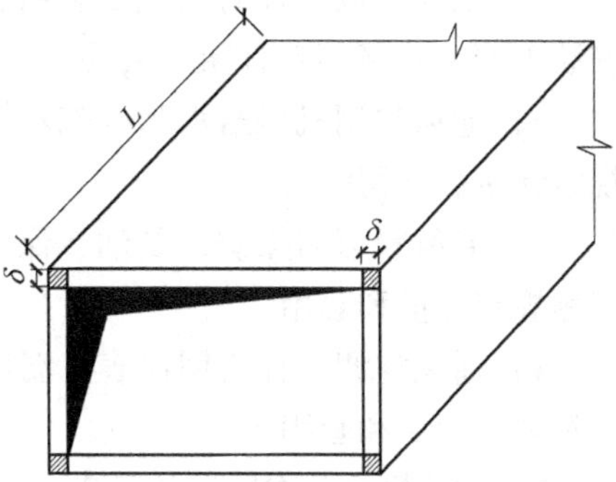

图6-8　矩形风管保温示意图

4. 使用定额应注意事项

1）金属面刷油不包括除锈费用，除锈费用套用人工除锈定额另计。

2）刷油定额是按安装地点就地刷（喷）油考虑的，如安装前集中刷油，人工乘以系数0.7。

3）矩形风管绝热量需要加防雨坡度时，其人工材料另计。

4）设备、管道绝热定额中均按现场先安装后绝热施工，若先绝热后安装时，其人工乘以系数0.9。

5）管道绝热工程除法兰、阀门外其他管件均已考虑在内；设备绝热工程除法兰、人孔外，其余封头已考虑在内。

6）镀锌铁皮保护层的规格是按1000mm×2000mm和900mm×1800mm、厚度0.8mm以下综合考虑的。若采用其他规格，可按实际调整，厚度大于0.8mm时，其人工乘以系数1.2；卧式设备保护安装其人工乘以系数0.5；铝皮保护层主材可以换算。

7）采用不锈钢薄板作保护层安装时，执行金属保护层相应定额项目，其人工乘以系数1.25，钻头消耗量乘以系数2.0，机械乘以系数1.15。

8）薄钢板风管刷油，按其工程量套用《刷油、防腐蚀、绝热工程》预算定额相关子目。仅外（或内）面刷油时，基价乘以系数1.2，内外均刷油时，人工乘以系数1.1（其法兰加固框、吊托支架已包括在此系数内）。

9）绝热材料不需黏结时，套用相关子目，需减去其中的黏结材料，人工乘以系数0.5。

10）薄钢板部件刷油按其工程量套用金属结构刷油子目，基价乘系数1.15。

11）薄钢板风管、部件及单独列项的支架，其除锈不分锈蚀程度一律按其第一遍刷油的工程量执行定额。

6.2.14 通风空调工程册与其他分册的关系

1. 按系数计取的费用

通风空调工程按系数计取的费用有高层建筑增加费、超高增加费、脚手架搭拆费、系统调整费、安装与生产同时进行增加费、在有害身体健康环境中人工降效增加费等，这些费用应根据工程的具体情况，按照定额说明中的有关规定计取。

2. 与安装定额其他分册的关系

1）通风空调工程的电气控制箱、电机检查接线、配管配线等，应按第二册《电气设备安装工程》定额规定计量和套用。

2）通风空调机房给水和冷冻水管、冷却塔循环水管应按第六册《工艺管道工程》定额规定计量和套用。

3）通风管道的除锈、刷油、保温防腐工程，应按第十一册《刷油、防腐、保温工程》定额规定计量和套用。

4）通风空调工程所用仪表、温度计安装，应按第十册《自动化控制装置及仪表工程》定额规定计量和套用。

5）制冷机组及附属设备安装，应按第一册《机械设备安装工程》定额规定计量和套用。

6）设备基础砌筑浇筑、风道砌筑及风道防腐应按土建相应定额执行。

6.3　通风、空调工程施工图预算编制实例

如图6-9～图6-13所示为某学院实验楼排风工程施工图，实验楼共有 P_1～P_4 4个排风柜排风系统。4个排风系统完全相同，故本施工图只绘制 P_1 系统。

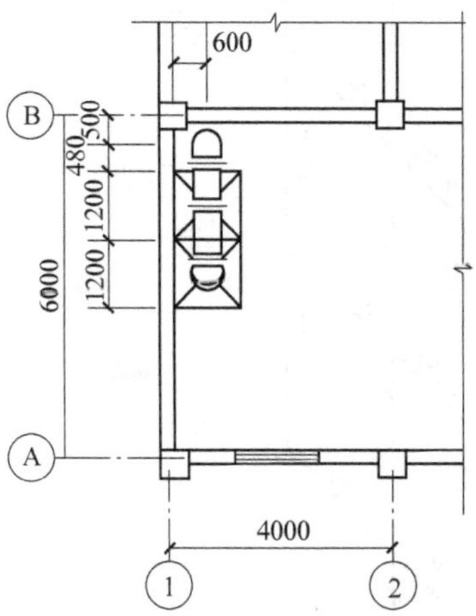

图6-9　一～三层平面图

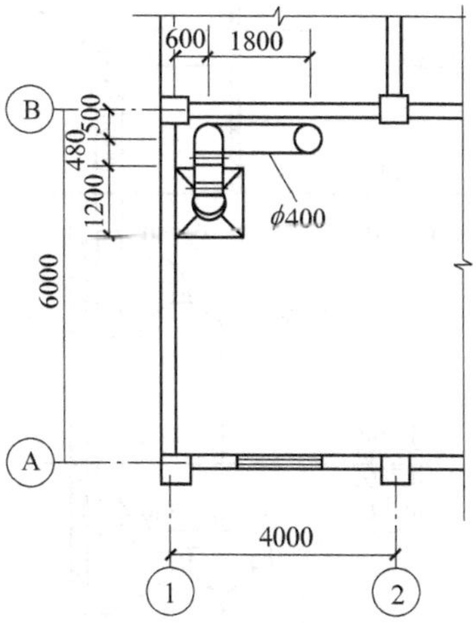

图6-10　四层平面图

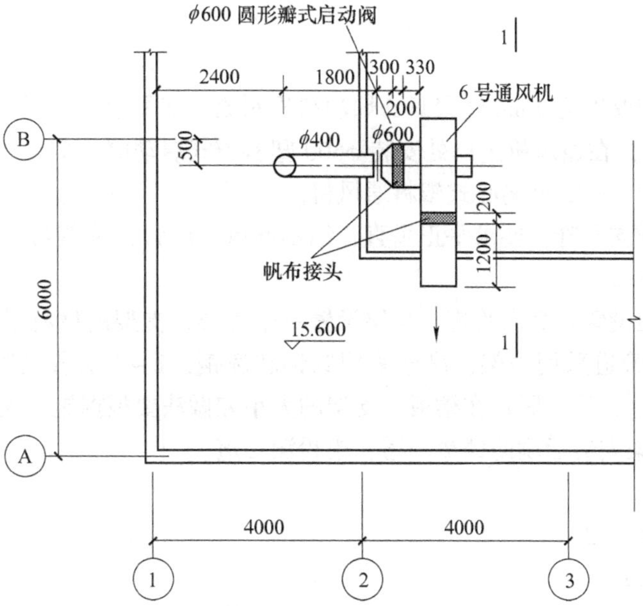

图6-11　屋顶平面图

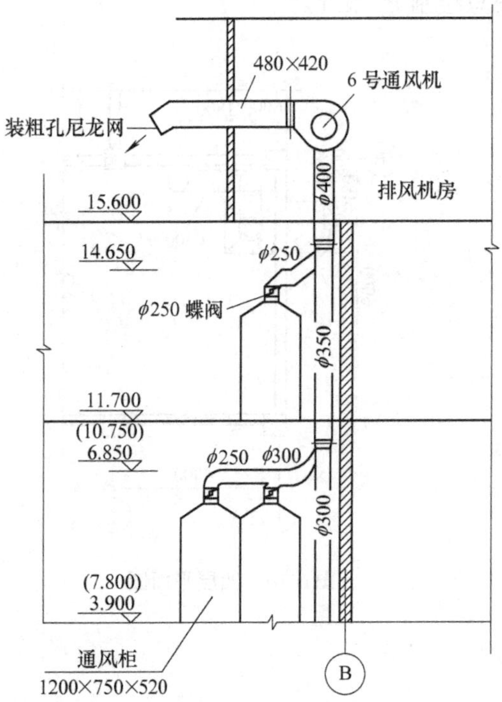

图 6-12　1-1 剖面图

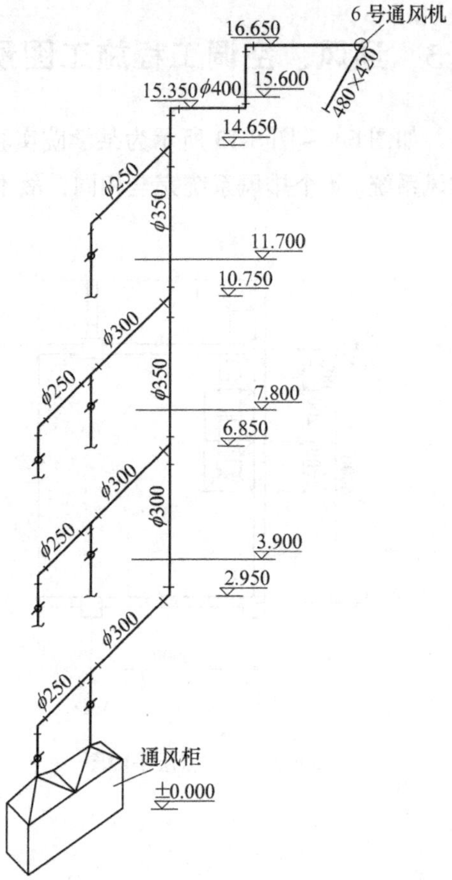

图 6-13　系统图

1. 设计说明

1）排风管采用厚度为 4mm 硬聚氯乙烯塑料板制成，在每个排风柜与风管连接处，安装 ϕ250 塑料蝶阀一个，在通风机进口处安装 ϕ600 塑料瓣式启动阀一个。

2）通风机采用 4—72 型离心式塑料通风机。

3）安装排风管支干管，要求平正垂直，绝不漏风。风管安装需与土建密切配合，做好楼板及墙上预留洞口。

4）管道吊支架设置：竖向管道，每层设置一个支架，支架的材料采用扁钢和角钢，固定在砖墙上，水平管道采用吊架，吊架采用圆钢和扁钢，1 ~ 3 层各设置 2 个，4 层设置 4 个，机房处设置 2 个，吊架固定在楼板。支架的大小和做法要根据施工现场管道的具体情况和质量确定。吊支架安装后刷防锈漆一道，银粉漆二道。

2. 工程量计算

工程量计算见表 6-2。

3. 工程造价计算

施工图预算书的组成：预算书封面见表 6-3，预算书编制说明见表 6-4，工程取费表见表 6-5，主材价格表见表 6-6，工程预算表见表 6-7。

表 6-2　工程量计算表

工程名称：某学院实验楼通风工程

序号	项目名称	单位	数量	计 算 公 式
1	排风柜安装（1200mm×750mm×2520mm）	台	28.00	7×4（4个系统）=28
2	塑料圆形风管制作安装（ϕ250×4）	m^2	21.29	［（1.2×3）（1~3层）+（0.6+0.48）（4层）+（0.3×7）剖面图］×0.25×3.14×4（4个系统）=21.29
3	塑料圆形风管制作安装（ϕ300×4）	m^2	26.90	［（0.6+0.48）×3（1~3层）+（6.85−2.95）（系统图）］×0.30×3.14×4（4个系统）=26.90
4	塑料圆形风管制作安装（ϕ350×4）	m^2	34.29	（14.65−6.85）（系统图）×0.35×3.14×4（4个系统）=34.29
5	塑料圆形风管制作安装（ϕ400×4）	m^2	28.13	［（15.35−14.65）+（16.65−15.35）（系统图）+1.8（4层）+1.8（屋顶）］×0.40×3.14×4（4个系统）=28.13
6	塑料圆形风管制作安装［ϕ（400~600）×4］	m^2	1.88	0.3（屋顶）×0.50×3.14×4（4个系统）=1.88
7	塑料矩形风管制作安装（480mm×420mm×4）	m^2	8.64	1.2（屋顶）×（0.48+0.42）×2×4（4个系统）=8.64
8	帆布连接管	m^2	2.95	［（0.2×0.6×3.14）（圆形）+0.2×（0.48+0.42）×2（矩形）］×4（4个系统）=2.95
9	塑料圆形瓣式启动阀（ϕ600）	个	4.00	1×4（4个系统）=4
10	塑料圆形蝶阀（ϕ250）	kg	65.80	（2×3+1）（1~4层）×4（4个系统）×2.35=56.4
11	离心式塑料通风机安装（6号）	台	4.00	1×4（4个系统）=4台
12	粗尼龙网安装	m^2	0.80	0.48×0.42×4（4个系统）=0.80
13	吊托支架制作安装	kg	160.00	（2×3+4+2+4）×4（4个系统）=64 64×2.5=160
14	吊托支架人工除轻锈	kg	160.00	同上
15	吊托支架刷防锈漆一遍	kg	160.00	同上
16	吊托支架刷银粉漆两遍	kg	160.00	同上

表 6-3　预算书封面

安装工程预算书

工程名称：某学院实验楼

专业名称：通风工程

结构类型：框架结构

建筑面积：

工程造价：104813.10元

单方造价：

施工单位：　　　　　　建设单位：

编制人：　　　　　　　审核人：

资格证号：　　　　　　资格证号：

年　月　日

表 6-4 预算书编制说明

编 制 说 明

一、编制依据

1. ××设计院设计的××学院实验楼通风工程施工图以及有关设计说明。

2. 该工程地点在××市××区。

3. 《河南省安装工程单位综合基价》第九册及第十一册。

4. 《河南省安装工程计价办法》及相关规定。

5. 主要材料价格以工程所在地预算编制时市场价格综合取定。

二、主要材料来源

主要材料均由施工企业自行采购。

三、其他

施工时发生设计变更或其他问题涉及造价调整，双方根据施工协议书的约定进行调整。

表 6-5 工程取费表

工程名称：某学院实验楼通风工程　　　　工程类别：三类

序号	费用名称	取费基数	费率（%）	金额/元
1	综合计价合计	Σ（分项工程量×分项子目综合基价）		56024.48
2	计价中人工费合计	Σ（分项工程量×分项子目综合基价中人工费）		20608.50
3	未计价材料费用	主材费合计		30491.28
4	施工措施费	[5] + [6]		
5	施工技术措施费	其费用包含在 [1] 中		
6	施工组织措施费	该工程不计算		
7	安全文明施工增加费	(人工费合计) ×7%	7.00	1442.60
8	差价	[9] + [10] + [11]		
9	人工费差价	不调整		
10	材料差价	不调整		
11	机械差价	不调整		
12	专项费用	[13] + [14]		7006.90
13	社会保险费	[2] ×33%	33.00	6800.81
14	工程定额测定费	[2] ×1%	1.00	206.09
15	工程成本	[1] + [3] + [4] + [8] + [12]		93522.66
16	利润	[2] ×38%	38.00	7831.23
17	其他项目费	其他项目费	0	
18	税金	([15] + [16] + [17]) ×3.413%	3.413	3459.21
19	工程造价	[15] + [16] + [17] + [18]		104813.10
	含税工程造价：壹拾万肆仟捌佰壹拾叁元壹角			小写：104813.10

表6-6　主材价格表

项目文件：某学院实验楼通风工程

序号	名称及规格	单位	数量	市场价	合计/元
1	硬聚氯乙烯板δ4	m^2	184.83	8.90	1645.03
2	硬聚氯乙烯板δ4	m^2	55.90	8.90	497.51
3	离心式通风机	台	4.00	500.00	2000.00
4	排风柜1200mm×750mm×2520mm	台	28.00	920.00	25760.00
5	酚醛防锈漆	kg	1.47	11.40	16.78
6	酚醛清漆	kg	0.77	9.24	7.10
7	圆形瓣式启动阀	个	4.00	130.00	520.00
8	粗尼龙网	$10m^2$	0.80	56.00	44.81
	合计				30491.28

表6-7　工程预算表

工程名称：某实验室通风空调工程

序号	定额编号	工程项目名称	工程量		定额直接费/元		其中人工费/元		未计价材料				
			单位	工程量	基价	合价	基价	合价	材料名称	单位	数量	单价/元	合价/元
1	9-41	帆布软管接口	m^2	2.950	179.81	530.45	43.26	127.62					
2	9-68	圆形瓣式启动阀直径(φ600mm)	个	4.000	48.49	193.96	21.42	85.68	圆形瓣式启动阀	个	4.00	130.00	520.00
3	9-217	离心式通风机安装（6号）	台	4.000	162.6	650.40	70.98	283.92	离心式通风机	台	4.00	500.00	2000.00
4	9-238	排风柜安装落地式质量（1.0t以内）	台	28.000	572.66	16034.48	285.60	7996.80	排风柜1200mm×750mm×2520mm	台	28.00	920.00	25760.00
5	9-270	吊托支架	100kg	1.600	1055.39	1688.62	165.90	265.44					
6	9-292	塑料圆形风管直径×壁厚（mm）(φ250×4)	$10m^2$	2.129	1462.56	3113.78	484.05	1030.54	硬聚氯乙烯板δ4	m^2	24.70	8.90	219.80
7	9-292	塑料圆形风管直径×壁厚（mm）(φ300×4)	$10m^2$	2.690	1462.56	3934.29	484.05	1302.09	硬聚氯乙烯板δ4	m^2	31.20	8.90	277.72
8	9-292	塑料圆形风管直径×壁厚（mm）(φ350×4)	$10m^2$	3.429	1462.56	5015.12	484.05	1659.81	硬聚氯乙烯板δ4	m^2	39.78	8.90	354.01

（续）

序号	定额编号	工程项目名称	工程量		定额直接费/元		其中人工费/元		未计价材料				
			单位	工程量	基价	合价	基价	合价	材料名称	单位	数量	单价/元	合价/元
9	9-292	塑料圆形风管直径×壁厚（mm）（ϕ400×4）	$10m^2$	2.813	1462.56	4114.18	484.05	1361.63	硬聚氯乙烯板δ4	m^2	32.63	8.90	290.41
10	9-292	塑料圆形风管直径×壁厚（mm）（ϕ600×4）	$10m^2$	0.188	1462.56	274.97	484.05	91.00	硬聚氯乙烯板δ4	m^2	2.18	8.90	19.41
11	9-296	塑料矩形风管周长×壁厚（mm）[（400~600）×4]	$10m^2$	8.640	1654.16	14291.94	555.66	4800.90	硬聚氯乙烯板δ4	m^2	100.22	8.90	891.99
									粗尼龙网	$10m^2$	0.80	56.00	44.81
12	9-296	塑料矩形风管周长×壁厚（mm）480×420×4	$10m^2$	0.864	1654.16	1429.20	555.66	480.09	硬聚氯乙烯板δ4	m^2	10.02	8.90	89.20
13	9-311	蝶阀T354—1圆形	100kg	0.658	4400.71	2895.67	1127.70	742.03					
14	11-7	手工除锈吊托支架除轻锈	100kg	1.600	22.25	35.59	7.14	11.42					
15	11-119	吊托支架防锈漆第一遍	100kg	1.600	17.02	27.24	4.83	7.73	酚醛防锈漆	kg	1.47	11.40	16.78
16	11-122	吊托支架银粉漆第一遍	100kg	1.600	19.49	31.18	4.62	7.39	酚醛清漆	kg	0.40	9.24	3.70
17	11-123	吊托支架银粉漆第二遍	100kg	1.600	18.8	30.08	4.62	7.39	酚醛清漆	kg	0.37	9.24	3.40
18		系统调整费（第9册）	元	1.000	1408.32	1408.32	281.95	281.95					
19		脚手架搭拆费（第9册）	元	1.000	325.01	325.01	65.07	65.07					
		合计	元			56024.48		20608.50					30491.28

小　　结

通风系统的作用是洁净空气并保护环境，空调系统则是满足室内空气“四度”要求的高级通风形式。通风工程一般由送风系统和排风系统两部分组成。送风系统包括新风口、空气处理室、通风机、送风管、回风管、送（出）风口、吸（回、排）风口、管道配件、管道部件等。排风系统包括排风口、排风管、排风机、风帽、除尘器及其他管件和部件等。空调系统一般按工艺要求可分为集中空调、局部空调、混合式空调三种形式。空调系统的组成内容包括百叶窗、保温阀、空气过滤器、一次加热器、调节阀门、淋水室（喷淋室）、二次加热器。

通风、空调工程施工图预算的编制应分别按管道的制作与安装、管道部件的制作与安装、通风空调设备的安装、空调部件及设备支架的制作与安装、风帽的制作与安装、罩类的制作与安装等分类计算工程量及定额套用。计算管道工程量时，按照管道的材质及作用分别列项，按图示不同规格以展开面积计算。各项工程量计算应在认真细致识图、读图的基础上，依据工程量计算规则和定额内容进行，并熟悉施工图和定额中各章节的要求及说明，准确计算工程量，正确套用定额。

工程预算是一门实践性很强的学科，通过大量的识图、读图训练，熟悉图样和施工工艺，结合大型作业的训练，达到掌握工程预算编制的目的。

思 考 题

6-1　通风系统如何分类？

6-2　空调系统如何分类？

6-3　简要说明空调系统的组成。

6-4　机械通风系统由哪几个部分组成？

6-5　装配式空调机安装工程量如何计算？

6-6　圆形风管和矩形风管工程量计算公式是什么？

6-7　渐缩管工程量如何计算？

6-8　风管检查孔制作安装工程量如何计算？

6-9　风管部件指哪些？其制作工程量如何计算？

6-10　通风空调预算定额适用哪些范围？

6-11　风管的刷油和绝热执行什么定额？

6-12　通风空调预算定额如何划分制作与安装？

6-13　简述薄钢板通风管道工程量的计算规则。

第 7 章　变配电工程施工图预算的编制

学习目标

了解变配电工程的组成及其相关内容；熟悉变配电工程的工程量计算方法及其定额套用。

关键词

变配电工程　变压器

7.1　变配电工程内容

变配电工程是变电、配电工程的总称，变电是采用变压器将 10kV 电压降为 0.4kV。配电是采用开关、保护电器和线路，安全可靠地把电能源进行分配。

本章所称的变配电工程主要指变配电所工程。变配电所工程一般包括高压配电室、变压器室、低压配电室等。高压配电室的作用是接受电能；变压器室的作用是把高压电转换成低压电；低压配电室的作用是分配电能。

变配电工程的主要设备包括：变压器、各种高压电器和低压电器。高压电器包括高压开关柜、高压断路器、高压隔离开关、高压负荷开关、高压熔断器、高压避雷器等；低压电器包括低压配电屏、继电器屏、直流屏、控制屏、硅整流柜等，此外还包括电缆、接地母线、盘上高低压母线等。如图 7-1 所示为变配电装置示意图。

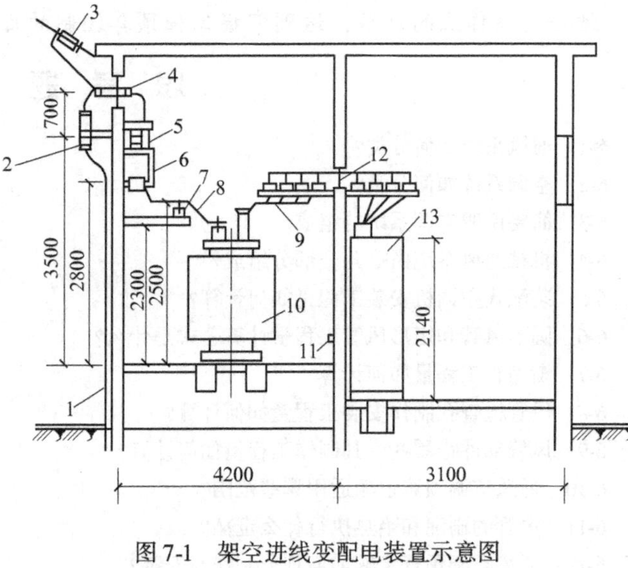

图 7-1　架空进线变配电装置示意图

1—避雷器接地引下线套　2—避雷器　3—高压架空引入线拉紧装置　4—高压穿通板及穿墙套管　5—负荷开关或断路器或隔离开关　6—高压熔断器　7—高压支柱绝缘子及钢支架　8—高压母线　9—低压母线及电车绝缘子和钢支架　10—电力变压器　11—室内接地母线　12—低压穿通板　13—低压配电柜（屏）

变配电工程设计图样，主要有变配电站的平面布置图和剖面图、供配电系统图以及非标准设备（盘、箱、柜、台等）的详图等。另外，为了保证供配电系统一次设备安全可靠地运行，需要有许多辅助电气设备对其工作状态进行监视、测量、控制和保护，如测量仪表、控制电器、编号器具、继电保护装置、自动装置等。这些辅助电气设备习惯称为二次设备，用来表示二次设备上联系点及其作用原理的简图，称为二次回路电路图。

7.1.1　变压器安装

变压器是一种静止设备。它的作用是在交流输配电系统中分配电能、变换电压。

变压器安装工程内容包括器身检查、干燥、本体及附件安装、注油、整体密封检查以及投入试运行等。

变压器要进行器身检查，器身检查一般是4000kVA以下用吊芯方法，4000kVA以上用吊钟罩方法。对于容量在1000kVA以下的变压器，在运输过程中无异常情况，可不进行器身检查。

变压器是否需要干燥后投入运行，实质上是判断变压器潮湿程度问题，较严重的潮湿将影响到变压器的安全运行。10kV以下变压器干燥工作，是变压器安装工程中由于产品出厂到投入运行间隔较长时间或其他原因造成受潮程度超过规范规定而需进行干燥的工作。

本体及附件安装包括变压器本体及油箱、气体继电器、切换装置以及散热器等附件的安装。

通常变压器通过滤油机注油。不同型号的变压器油不能混合使用，混合使用会导致凝固点升高，需降级使用。采用真空注油，可以有效地驱除器身及油中气泡，提高绝缘水平。

通常容量在2000kVA以上的油浸式变压器，散热器内的变压器油多数分别装箱运输，从而现场组装后，需将变压器油进行过滤，达到规范规定要求后再注入变压器内。但较小容量（1000kVA以下）的变压器，通常为整体运输、安装，油过滤工作只有在绝缘性能达不到技术规范要求时进行。

为了避免雨水渗入变压器造成变压器绝缘破坏，变压器安装后必须进行整体密封检查，规定油浸变压器油箱能承受0.5个大气压力。

变压器在带一定负荷试运行24h后，即可认为试运行过程结束，可以移交生产运行。

7.1.2　配电装置安装

1. 断路器安装

断路器是高压开关设备，具有良好的灭弧性能，可以在带负荷下接通和断开高压电路，其作用一般为控制和保护变电站电力设备和电力线路。通常情况下，断路器最常用的为油断路器和真空断路器。油断路器按油量又分为多油型和少油型两大类。

2. 隔离开关、负荷开关安装

隔离开关主要用来隔离高压电源，以保证其他电气设备的安全检修，但不能带负荷操作。

负荷开关用来切断一般负荷电流、变压器空载电流，它虽可以带负荷操作，但不能切断很大的短路电流，只能和高压熔断器联合使用，作保护开关之用。

3. 互感器安装

互感器是一种特种变压器，专供测量仪表和继电保护使用，按用途不同分为电压互感器和电流互感器。电压互感器是在交流电路中作电压、电能测试及供继电保护信号和其他控制设备电源之用的变压设备。电流互感器是一种在交流电路中作测量电流、电能及继电保护的变换电流的电气设备。

4. 熔断器安装

高压熔断器由绝缘、接触导电系统及熔管等组成，主要用来保护电力线路和电力设备。高压熔断器一般用在35kV以下的变配电系统中，用于交流变配电线路和电力变压器、电压互感器的过载、短路保护。

5. 避雷器安装

避雷器是一种保护电器，用作保护变配电设备和线路的绝缘，免受大气过电压的损害，使系统安全运行。使用安装阀式避雷器时，将它接于导线与大地之间（即一端接地），借助火花间隙和阀片的作用，限制被保护设备上的大气过电压值，并迅速切断工频续流，从而对设备起到保护作用。

6. 电力电容器安装

电力电容器多采用移相电容器，也称为并联电容器，主要是提高工频交流电力系统的功率周数。

7. 并联补偿电容器组架安装

并联补偿电容器主要应用于提高工频电力系统的功率因数，补偿电力系统感性负载的无功功率，改善电压质量，降低线路损耗。

8. 成套高压配电柜安装

高压开关柜是一种框式成套配电设备，是接受、分配电力和大型高压交流电动机启动、保护的主要设备。高压配电柜的种类及其型号较多，如装有断路器的受电柜、溃电柜、电压互感器柜、没有断路器的普通开关柜、高压电机启动柜等。

目前国内的成套高压配电柜的安装，一般采用基础型钢作底座，接地干线焊接在基础型钢上，盘柜用螺栓或焊接固定在基础型钢上并借以接地，手车式，成套高压配电柜的基础型钢高度应与抹平地面相平。

9. 组合式成套箱式变电站安装

组合式成套箱式变电站又称为箱式变电所，它由生产厂家成套供应，现场组合安装即成。这种成套变电所不必建造变压器室和高低压配电室，从而减少了土建投资，而且便于深入负荷中心，简化供配电系统。它全部采用无油或少油电器，因此运行更加安全，维护工作量小。这种组合式变电所已在高层建筑中广泛应用。

7.1.3 母线、绝缘子安装

母线、绝缘子是变配电设备之间连接线和支持母线的绝缘瓷器。母线有硬母线和软母线两类。软母线用于高于35kV的高压侧，10kV变配电站内一般均用硬母线。硬母线的材质分为铜、铝两种，按形状来分有带形、槽形及管形等，但常用的是带形母线，即矩形母线。

母线以刚度分为硬母线（汇流排）和软母线；以材质分为铜母线、铝母线和钢母线；按断面形式分为带形、槽形、管形和组合形；按安装方式分为带形母线（有1、2、3、4片四种）和组合母线（有2、3、10、14、18、26根六种）。

母线安装分变配电装置高压母线和车间配电低压母线，应注意区别。母线安装不包括支持绝缘子安装和带形母线伸缩接头及铜过渡板制作安装。目前，插接式母线槽的种类越来越多，其中MC—1型插接式母线槽在工厂、企业、车间以及电压500V以下、额定电流

1000A以下、用电设备较密集的场所作为配电使用。CM—2A型、BMI型不可用于高层建筑配电。

在母线安装时，为防止热胀冷缩的应力，需加装伸缩接头。伸缩接头的制作分为铜和铝两种。

绝缘子的作用是绝缘和固定母线、滑触线和导线。支柱绝缘子按电压等级划分为高压、低压；按结构形式分为户外、户内两种；按固定方式有一孔、两孔和四孔等。绝缘子一般安装在高、低压开关柜上、母线桥上、支架上或墙上。

高压穿墙套管用于工频交流电压等级为35kV电厂、变电站的配电装置或高压成套封闭柜中，作为导电部分穿过接地隔板、墙壁及封闭式配电装置的绝缘、支持和与外部母线的连接。高压穿墙套管按安装地点可分为户内型和户外型两类，均由瓷套、安装法兰及导电部分装配而成。

7.2　变配电工程工程量计算及定额应用

变配电工程工程量计算及定额套用，均执行《全国统一安装工程预算定额》第二册《电气设备安装工程》中的规定。

10kV以下变配电装置，有架空进线和电缆进线两种进线方式。由于进线方式、设备的不同，工程列项也有所不同，但工程量计算顺序及要点基本相同。

变配电工程量计算要点为：变配电工程量需根据变配电站的施工图进行计算。变配电工程量计算应从进线开始先高压后低压的顺序进行，其顺序为进线开关、高压配电装置、变压器、低压配电装置以及高低压母线和附属设备等。在计算某一单项设备的安装时，要注意其相关联项目的工程量计算。变配电站的进线和配出线，一般列入外网工程和动力工程中。

变配电工程量计算以设备安装工程量为主要内容，一般按变配电施工图的设备材料明细表中所列项目的数量计算。在变配电工程设计中，许多辅助项目多引用标准图集中的有关项目，不另出图，那么则需预算人员自行准备，以便随时查阅。

7.2.1　变电设备

1. 变压器安装

定额按油浸式变压器和干式变压器，并按变压器额定容量等级划分子目。油浸式电力变压器安装的工作内容包括开箱检查、本体就位、器身检查、套管、油枕及散热器清洗、油柱试验、风扇油泵电机解体检查接线、附件安装、垫铁止轮器制作安装、补充注油及安装后整体密封试验、接地、补漆、配合电气试验。定额的计量单位为“组（台）”。

变压器安装可根据系统图，按型号、规格的不同分别统计变压器台数，套用相应定额子目。

油浸式变压器安装套用的定额也适用于自耦式变压器、带负荷调压变压器的安装。电炉变压器按同容量电力变压器定额乘以系数2.0，整流变压器执行同容量电力变压器定额乘以系数1.6。干式变压器安装若带有保护外罩时，人工、机械需乘以系数1.2。

变压器安装的定额中不包括下列内容：

1）变压器铁梯及母线铁构件的制作安装，另执行铁构件制作、安装定额。

2）瓦斯继电器的检查及试验已计入变压器系统调整试验定额内。

3）变压器干燥棚的搭拆工作，若发生时可按实计算。

4）端子箱、控制箱的制作、安装，另执行相应定额。

5）二次喷漆发生时按相应定额执行。

2. 变压器干燥

变压器的干燥定额与变压器的安装定额相对应，按电压等级来套，定额计量单位为“台”。定额的工作内容包括准备、干燥及维护、检查、记录整理、清扫、收尾及注油。

变压器干燥是按涡流干燥法考虑的，2000kVA 以下的不采用抽真空方法，2000kVA 以上的采用抽真空方法。不论实际干燥时间长短，其人工工日及耗电量均不作调整。凡充氮运输的变压器，不考虑干燥。需要搭拆干燥棚时按实计算。

整流变压器、消弧线圈、并联电抗器的干燥，执行同容量变压器干燥定额，电炉变压器执行同容量变压器干燥定额乘以系数 2.0。

3. 变压器油过滤

变压器油过滤预算定额的工作内容包括：过滤前的准备及过滤后的清理、油过滤、取油样、配合试验。其定额计量单位为“t”，即根据制作厂家提供的油量按下式计算：

$$油过滤数量=设备油重\times(1+损耗率)$$

其中，损耗率为 1.8%。

变压器油过滤不考虑过滤次数，直到过滤合格为止。变压器油按设备带来考虑，但在施工中变压器油的过滤损耗及操作损耗已包括在定额中。变压器安装过程中放注油、油过滤所使用的油罐，已摊入油过滤定额中，不再另行计算。

7.2.2 配电装置

1. 断路器安装

断路器安装定额，根据断路器的种类与电流的大小分项，分列有油断路器、真空断路器、SF6 断路器、大型空气断路器等项目。定额的工作内容包括开箱、解体检查、组合、安装及调整、传动装置安装调整、动作检查、消弧室干燥、注油、接地等。其工程量可根据系统图来统计，按额定电流的大小，分别以“台”为单位计量，套用相应定额子目。

对于油断路器及其充油设备的绝缘油的过滤，可按制造厂家规定的充油量计算，其工程量计算和定额套用与变压器油过滤相同。

断路器安装仅指单独安装的情况，而在高压开关柜内已安装成套的断路器，不能重复计算。

2. 隔离开关、负荷开关安装

隔离开关、负荷开关安装的预算定额分为户外与户内两类，又根据开关的额定电流分项。定额的工作内容包括开箱检查、安装固定、调整、拉杆配制和安装、操作机构连锁装置和信号装置接头检查、安装、接地。定额的计量单位为“组”。其工程量应根据系统图或平面图统计，通常其数量与变压器数量相同，且以“组”为单位计量，每组按三相计算。

定额已包括操作机构的安装，不再另套相应定额。操作机构连锁装置和信号装置接头检查也包括在定额里，但定额不包括该项设备费，应另行计算。二段式传动的隔离开关安装，除按定额套用相应定额以外，还应再套二段式传动另加定额子目；带一接地开关时，还应再套带一接地开关另加定额子目。定额是按开关单独安装编制的，在高压开关柜内已装配成套的隔离开关、负荷开关，不再重复计算。

3. 互感器安装

电压互感器安装不区分三相或单相、油浸式或浇注式、安装于室内或室外、基础上或支架上，均套用同一定额子目；电流互感器以一次测量额定电流大小划分定额项目，不区分电流互感器的具体型号、规格及其安装形式。定额的工作内容包括开箱检查、打眼、安装固定、接地。定额计量单位均为“台”。

互感器的安装根据系统图统计数量，其支架制作安装应根据平面图、剖面图计量，并套用相应定额即铁构件制作安装定额。

互感器安装定额按单相考虑，不包括抽芯及绝缘油过滤，特殊情况另作处理。在多油断路器内或高压开关柜内已装配成套的互感器不能重复计算。

4. 熔断器安装

额定电压在10kV以上的高压熔断器不论装于室内或室外，柱上、墙上或构架上，均套用同一定额子目。定额的工作内容包括开箱检查、打眼、安装固定、接地。定额计量单位为“组”。定额按每三相为一组计算，不论熔断器已按三只组装成套或每相一只分体安装，均按三相线路装三只为一组计算。

熔断器与负荷开关或隔离开关已按成品组装成套的，在套用隔离开关安装定额后，不能再计算熔断器安装工程量。

5. 避雷器安装

避雷器安装的预算定额按电压1kV以下、10kV以下等级分别立项，不区分室内外、支架上、墙上或基础上等安装方式。定额的工作内容包括开箱检查、打眼、安装固定、接地。定额计量单位为“组”，每三相为一组计算，即每相线路上装一只避雷器，三相线路装三只为一组。阀式避雷器在杆上、墙上安装，定额已包括与相线连接的裸铜线材料，不另计算。定额不包括放电记录和固定支架制作。它们可套用电气调整的避雷器调试定额和铁构件制作安装定额。

6. 电力电容器安装

移相式及串联式电容器、集合式并联电容器均按单个质量划分子目。定额的工作内容包括开箱检查、打眼、安装固定、接地。定额计量单位为“个”。电容器安装仅指其本体安装，连接导线按导线连接形式的不同另套定额子目。

并联补偿电容器组架安装按不同排列形式和层数分别列项。定额的工作内容包括开箱检查、打眼、安装固定、接线、接地。定额计量单位为“台”，工程量按图示计算，套用相应定额子目。

7. 高压成套配电柜安装

成套高压配电柜安装定额分为单母线柜和双母线柜安装，又分别按柜中主要元件分为断路器柜、互感器柜或电容器柜其他柜等项目。定额的工作内容包括开箱检查、安装固定、放注油、导电接触面的检查调整、附件的拆装、接地。定额计量单位为“台”。定额中不包括基础槽钢的安装埋设、母线配制及设备的干燥。高压成套配电柜安装定额为综合考虑编制，均不作换算。

8. 组合式成套箱式变电站安装

组合式成套箱式变电站安装定额按箱式变电站是否带有高压开关柜以及变压器容量划分子目。定额的工作内容包括开箱、检查、安装固定、接线、接地。定额计量单位为“台”。

9. 配电装置安装注意问题

1）配电装置安装不包括以下工作内容，需另执行相应定额：端子箱安装、设备支架制作及安装、绝缘油过滤、基础槽（角）钢安装。

2）设备安装所需的地脚螺栓按土建预埋考虑，也不包括二次灌浆。

3）配电设备安装的支架、抱箍及延长轴、轴套、间隔板等，按施工图设计的需要量计算，执行第二册定额第四章铁构件制作安装定额或成品价。

4）高压成套配电柜和箱式变电站的安装，均未包括基础槽钢、母线及引下线的配置安装。

5）配电设备的端子板外部接线，应按定额第二册第四章相应定额子目另行计算。

6）低压无功补偿电容器屏（柜）安装列入定额第二册第四章。

7.2.3 母线、绝缘子安装

1. 绝缘子安装

10kV 以下绝缘子安装定额按绝缘子的特征和安装条件列有悬式绝缘子串、户内式支持绝缘子和户外式支持绝缘子三大项目，其中户内式支持绝缘子和户外式支持绝缘子又按绝缘子的安装孔数立项，有 1 孔、2 孔及 4 孔等子目。定额的工作内容包括开箱检查、清扫、绝缘摇测、组合安装、固定、接地、刷漆。定额计量单位为“10 串（10 个）”。工程量按平面图、剖面图统计计算，且绝缘子、金具、线夹为未计价材料，另行计价。

悬式绝缘子串安装，悬垂绝缘子串安装，纸垂直或 V 形安装的提挂导线、跳线、引下线，设备连接线或设备等所用的绝缘子串安装，它依据电压等级的高低和使用要求可以由一片到几片直至几十片组装成串。计量单位为“10 串”，耐张绝缘子串的安装已包括在软母线的安装定额内。

2. 穿墙套管安装

定额中不分穿墙套管的型号、电流大小、水平安装、垂直安装、安装在墙上或其他设备的箱壳上，10kV 以下均套用同一定额子目。定额的工作内容包括开箱检查、清扫、安装固定、接地、刷漆。定额计量单位为“个”。穿墙套管为未计价材料，另行计价。

1kV 以下母线过墙时要安装过墙隔板，过墙隔板一般是由耐火棉板或塑料板做成，分上下两部分，石棉板（塑料板）开槽，母线由此通过。

穿通板制作安装定额根据材质不同划分子目，以“台”为单位计量。穿通板为未计价材料。

3. 母线安装

母线安装定额按母线种类划分软母线、组合软母线、带形母线、槽形母线、共箱母线、低压封闭式插接母线槽、重型母线以及各种母线的引下线、跳线与设备连接线、母线伸缩接头（补偿器）等项目。一般 10kV 电压等级变配电工程中通常采用带形硬母线、低压封闭式插接母线槽。

（1）带形母线安装　带形母线安装的预算定额根据每相片数及每片的截面积立项。通常母线截面不大于 1200mm² 时采用一片，如需要更大截面时则采用多片。定额的工作内容包括平直、煨弯、母线安装、接头、刷分相漆。定额的计量单位为“10m/单相”。母线为未计价材料，另行计价，其计算公式如下：

$$L_{母} = \sum（按母线设计单片延长米 + 母线预留长度）\times（1 + 2.3\%）$$

其中，2.3% 为硬母线材料损耗量。硬母线配置安装预留长度见表 7-1。

表 7-1 硬母线配置安装预留长度

序号	项 目	预留长度/m	说 明
1	带形、槽形母线终端	0.3	从最后一个支点算起
2	带形、槽形母线与分支线连接	0.5	分支线预留
3	带形母线与设备相连	0.5	从设备端子接口算起
4	多片重型母线与设备连接	1.0	从设备端子接口算起
5	槽形与设备相连	0.5	从设备端子接口算起

对于高压母线来说，除计算其安装外，还要计算支架制作安装，其数量一般与变压器台数相同，而低压母线则要分别计算相母线和中性线安装。母线支架制作安装和穿墙板制作安装，其数量和变压器台数相同。固定母线的金具包括在母线的定额内，但属未计价材料，应按设计的用量加 1% 的损耗量计算。

带形钢母线安装执行同规格的铜母线安装定额，不得换算。

(2) 带形母线引下线安装　带形母线安装与带形母线引下线安装的区别在于：某段母线，若其一端与馈线连接，另一端与设备（如变压器、隔离开关等）相连接，则该母线称母线引下线。

定额按母线材质分类，按每相片数及每片母线截面积大小划分子目。定额的工作内容包括平直、下料、煨弯、钻眼、安装固定、刷相色漆。定额计量单位为“10m/单相”。工程量均按图示单相“延长米”计算。母线、金具为未计价材料，另行计价。

(3) 带形母线伸缩接头安装　带形母线伸缩接头的定额按不同材质（铜、铝）和每相片数分列子目。定额的工作内容包括钻眼、锉面、挂锡、安装。伸缩接头的定额计量单位为“个”，铜过渡板的定额计量单位为“块”。伸缩接头、铜过渡板均按成品考虑，定额只考虑其安装，所用伸缩接头、铜过渡板为未计价材料，另行计价。

(4) 低压封闭式插接母线槽安装　低压封闭式插接母线槽安装定额按母线每相导体额定电流的大小划分子目，封闭母线槽进出分线箱安装定额按分线箱额定电流大小划分子目。定额的工作内容包括开箱检查、接头清洗处理、绝缘测试、吊装就位、线槽连接、固定、接地。

母线槽安装以“10m”为定额计量单位，工程量按施工图设计母线的轴线长度计算。低压封闭式插接母线槽均按制造厂供应的成品考虑，定额只包含现场安装。母线槽为未计价材料，另行计价。母线槽每节之间的接地连线设计规格不同时允许换算。封闭式插接母线槽在竖井内安装时，人工和机械乘以系数 2.0。

封闭母线槽进出分线箱安装，按施工图设计数量以“台”为定额计量单位。分线箱本体为未计价材料，另行计价。

7.2.4 蓄电池、整流装置安装

蓄电池是产生直流电流的一种装置，是一种储存电能的设备。在大型变配电设施中，常用蓄电池作为直流操作电源，装于专设的蓄电池室内。

定额根据蓄电池的类型不同分为碱性蓄电池安装、固定密闭或铅酸蓄电池安装、免维护铅酸蓄电池安装等定额子目，根据蓄电池容量不同以“个”和“组件”为单位计量。定额不包括蓄电池的充放电，需另套定额，根据蓄电池组的电压、容量不同，不论酸性、碱性蓄电池以“组”为单位计量。

蓄电池防震支架按设备供货考虑，安装按地坪打眼装膨胀螺栓固定，区分单层支架单、双排、双层支架单、双排，以“10m”为单位计量。定额不包括蓄电池抽头连接用电缆及电缆保护管的安装，发生时应执行本册相应项目。碱性蓄电池补充电解液由厂家随设备供货，不另行计算。铅酸蓄电池的电解液已包括在定额内，也不计算。

10kV 变配电站一般不采用蓄电池，而是使用半导体整流装置。所谓整流装置是将交流电转换成直流电的一种装置，主要有硅整流柜、可控硅整流柜以及硒整流柜等。目前安装使用的多是硅整流装置。

硅整流柜安装根据定额电流不同划分子目，可控硅整流柜安装根据功率不同划分子目。定额工作内容包括开箱、检查、安装、一次接线、接地。定额计量单位为“台”。可控硅变频调速柜套用相应可控硅整流柜定额子目，其人工乘以系数 1.2。

7.3 电气调整试验工程量计算及定额应用

7.3.1 电气调整概述

变配电系统的设备在安装前，应按规定进行单项设备的试验，不合格者不准安装。

电气调试工作内容有安装前电气元件的检查、试验及调整，安装后电气回路或系统的检查、试验、调整以及熟悉资料、核对设备、填写试验记录和整理、编写调试报告等辅助工作。

电气调试系统的划分以电气原理系统图为依据，分为系统调试、设备单体调试、设备单体元件和单个仪表调试、各工序调试。电器设备元件的单体试验均包括在相应定额的系统调试之内，不得重复计算。对变压器的系统调试包括该系统的变压器、互感器、开关、仪表和继电器等一、二次设备的本体调试和回路试验。绝缘子和电缆等单体试验，只在单独试验时使用。而工序调试包括在系统调试中，在系统调试定额中各工序的调试费用如需单独计算时，可按表 7-2 所列比例计算。

电气调整包括的主要费用有电气调整所需消耗的电力消耗、试验用的消耗材料及仪表使用费等。

调试工作内容和所需费用，根据项目划分的性质及大小的不同，所包括的内容也不尽相同，应用时需要认真分析理解调整定额项目，根据实际工程合理计量。

电气系统调试所需电力消耗已包括在定额内，不另计算。但 10kW 以上电机及发电机的启动调试用蒸汽、电力和其他动力能源消耗及变压器的空载试运转的电力消耗，均应另行

计算。

表7-2 电气调试系统各工序的调试费用

比率（%） 项目 / 工序	发电机调相机系统	变压器系统	送配电设备系统	电动机系统
一次设备本体试验	30	30	40	30
附属高压二次设备试验	20	30	20	30
一次电流及二次回路检查	20	20	20	20
继电器及仪表试验	30	20	20	20

由于电气控制技术的飞跃发展，原定额的成套电气装置（如桥式起重机电气装置等）的控制系统已发生了根本的变化，至今尚无统一的标准。所以第二册定额取消了原定额中的成套电气设备的安装与调试。起重机电气装置、空调电气装置、各种机械设备的电气装置，如堆取料机、装料车、推煤车等成套设备的电气调试应分别按相应的分项调试定额执行。

定额不包括设备的烘干处理和设备本身缺陷造成的元件更换修理和修改，亦未考虑因设备元件质量低劣对调试工作造成的影响。定额是按新的合格设备考虑的，如遇以上情况时，应另行计算。经修配改或拆迁的旧设备调试，定额乘以系数1.1。

定额只限电气设备自身系统的调整试验，未包括电气设备带动机械设备的试运转工作，发生时应按专业定额另行计算。调试定额不包括试验设备、仪器仪表的场外转移费用。

调试定额均按现行施工技术验收规范编制的，凡现行规范（指定额编制时的规范）未包括的新调试项目和调试内容均应另行计算。调试定额已包括熟悉资料、核对设备、填写试验记录、保护整定值的整定和调试报告的整理工作。

7.3.2 送配电系统调试

送配电系统是指配电用的开关、控制设备及一、二次回路。系统调试是指对上述的各个电气设备及电气回路的调试。

1. 定额内容

送配电装置系统调试预算定额适用于各种送配电设备和低压电回路。定额根据电流种类和电压等级分项。1kV以下交流供电设备系统调试定额为综合定额。10kV以下交流供电系统调试定额又分为负荷隔离开关、断路器、带电抗路三个子目。直流供电配电系统调试按500V、1650V划分子目。定额的工作内容包括自动开关或断路器、隔离开关、常规保护装置、电测量仪表、电力电缆等一、二次回路系统的调试。定额计量单位为“系统”。

2. 注意问题

1）供电系统调试包括系统内的电缆试验、瓷瓶耐压等全套调试工作。

2）供电桥回路中的断路器、母线分段断路器作为独立系统计算。当断路器为六氟化硫断路器时，定额乘以系数1.3。

3）定额是按一个系统一侧配一台断路器考虑，若两侧皆有断路器时，则按两个系统计算。如分配电箱内只有刀开关、熔断器等不含调试元件的供电回路，则不作为调试系统计算。

4）交流供电定额中1kV以下的定额适用于所有的低压供电回路，凡供电回路中带有仪表、继电器、电磁开关等调试元件的（不包括闸刀开关、保险器），均按调试系统计算，如从低压配电装置至电动机的供电回路；但从配电箱至电动机的供电回路也包括在电动机的系统调试定额之内。移动式电器和以插座连接的家电设备已经厂家调试合格、不需要用户自调的设备均不应计算调试费。

5）高标准的高层建筑、高级宾馆、大会堂、体育馆等具有较高控制技术的电气工程（包括照明工程），应按控制方式执行相应的电气调试定额。

变电所的10kV供电电缆一端连接在供电开关柜，另一端连接在变压器前的断路器，该电缆试验应包括在10kV供电系统调试内。

7.3.3 变压器系统调试

电力变压器系统指变压器本体、断路器、隔离开关、互感器、风冷及油循环装置等一、二次回路。系统调试指对上述电气设备、电气回路的调试以及空载投入电力系统的试验等。

1. 定额内容

10kV以下电力变压器系统调试的预算定额根据变压器容量大小分别立项。定额的工作内容包括变压器、断路器、互感器、隔离开关、风冷及循环冷却系统电气装置、常规保护装置等一、二次回路的调试及空投试验。定额计量单位为“系统”。

2. 注意事项

1）调试定额中不包括避雷器、特殊保护装置和接地装置的调试，这些可另套用专项调试定额。

2）系统调试以每个电压侧有一台断路器为准。多出部分，按相应电压等级的送配电系统调试的相应定额另行计算。

3）变压器每一台（包括相应的附属开关设备及二次回路）为一个系统选用定额，变压器和电气调整定额均按不带负荷调整电压装置及不带强迫油循环装置考虑，如采用带负荷调整装置的调试时，定额乘以系数1.12。

4）三卷变压器、整流变压器、电炉变压器调试，按同容量电力变压器调试定额乘以系数1.20。

5）干式变压器、油浸式电抗器调试，执行相应容量变压器调试定额乘以系数0.8。

7.3.4 发电机、调相机系统调试

定额按发电机、调相机的功率划分子目。定额的工作内容包括发电机、调相机、励磁机、隔离开关、断路器、保护装置和一、二次回路的调整试验。定额计量单位为“系统”。定额不包括特殊保护装置、信号装置、同期装置及备用励磁机的调试。

7.3.5 特殊保护装置调试

特殊保护装置未包括在各系统调试定额内，应另行计算。特殊保护装置调试定额按距离保护、高频保护、失灵保护、电机失磁保护、变流器断线保护、小电流接地保护、电机转子接地、保护检查及打印机分别列项。定额的工作内容包括保护装置本体及二次回路的调整试验。定额计量单位为“套（台）”。

特殊保护装置，均以构成一个保护回路为一套考虑。各保护装置的计算方法如下：

1）发电机转子接地保护按全厂发电机共用一套考虑计算。

2）距离保护、高频保护均按设计规定所保护的送电线路断路器台数计算。

3）故障录波器的调试以一块屏为一套系统计算。

4）失灵保护按设置该保护的断路器台数计算。

5）失磁保护按所保护的电机台数计算。

6）交流器的断线保护按交流器的台数计算。

7）小电流接地保护按装设该保护的供电回路断路器台数计算。

8）保护检查及打印机调试按构成该系统的完整回路为一套计算。

需要注意的是，故障录波器套用失灵保护定额；电机定子接地保护、负序反时限保护执行失磁保护定额子目。

7.3.6 自动投入、中央信号、不间断电源调试

自动装置及信号系统调试，均包括继电器、仪表等元件本身和二次回路的调整试验。

自动投入装置调试定额按调试类型的不同分别列项。定额的工作内容包括自动装置、继电器及控制回路的调整试验。定额计量单位为“系统（套）”。

中央信号装置、事故照明切换装置、不间断电源调试定额按调试类型的不同分别列项。定额的工作内容包括装置本体及控制回路系统的调整试验。定额计量单位为“系统（套）”。

备用电源自动投入装置、备用电动机自动投入装置，前者按连锁机构的个数确定备用电源自动投入装置系统数量。如一个备用厂用变压器，作为三段厂用工作母线备用的厂用电源，计算备用电源自动投入装置调试时，应为三个系统。如装设自动投入装置的两条备用的线路或两套变压器，计算备用电源自动投入装置调试时，应为两个系统。备用电动机自动投入装置也按此计算。

线路自动重合闸调试系统，按采用自动重合闸装置的线路自动断路器的台数计算系统数，不论电气型或机械型均适用本定额。自动调频装置调试以一台发电机为一个系统计算。同期装置调试区分自动、手动，按施工图设计构成一套能完成同期试车行为的装置为一个系统计算。

不间断电源装置调试，按不间断电源装置容量通用定额，以“套”为单位计量。中央信号装置调试，按每一个变电所或配电室为一个调试系统计算工程量。蓄电池及直流盘监视调试，按一组蓄电池为一个系统计算。事故照明切换装置调试，按设计能完成交直流切换的一套装置为一个调试系统计算。周波减负装置调试，凡有一个周率继电器，不论带几个回路均按一个调试系统计算。变压器屏以屏的个数计算。

需要注意的是，双侧电源重合闸是按同期考虑的；事故照明切换装置调试为装置本体调试，不包括供电回路调试。

7.3.7 母线、避雷器、电容器及接地装置调试

1. 母线系统调试

母线系统是指变电所内的高、低压母线装置，系统调试包括母线耐压试验，接触电阻测量，电压互感器、绝缘监视装置的调试。

定额根据电压等级分项，区分1kV以下及10kV以下，以“段”为定额计量单位。定额中的1kV以下母线系统调试定额适用于低压配电装置及控制站（电磁站）母线，不适用于动力配电箱母线，动力配电箱至电动机的母线已综合考虑在电动机调试定额内。

10kV母线系统是以一段母线上有一组电压互感器为一个系统计算的。定额中不包括特殊保护装置的调试以及35kV以上母线设备耐压试验。1kV以下母线系统调试定额不包含电压互感器。

2. 避雷器、电容器调试

避雷器调试定额只列有10kV以下子目，电容器调试按1kV及10kV以下划分子目。避雷器、电容器的调试按每三相为一组计算，单个装设的亦按一组计算，以“组”为定额计量单位。上述设备如设置在发电机、变压器输配电线路的系统或回路内，仍应按相应定额计算调试费用。

3. 接地装置调试

接地装置调试包括接地装置和接地网的调试。接地装置按每6根接地极以内为一组计量，单位为“组”。接地网以“系统”为单位计量。

接地网调试是指保护接地的接地网电阻测定。定额所称的系统是按每一个建筑物或生产区为单位考虑的，即每一个建筑物或厂区为一个系统。另外，基础内钢筋相互焊接为通路作为独立接地系统，可以计取一个系统接地网调试。

接地网接地电阻的测定，一般的发电厂或变电站连为一体的母网按一个系统计算，自成母网不与厂区电网相连的独立接地网，另按一个系统计算。大型建筑群各有自己的接地网（接地电阻值设计有要求），虽然最后也将各接地网连在一起，但应按各自接地网计算，具体应按接地网的试验情况而定。

避雷针按接地电阻的测定，每一避雷针均有单独接地网（包括独立避雷针、烟囱避雷针等）时，均按一组计算。

小　结

变配电工程在整个电气工程中起着枢纽的作用：变换电压、配送电力，为工业与民用建筑配送合适的电压。在变配电工程中主要有变压设备和配电装置，预算编制主要是针对这些设备和装置进行的。

变压设备主要是变压器，它是一种静止设备，在交流配电系统中作为分配电能、变换电压之用。变压器预算编制主要是包括变压器的安装、变压器干燥、变压器有过滤等几项工程内容，根据变压器种类以及安装位置和工艺不同来列项计算。计算过程中要注意定额不包含的内容，要另外列项计算。

配电装置主要有断路器、熔断器、互感器、隔离开关以及负荷开关等装置，这些装置主要是用来接通或切断电路，并且保护线路和设备不受破坏。预算编制是对这些装置的工程内容计算，根据这些装置种类和规格等级的不同进行列项计算。

另外还需计算变配电工程所需要的母线，配电屏、柜、板等的预算内容，这些都是构成变配电工程不可缺少的内容。为了确保工程能安全、正常的运行，变配电工程安装完毕后要进行电气调整试验，预算编制也要计算电气调整。

思 考 题

7-1 配电装置主要包括哪些内容？

7-2 变压器安装要套用哪些定额内容？

7-3 穿墙套管的主要作用是什么？

7-4 接地系统调试定额是如何套用的？

第 8 章　外部线路工程施工图预算的编制

学习目标

了解外部线路工程的主要内容及施工方法，了解室外架空线路及电缆线路敷设的方法及其组成内容。了解外部线路工程施工图预算的内容，掌握其工程量计算的方法和定额套用的方法并了解相关的注意事项。

关 键 词

架空线路　电缆线路

8.1　外部线路工程内容

电能从发电厂经过升压变电所、高压输电线路送到用电中心，然后再经过降压变电所、配电所、配电线路，合理的把电能分配到电能用户。输配电线路分架空线路和电缆线路，架空线路与电缆线路相比结构简单、造价较低，所以使用较为广泛。但是，目前随着电网建设的发展，电缆线路也被广泛的使用。

8.1.1　10kV 以下架空配电线路

架空线路是用电杆将导线悬空架设，进行电能传送的电力线路。它的作用是输送和分配电能，按功能常把架空线路分为输（送）电线路和配电线路两大类。输（送）电线路是指发电厂至各个变配电所的线路；配电线路是由各个变配电所至各个具体用户的线路。通常将 35kV 以上的叫做输（送）电线路；35kV 以下的叫做配电线路。

1. 架空配电线路的组成

架空配电线路由电杆、横担、金具、绝缘子、导线及拉线组成，如图 8-1 所示。导线是线路的主要组成部分，用以传送电能，其主要分为铜导线、铝导线和钢芯铝绞线等。电杆用以支持导线，按照电杆在线路中负担的任务，可分为直线杆、耐张杆、转角杆和跨越杆等，如图 8-2 所示。10kV 以下架空配电线路一般采用钢筋混凝土电杆（俗称水泥电杆）。横担装在电杆的上端，用来安装绝缘子、固定开关设备、避雷器等。金具在架空线路中起着支持、紧固、连接、连续、保护及拉紧导线的作用。绝缘子是用来支撑和悬挂导线，并使导线与电杆绝缘。拉线平衡电杆各方向的拉力，防止电杆倾斜，达到电杆稳定的目的。

架空线路电杆的代号表示方式为：

$$a\frac{b}{c}d$$

式中　a——电杆的编号；

b——电杆的类型，分为直线杆（Z），耐张杆（N），转角杆（J），跨越杆（K），分支杆（F），终端杆（D）；

c——电杆的杆高；

d——电杆的相位。

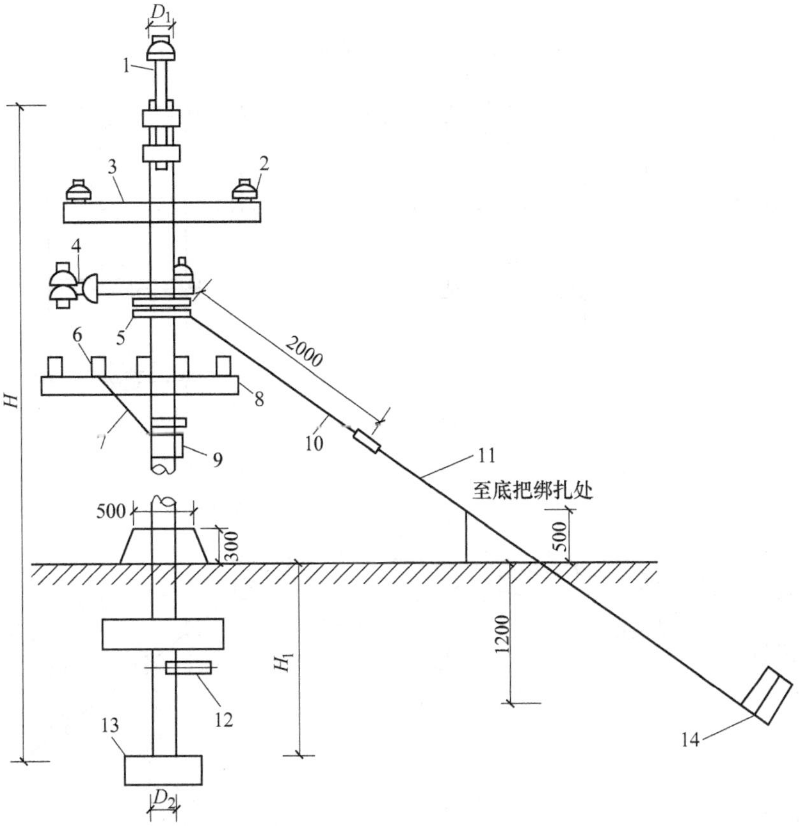

图 8-1　架空配电线路的结构

1—高压杆顶支座　2—高压针式绝缘子　3—高压二线横担　4—悬式绝缘子和高压蝶式绝缘子　5—拉线抱箍　6—低压针式绝缘子　7—角戗　8—低压五线横担　9—蝶式绝缘子　10—拉线上把　11—拉线底把　12—卡盘　13—底盘　14—拉线盘

2. 架空配电线路的工程内容

10kV 以下架空配电线路工程内容主要包括：工地运输、线路测量定位、基础施工、电杆组立、横担安装、拉线制作安装、导线架设及弛度观测等，同时还包括进户线架设、杆上变压器和杆上配电设备的安装。架空配电线路的施工图预算即根据上述有关内容进行编制。

架空线路工程设计所提供的图样通常只有架空线路平面位置图与电杆杆形图，至于其他有关安装图则多利用标准图集。

（1）立电杆　立电杆包括挖坑、填坑、基础处理、立杆等项工作，即在电杆组立之前，必须依据电杆埋设要求和土质情况，挖好电杆坑、拉线坑，电杆组立完成和拉线完成之后再填埋。其中挖杆坑和拉线坑，对于土质不同时，工作量会有较大差异，如地下水位相对较浅，电杆根部埋设比较深时，需要采取排水措施；土质较松时，需要采取放坡或支档土板等的挖土措施；如遇有岩石还需进行爆破。

架空配电线路施工常用立杆方法有：撑杆（架杆）立杆、用汽车吊立杆、用抱杆立杆。

常见的钢筋混凝土电杆组装是先在电杆杆身中心线上量取并划出杆顶支座、横担及卡盘安装线，根据划出的位置分别装入横担、杆顶支座及卡盘。

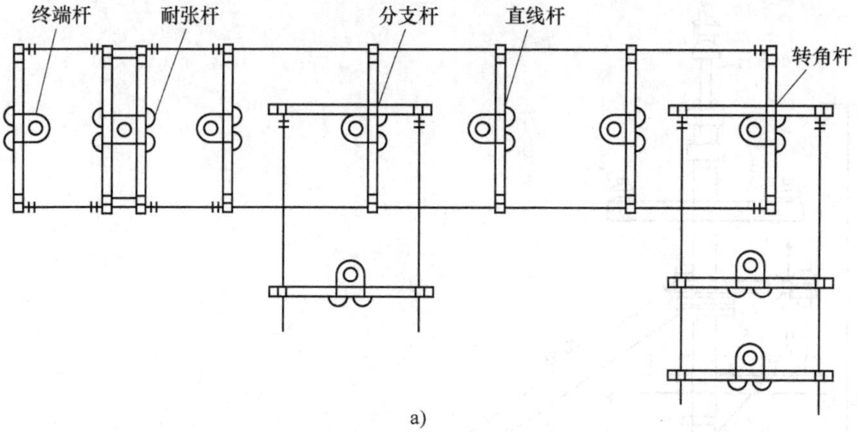

a)

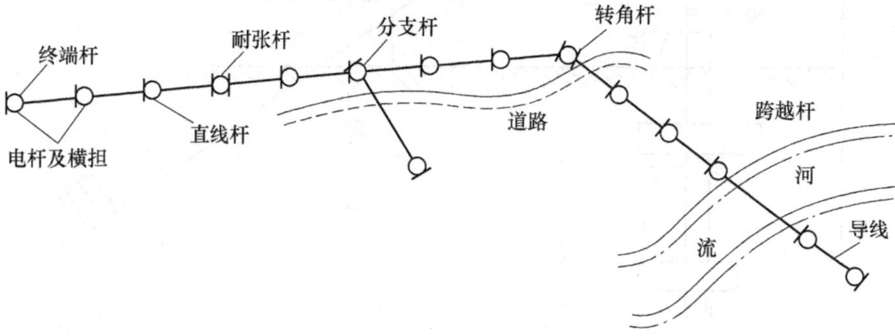

b)

图 8-2 电杆的形式

a）各种电杆的特征 b）各种电杆在线路中的应用

（2）拉线制作及安装 架空线路中，凡承受固定性不平衡荷载比较显著的电杆如终端杆、转角杆、跨越杆均需设拉线，用作力的平衡。另外，为了增加电杆的稳定性，每隔一定距离增设双侧拉线，拉线一般用镀锌钢绞线由施工人员在施工现场制作，钢绞线的规格用“根×股数×线径”表示。

拉线的种类分为普通拉线、水平拉线、V 形拉线、Y 形拉线以及弓形拉线等，其形式如图 8-3 所示。

（3）导线架设、跨越及进户线的规定 导线架设主要工序有放线、导线连接、紧线、弛度的测量和调整导线在绝缘子上固定等。导线跨越指架空线路与公路、铁路、河流、电力线路、通信线路相交，并从其上方通过，此时应采取耐张措施，并应按规程要求保持与交叉物相互间的规定距离。进户线是指由架空线路终端杆（接户杆）引至建筑物第一个支持点（进户横担）之间的一段架空线，也称接户线，按其电压等级可分为低压接户线和高压接户线。

低压接户线一般应从靠近建筑物而又便于引线的一根电杆上引下来，但从电杆到建筑物上导线第一支持点间的距离不宜大于 25m，否则不宜直接引入，应增设接户线杆。低压接户线一般宜采用绝缘导线，其形式如图 8-4 所示。

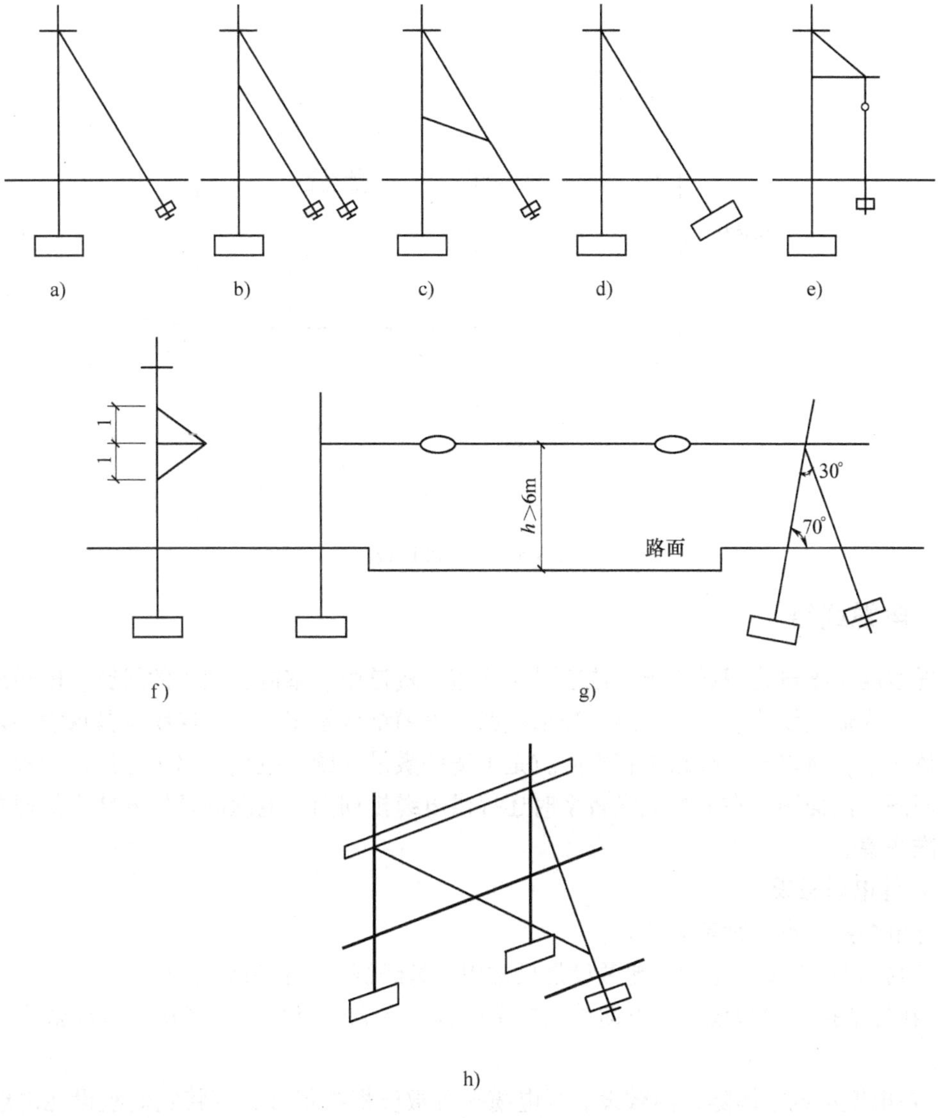

图8-3　拉线示意图

a）普通拉线　b）高低拉线　c）立Y拉线　d）撑杆（戗杆）　e）弓形拉线　f）自身弓形拉线
g）高桩（高搬桩、水平）　h）平Y拉线（V形拉线）

（4）室外变压器安装　室外变压器是指杆上变压器、地上变压器。杆上变压器采用台架安装，是一种较灵活的变配电方式，多用于负荷小而又分散的地区，设备简单、投资小。地上变压器为露天安装，常在10kV以下小功率终端式变配电站中应用，周围装设栅栏以保证安全。

（5）配电线路电杆上电气设备安装　配电线路上电气设备是配电线路中的组成部分。杆上配电设备包括跌落式熔断器、阀型避雷器、隔离开关、油开关和配电箱等。它们的安装要求牢固、可靠、美观、电气连接紧密。

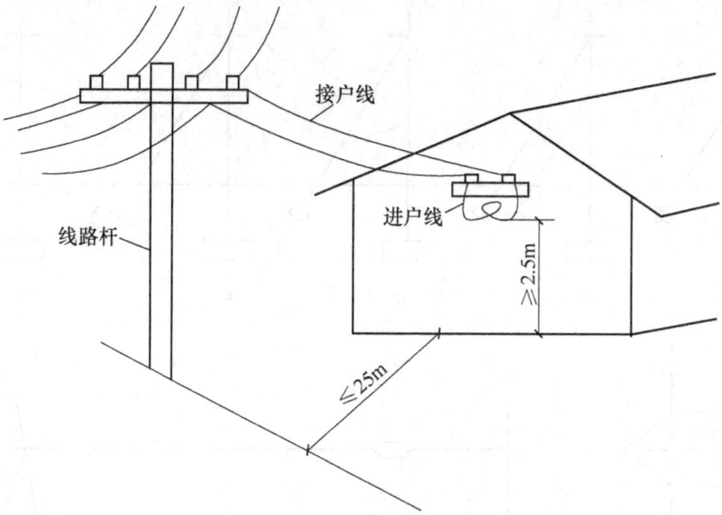

图 8-4 低压进户线

8.1.2 电缆线路

电缆线路是把电缆埋设于土壤或敷设于沟道、隧道中、室内支架上的线路，电缆线路按其作用可分为输电线路、配电线路、通信线路。电缆结构是将导电、绝缘及其保护层都集于一个整体之中，所以电缆线路工程实际就是电缆的敷设问题。电缆线路工程设计中提供电缆敷设平面图、剖面图，在电缆数量较多时还提供电缆排列图，电缆的具体安装方法通常都是使用标准图集。

1. 户外电缆敷设

户外电缆敷设有三种基本方式：

1）直接埋地敷设。直接埋地敷设是最常用、最经济的一种敷设方式。

2）在埋地排管内敷设。在电缆数量较多或容易受到外界损伤的场所，电缆敷设于混凝土管中。

3）在电缆沟或电缆隧道内敷设。当电缆平行敷设根数很多，可将它们敷设在电缆沟或隧道中。一般当电缆超过 30 根时，修建电缆隧道是较为经济的。

2. 室内电缆敷设

室内电气设备安装用的电缆一般敷设于隧道、沟道、夹层、竖井、管路或电缆架空桥架中。在敷设中使用大量的电缆支架，电缆支架主要有 E 形和桥式两种，E 形支架用于隧道、沟道、竖井，桥式支架用于夹层或制作架空支架使用。零星沿墙或土建结构敷设的电缆可用卡子固定。电缆各支持点间的距离应不大于表 8-1 所列数值。

表 8-1 电缆支架允许间距

电缆种类	各支点间的距离/mm	
	水平敷设	垂直敷设
电力电缆	1000	1500
控制电缆	800	1000

3. 电缆头和电缆接头的制作

电缆头和电缆接头的主要作用是把电缆封起来，以保证电缆的绝缘水平。电缆端部被剥切后，电场将发生突变，影响电气性能，需要进行处理，因此橡皮、塑料绝缘电缆尽管不存在漏油问题，也要制作电缆头和电缆接头。

干包式电缆头不装终端盒时，称为简包电缆头，适用于一般塑料和橡皮绝缘低压电缆。户内浇注式电缆头主要用于油浸纸绝缘电缆。热缩式电缆头适用于 0.5～10kV 的交联聚乙烯电缆和各种电缆。电缆示意图如图 8-5 所示。

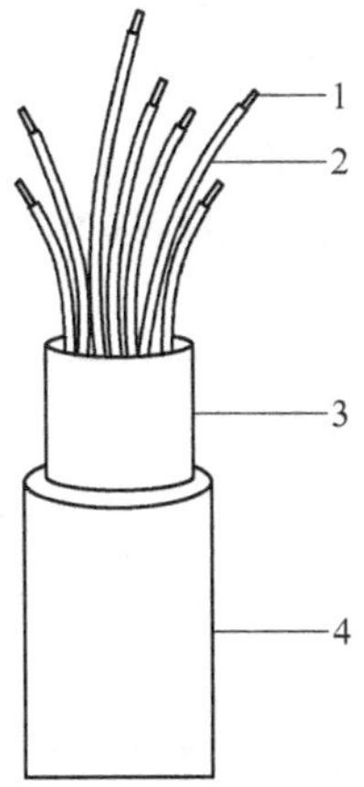

图 8-5　电缆

1—线芯　2—绝缘层　3—保护层　4—绝缘保护层

8.2　10kV 以下架空配电线路工程工程量计算及定额应用

8.2.1　定额地形系数与一批次施工量系数

1. 定额地形系数

定额地形系数是当实际地形条件与定额中的地形条件不同时，对定额基价的调整系数。架空配电线路安装定额是按平地施工条件编制的，如在其他地形条件下施工时，其人工和机械需按表 8-2 中的地形系数予以调整。

表 8-2　架空配电线路施工的地形系数

地形类别	丘陵（市区）	一般山地、泥沼地带
调整系数	1.20	1.60

表中地形划分的特征是：平原地带指地形比较平坦、地面比较干燥的地带；丘陵地带指地形起伏的矮岗、山丘等地带；一般山地指一般山岭、沟谷地带、高原台地等；泥沼地带指经常积水的田地或泥水淤积的地带。编制预算时，全线地形可分为几种类型，按各种类型长度所占百分比求出综合系数进行计算。

2. 一批次施工量系数

架空配电线路定额中一次施工工程量按 5 根以上电杆考虑，如实际工程在 5 根以内时，其人工和机械乘以系数 1.3。

8.2.2　工地运输

工地运输是指将架空配电线路所需的主要材料（未计价材料），如电杆、底盘、导线、拉线、横担、螺栓、金具、绝缘子等从集中材料堆放点或工地仓库运至杆位上的工程运输。其工作内容包括线路器材外观检查，绑扎及抬运，卸至指定地点，返回；装车、支垫、绑扎，运至指定地点，人力卸车，返回。

工地运输定额中分为人力运输、汽车运输两个部分。其中人力运输定额按平均运距分项，汽车运输定额按装卸和运输分项。工地运输部分工程量除装卸按“10t”计量外，其他均按“10t·km”计量。

主要材料的运输质量按表8-3规定计算：

表8-3 主要材料运输质量表

材料名称		单位	运输质量/kg	备注
混凝土制品	人工浇制	m^3	2600	包括钢筋
	离心浇制	m^3	2860	包括钢筋
线材	导线	kg	$W\times1.15$	有线盘
	钢绞线	kg	$W\times1.07$	无线盘
木杆材料		m^3	500	包括木横担
金具、绝缘子		kg	$W\times1.07$	
螺栓		kg	$W\times1.01$	

注：W为理论质量；未列入的其他材料，均按净重计算。

8.2.3 杆基土石方工程

定额中区分不同土（石）质（普通土、坚土、松砂石、泥水坑、流砂坑、岩石）分列子目。定额子目的工作内容包括复测、分坑、挖方、修整、抄平、排水、装拆档土板、岩石打眼、爆破、回填。

各类土、石质应按设计地质资料确定，但不作分层计算。凡同一坑、槽、沟内出现两种或两种以上不同土（石）质时，则选用含量较大的一种确定其类别。出现流砂层时，不论其上土质占多少，全坑均按流砂坑计算。冻土厚度大于300mm时，冻土层的挖方量按挖坚土定额乘以系数2.5，其他土层仍按土质性质执行定额。

杆基挖地坑的土石方量应依据施工图设计资料，区分不同土质，按施工图杆基尺寸，以“$10m^3$”为定额计量单位，套用相应子目。

1）无底盘、卡盘的电杆坑挖土量：

$$V=0.8\times0.8\times h$$

2）有底盘时电杆坑的挖土量，如图8-6所示。

其土方量计算公式如下：

$$V=(a+2c+kh)(b+2c+kh)h+1/3k^2h^3$$

式中 V——土（石）方体积；

h——坑深；

$a(b)$——底盘底宽；

c——工作面宽，$c=0.1$m；

k——放坡系数，各类土质的放坡系数按表8-4计算。

表8-4 各类土质的放坡系数

土质	普通土、水坑	坚土	松砂土	泥水、流沙、岩土
放坡系数	1:0.3	1:0.25	1:0.2	不放坡

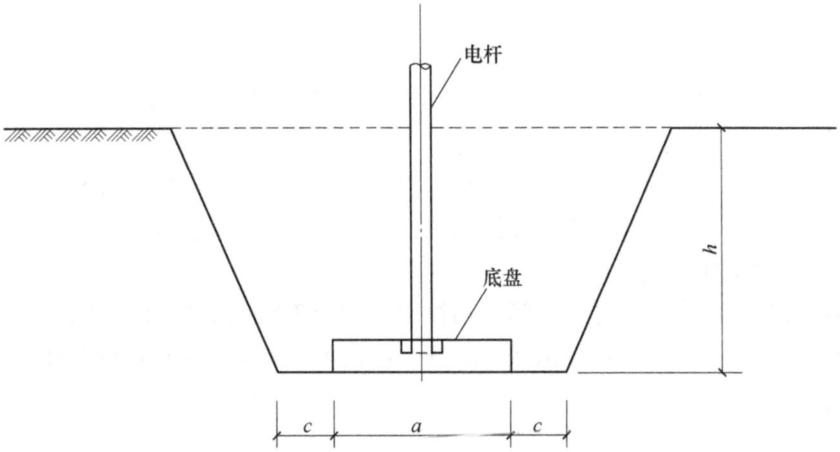

图 8-6　杆坑图

当杆坑需增挖立杆“马道”时，每个马道按 0.2m^3 土石方量计算，并计入该杆坑土石方量内。杆坑回填土施工内容已包括在电杆坑土石方工程定额内，不另计算。

8.2.4　电杆底盘、卡盘、拉盘安装

电杆底盘、卡盘、拉盘均是用混凝土预制的，底盘是用来固定电杆的，卡盘是用来避免电杆倾斜的，拉盘是固定拉线的。底盘、卡盘如图 8-7 所示。定额中分列底盘、卡盘和拉盘子目，其工作内容包括基坑整理、移运、盘安装、抄平、找正、卡盘螺栓紧固、工器具转移。

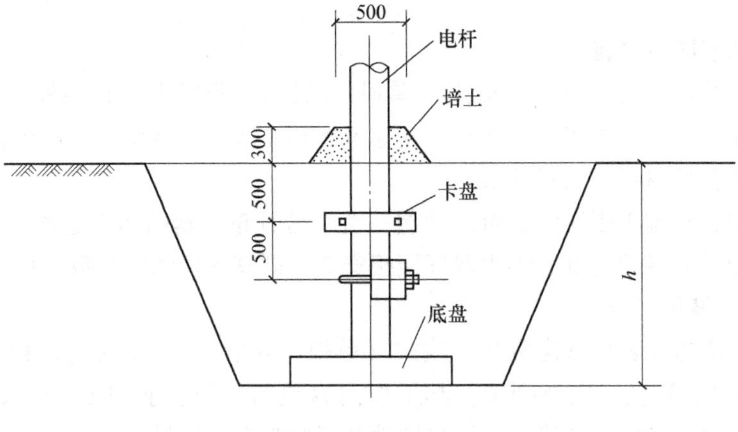

图 8-7　底盘、卡盘图

编制预算时，依据施工图图示数量，均以“块”为定额计量单位，分别套用相应子目。混凝土底盘、卡盘、拉棒、抱箍、连接螺栓及金具为未计价材料，另行计价。

8.2.5　电杆组立

电杆组立的预算定额根据杆的类型不同，分为单杆、接腿杆及撑杆三种定额，其工作内容包括立杆、找正、绑横地木、根部刷油、工器具转移。

1. 单杆

单杆的预算定额按木杆、混凝土杆两类，并区分杆长分别列项。工程量按施工图图示数量，以“根”为单位计量，套用相应定额子目计价。电杆、地横木为未计价材料，另行计价。

2. 接腿杆

接腿杆的定额分为单腿接杆、双腿接杆和混合接腿杆三种。单腿接杆是指由上下两段木电杆接成一根电杆；双腿接杆是指下段两根电杆，上段一根接成；混合接腿杆是指下段采用混凝土杆，上段为木杆接成。

各种接腿杆定额均以杆长分项。编制预算时，按施工图图示数量以“根”为单位计量，套用相应定额子目计价。木电杆、水泥接腿杆、地横木、圆木、连接铁件及螺栓为未计价材料，另行计价。

3. 撑杆

撑杆是指某些终端杆或需承受一定压力的中间杆，需采用斜撑来代替拉线使电杆稳定。

撑杆安装的预算定额分为木撑杆和混凝土撑杆，并以杆长分项。编制预算时，按施工图图示数量以“根”为单位计量，套用相应定额子目计价。撑杆、圆木、连接铁件及螺栓为未计价材料，另行计价。

另外，当木杆电杆根部采用烧焦刷油防腐处理时，以“根”为单位计量，套木杆根部防腐定额子目计价。

8.2.6 横担安装

预算定额中横担安装按电压等级分10kV以下横担安装，1kV以下横担安装和房屋进户线横担安装。

1. 10kV以下横担安装

定额根据材质不同分为铁、木横担（单根、双根），瓷横担（直线杆、承力杆）。定额的工作内容包括定位、上抱箍、装横担、支撑及杆顶支座、装绝缘子。横担、绝缘子、连接铁件及螺栓为未计价材料，另行计价。

编制预算时，按施工图图示数量以“组”为单位计量，套用相应定额子目计价。

定额中是以单侧横担为准，如为双杆横担安装，则其基价乘以系数2.0。

2. 1kV以下横担安装

1kV以下的横担安装预算定额按二线式（单根、双根）、四线式（单根、双根）、六线式（单根、双根）、瓷横担安装列项。其工作内容包括定位、上抱箍、装支架、横担、支撑、装瓷瓶等内容。横担、绝缘子、连接铁件及螺栓为未计价材料，另行计价。

编制预算时，按施工图图示数量以“组”为单位计量，套用相应定额子目计价。

3. 进户线横担安装

进户线横担是指埋设在建筑物上，用于架设进户线的支架。定额分一端埋设（二线、四线、六线），二端埋设（二线、四线、六线）共6个子目。其工作内容包括测位、划线、打眼、钻孔、装横担、装瓷瓶及防水弯头。横担、绝缘子和防水弯头、支撑铁件及螺栓为未计价材料，另行计价。

编制预算时，按施工图图示数量以“根”为单位计量，套用相应定额子目计价。

8.2.7　拉线制作安装

预算定额中根据拉线截面面积不同，按普通拉线、水平及弓形拉线两类分项。其工作内容包括拉线长度实测、放线、丈量与截割、装金具、拉线安装、调节、紧线、工器具转移。定额以“根”为单位计量。

定额中按单根拉线考虑，若安装 V（Y）形拉线或双拼形拉线时，按两根计算。拉线、金具、抱箍为未计价材料，另行计价。

拉线长度应按设计全根计算，设计无规定时，不必用公式计算，可按表 8-5 选用。

表 8-5　拉线长度　（单位：m/根）

杆高/m	普通拉线	V（Y）拉线	弓形拉线
8	11.47	22.94	9.33
9	12.61	25.22	10.10
10	13.74	27.48	10.92
11	15.10	30.20	11.82
12	16.14	32.28	12.62
13	18.69	37.38	13.42
14	19.68	39.36	15.12
水平拉线	26.47		

8.2.8　导线架设

预算定额根据导线截面面积的不同，按裸铝绞线、钢芯铝绞线及绝缘铝绞线三种导线分别划分子目。其工作内容包括线材外观检查、架线盘、放线、直线接头连接、紧线、弛度观测、耐张终端头制作、绑扎、跳线安装。定额以“1km/单线”为单位计量。导线和金具、绝缘子为未计价材料，另行计价。

导线长度按线路总长度和预留长度之和计算。线路总长度根据平面图将相同规格的导线长度相加求得，预留长度见表 8-6。

表 8-6　导线预留长度表

项目名称		长度/m
高压	转角	2.5
	分支、终端	2.0
低压	分支、终端	0.5
	转角、交叉、跳线（搭接头）	1.5
与设备连线		0.5
进户线		2.5

$$线路总长 = 线路单根导线长度 \times 导线根数$$

$$导线长度 = 线路总长度 + \sum 预留长度$$

另外在计算导线主材费用时，导线长度计算应另加规定的损耗率。

8.2.9 导线跨越、进户线架设

1. 导线跨越

导线跨越架设，应包括跨越线架的搭、拆和运输以及因跨越（障碍）施工难度增加而增加的工作量。

导线跨越的预算定额根据跨越对象的不同，按跨越电力线、通信线或公路，跨越铁路和跨越河流分别列项。其工作内容包括跨越架搭拆、架线中的监护转移。编制预算时，按施工图图示数量，以“处”为单位计量，套用相应定额子目计价。

套用定额时应遵循以下规定：

1）每一处的跨越间距均按50m以内考虑。如大于50m，每增加50m按增加一处计算；跨距大于50m但小于100m时，按两处计算，以此类推。

2）在同一跨越档内，有两种（或两次）以上跨越物时，则每一跨越物视为一处跨越，分别套用相应定额。

3）跨越定额仅考虑因跨越而多耗的人工、机械台班和材料，在计算导线工程量时，不扣除跨越档的长度。

2. 进户线

进户线架设的定额按导线截面面积分项。其工作内容包括放线、紧线、瓷瓶绑扎、压接包头。导线与绝缘子为未计价材料，另行计价。

编制预算时，依据施工图以“100m/单线”为单位计量，套用相应定额子目计价。

8.2.10 杆上变配电设备安装

1）杆上变压器安装定额按变压器容量（kV·A）分项，计量单位为“台”。定额子目的工作内容包括支架、横担、撑铁安装、变压器安装固定、检查、调整、油开关注油、配线、接线、接地，但不包括变压器干燥，接地装置、检修平台和防护栏杆的制作安装，需另套相应定额。

2）杆上跌落式熔断器、避雷器、隔离开关安装以“组”为单位计量；油开关、配电箱以“台”为单位计量。定额子目的工作内容包括支架、横担、撑铁安装、设备安装固定、检查、调整、油开关注油、配线、接线等，其中配电箱安装定额中不包括焊（压）接线端子。

另外，定额中未包括台架铁件、连引线、瓷瓶、金具、接线端子、熔断器等，需另行计价。

8.3 电缆线路工程工程量计算及定额应用

《全国统一安装工程预算定额》第二册电气设备安装工程定额中电缆线路敷设内容适用于10kV以下的电力电缆和控制电缆敷设，不适用在积水区、水底、井下等条件下的电缆敷设。

8.3.1　电缆沟挖填

定额中电缆沟挖填按电缆沟的土质不同分项，定额计量单位为“m^3”；人工开挖路面按路面的材料不同分项，定额计量单位为“m^2”。其工作内容包括测位、划线、挖电缆沟、回填土、夯实，开挖路面、清理现场。

直接埋设电缆的挖、填土（石）方除特殊要求外，可按表8-7计算土方量。

表8-7　直埋电缆的挖、填土（石）方量

项　　目	电缆根数	
	1～2	每增加1根
每米沟长挖方量/m^3	0.45	0.153

注：1. 两根以内的电缆沟，按上口宽度600mm，下口宽度400mm，深度900mm计算常规土方量（深度按规范的最低标准）。

2. 每增加一根电缆，其宽度增加170mm。

3. 以上土方量按埋深从自然地坪起算，如设计埋深超过900mm时，多挖的土方量应另行计算。

8.3.2　电缆沟铺砂、盖砖及移动盖板

定额子目的工作内容包括调整电缆间距、铺砂、盖砖（或保护板）、埋设标桩、揭（盖）盖板。

1. 铺砂、盖砖（或盖保护板）

铺砂、盖砖（或盖保护板）以电缆沟内敷设1～2根电缆作为基本定额子目，以每增1根电缆为辅助定额子目。编制预算时，依据施工图以“100m”为单位计量，套用相应定额子目。

2. 揭盖盖板

揭盖盖板预算定额用于电缆沟沟内明敷电缆，定额按盖板长度分项，定额中包括揭盖盖板的人工费。编制预算时，依据施工图，以“100m”为单位计量，套用相应定额子目。移动盖板或揭或盖，定额均按一次考虑，如又揭又盖则按两次计算。

8.3.3　电缆保护管及顶管敷设

1. 保护管敷设

保护管敷设的预算定额根据管径大小，按照混凝土管、石棉水泥管、铸铁管、钢管分别立项。其工作内容包括测位、锯管、敷设、打喇叭口等工作内容。各种管材及附件为未计价材料，另行计价。

编制预算时，依据施工图，以“10m”为单位计量，套用相应定额子目。

电缆保护用的ϕ100以下钢管敷设，套用配管的相应各项定额。

计算工程量时，电缆保护管长度除按设计规定长度计算外，遇有下列情况，应按以下规定增加保护管长度：

1）横穿道路，按路基宽度两端各加2m。

2）垂直敷设时，管口距地面加2m。

3）穿过建筑物外墙时，按基础外缘以外增加 1m。

4）穿过排水沟，按沟壁外缘以外加 1m。

电缆保护管埋地敷设时，其土方量计算为：凡施工图有注明的，按施工图计算；施工图未注明的，一般沟深按 0.9m，沟宽按最外边的保护管两侧边缘外各增加 0.3m 的工作面计算，套用电缆沟挖填土方项目。

2. 顶管

顶过路管的预算定额取顶管径 100mm，按管的长度进行分项。定额单位为“根”。顶管敷设定额工作内容包括测位、安装机具、顶管、接管、清理、扫管。所用钢管为未计价材料，另行计价。

8.3.4 电缆桥架安装

桥架是指电缆敷设时所需的一种支架和槽（又称托盘）。桥架安装定额按桥架材质和形式分为钢制桥架、玻璃钢桥架、铝合金桥架、组合桥架及桥架支撑架。

桥架定额子目的工作内容包括组对、焊接或螺栓固定、弯头、三通或四通、盖板、隔板、附件安装等。支撑架定额子目的工作内容包括立柱、托臂膨胀螺栓或焊接固定、螺栓固定在支架立柱上。

各种材质桥架安装工程量均区分不同规格，以“10m”为单位计量，组合式桥架以“100 片”为单位计量，桥架支撑架以“100kg”为单位计量。

桥架、盖板、隔板、支撑架为未计价材料，另行计价。钢制桥架主结构设计厚度大于 3mm 时，定额人工、机械分别乘以系数 1.20，不锈钢桥架按钢制桥架定额乘以系数 1.1 计算。

玻璃钢梯式桥架和铝合金梯式桥架定额均按不带盖考虑，如这两种桥架带盖，则分别执行玻璃钢槽式桥架定额和铝合金槽式桥架定额。

桥架支撑架定额适用于立柱、托臂及其他各种支撑架的安装。定额中已综合考虑了采用螺栓、焊接和膨胀螺栓三种固定方式，实际施工中不论采用何种固定方式，定额均不作调整。

8.3.5 电缆敷设

电缆敷设的预算定额根据电缆芯的材质不同分为铝芯、铜芯，按电缆截面分项。其工作内容包括开箱、检查、架盘、敷设、锯断、排列、整理、固定、收盘、临时封头、挂牌。定额中不包括终端电缆头和中间电缆盒的制作安装。电缆为未计价材料，另行计价。

编制预算时，依据施工图，以单根按“延长米”为单位计量，定额单位为“100m”。

电缆敷设定额中均未考虑因波形敷设增加长度、弛度增加长度、电缆绕梁（柱）增加长度以及电缆与设备连接、电缆接头等必要的预留长度，该增加长度应计入工程量之内。电缆敷设长度应根据敷设路径的水平和垂直距离计算，并另按规定增加附加长度，即单根电缆长度 = [水平长度 + 垂直长度 + 预留(附加)长度] × (1 + 2.5%)。电缆敷设的附加长度见表 8-8。

另外，还需注意以下问题：

1）电力电缆的定额截面面积是指一根电缆的截面积，而非一根电缆所包含电缆芯数的全部截面积。因此计算电力电缆截面时，不得将三芯和零线截面相加计算（电缆头制作安装定额中的截面也与此相同）。

2）电力电缆敷设定额是按三芯（包括三芯连地）制定的，五芯电力电缆敷设按照定额乘以系数 1.3，六芯乘以系数 1.6，即每增加 1 根定额增加 30%，以此类推。单芯电力电缆敷设按同截面电缆定额乘以系数 0.67。截面 400 ~ 800mm^2 的单芯电力电缆敷设按 400mm^2 电力电缆定额执行，截面 800 ~ 1000mm^2 的单芯电力电缆敷设按 400mm^2 电力电缆定额乘以系数 1.25 执行。

表 8-8　电缆敷设的附加长度

序号	项　　目	附加长度	说　　明
1	电缆敷设弛度、波形弯度、交叉	2.5%	按电缆全长计算
2	电缆进入建筑物	2.0m	规范规定最小值
3	电缆进入沟内或吊架时引上（下）预留	1.5m	规范规定最小值
4	变电所进线、出线	1.5m	规范规定最小值
5	电力电缆终端头	1.5m	检修余量最小值
6	电缆中间接头盒	两端各留 2.0m	检修余量最小值
7	电缆进控制、保护屏及模拟盘等	高 + 宽	按盘面尺寸
8	高压开关柜及低压配电盘、箱	2.0m	盘下进出线
9	电缆至电动机	0.5m	从电机接线盒起算
10	厂用变压器	3.0m	从地坪起算
11	电缆绕过梁柱等增加长度	按实计算	按被绕物的断面情况计算增加值
12	电梯电缆与电缆架固定点	每处 0.5m	规范最小值

3）厂外电缆（包括进厂部分）敷设，需按第二册定额第十章工地运输定额另计工地运输费。厂内外电缆的划分以厂区的围墙为界，没有围墙的以设计规定的全厂平面范围来确定。

4）电缆在一般山地、丘陵地区敷设时，其定额人工乘以系数 1.3，该地段所需的施工材料如固定桩、夹具等按实另计。

8.3.6　电缆头制作安装

各种电缆头制作安装的预算定额以不同形式及不同作用分别立项。电力电缆的电缆头预算定额根据电压等级，按照电缆截面的大小分项。干包式电缆头适用于塑料绝缘电缆和橡皮绝缘电缆。户外电力电缆头制作安装的预算定额又分为浇注式和干包式两类定额。控制电缆头制作安装的预算定额中包含终端头的制作安装和中间头的制作安装，并根据线芯数量划分子目。

定额子目均以“个”为单位计量，其工作内容包括定位、量尺寸、锯断、剥护套层及绝缘层、清洗、内屏蔽层处理、包缠绝缘、压接线管及接线端子、装热缩管、加热成形、装终端盒、安装、接线等。电缆终端盒、安装支架、抱箍、螺栓、防护罩、保护盒和铅套管等均为未计价材料，另行计价。

另外，还要注意：一根电缆有两个终端头，中间电缆头根据设计需要确定。电力电缆头定额均按铝芯电缆考虑，铜芯电力电缆头按同截面电缆头定额乘以系数 1.2；双屏蔽电缆头制作、安装，其人工乘以系数 1.05。

8.3.7 其他有关项目

1. 电缆沿钢索敷设

钢索架设执行《全国统一安装工程预算定额》第二册第十二章配管配线中的钢索架设，以“100m”为单位计量。钢索的计算长度，以两端固定点的距离为准，不扣除拉紧装置的长度。该定额子目未包括钢索拉紧装置的制作安装，应以“10 套”为单位计量，另执行钢索拉紧装置制作安装。钢索价值也需另行计算。

2. 电缆防火涂料、堵洞、隔板及阻燃槽盒安装

电缆防火涂料、堵洞（指每处 $0.25m^2$ 以内）、隔板及阻燃槽盒安装，按不同子项内容分别以“处、m^2、10kg、10m”为单位计量，其相应主材均需另行计算。

3. 电缆防腐、缠石棉绳、刷漆、剥皮

电缆防腐、缠石棉绳、刷漆、剥皮等，均以“10m”为单位计量。另外，电缆工程各项定额中均未包括下列工作内容：

1）隔热层、保护层的制作安装。

2）电缆冬季施工的加温工作和在其他特殊施工条件下的施工措施费和施工降效增加费。

8.4 1kV 以下架空配电线路施工图预算编制实例

某市郊区某工厂厂区 1kV 外部线路工程图如图 8-8 所示，电杆杆型见表 8-9。

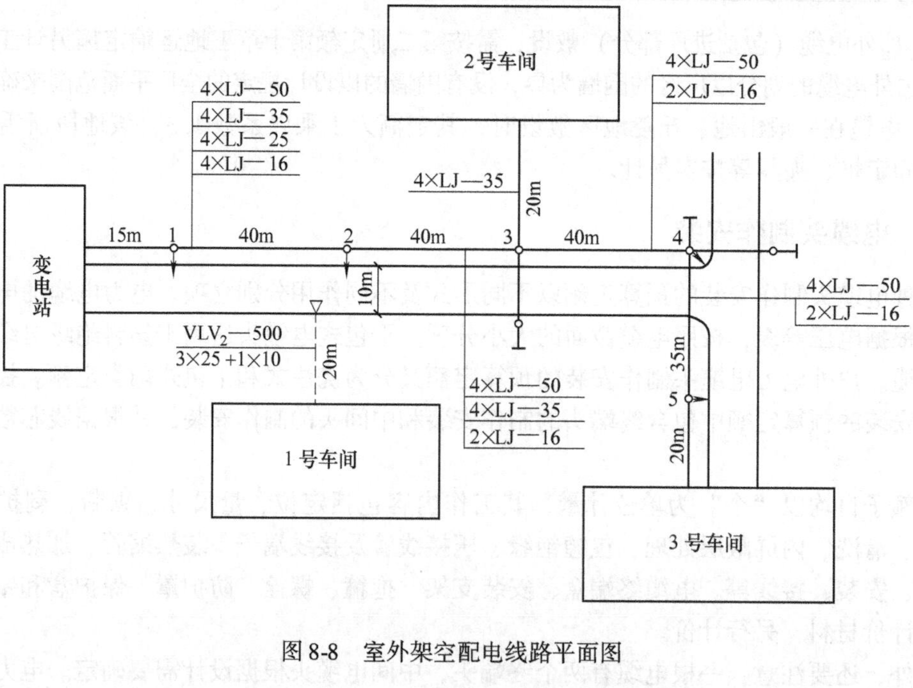

图 8-8 室外架空配电线路平面图

表 8-9 杆型一览表

电杆编号	1	2	3	4	5
杆型简图	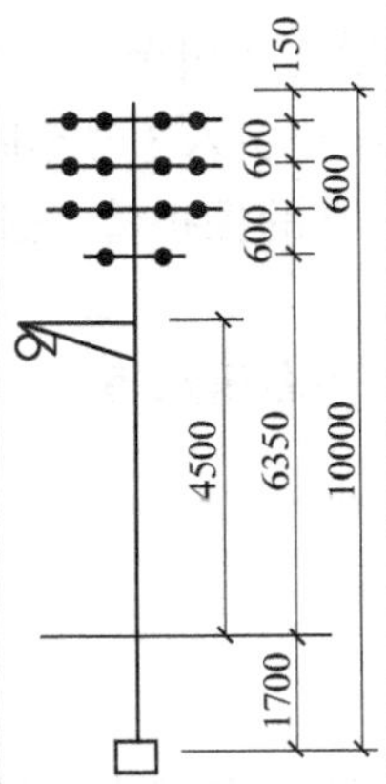	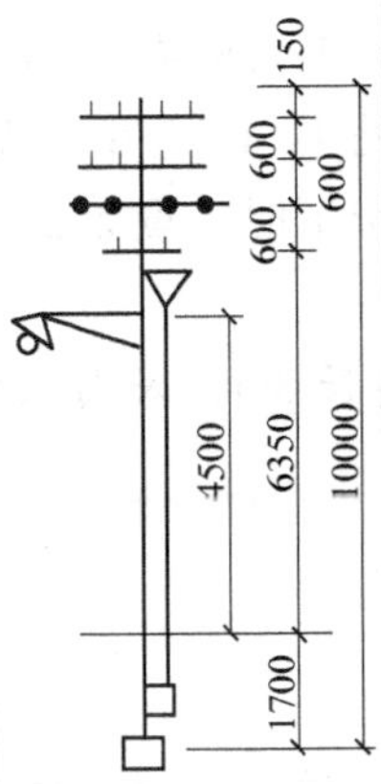	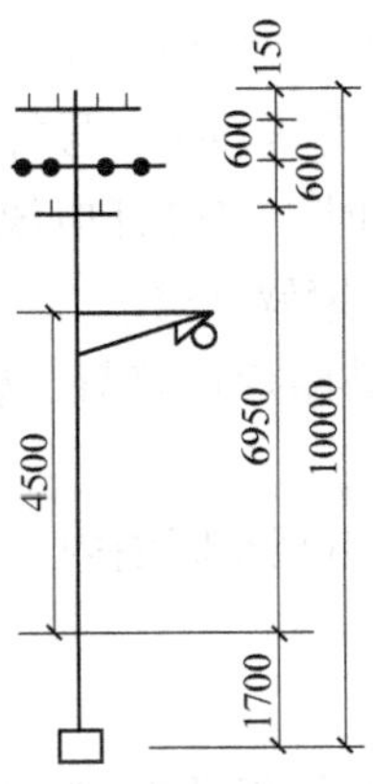	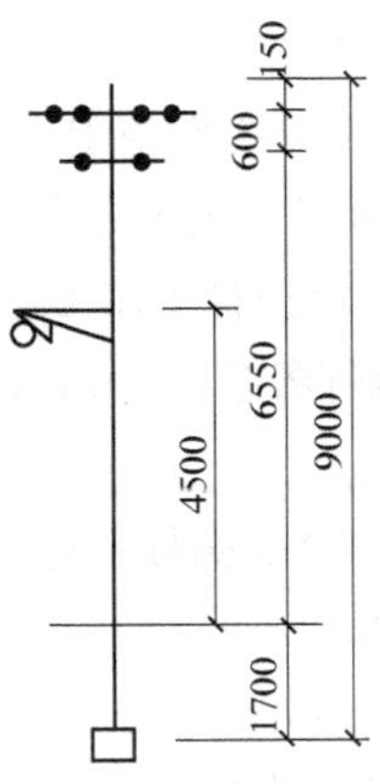	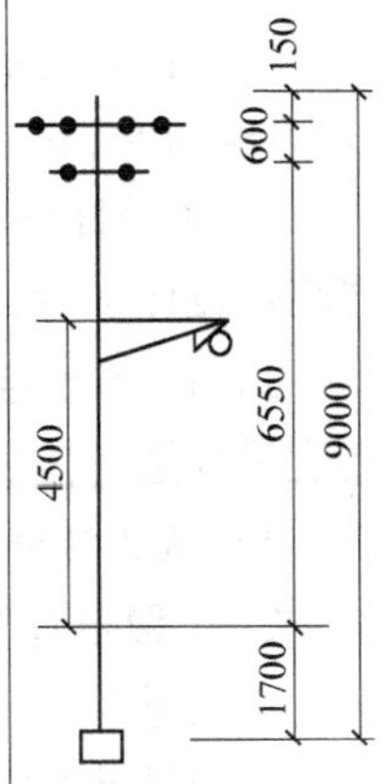
杆型代号	$4D_1$—$4D_1$—$4D_1$—$2D_1$	4Z—4Z—$4D_2$—2Z	4Z—$4NJ_2$—2Z	$4NJ_2$—$2NJ_2$	$4D_1$—$2D_1$
电缆终端头	—	WDC—41—4	—	—	—
电杆	ϕ150×10	ϕ150×10	ϕ150×10	ϕ150×9	ϕ150×9
第一层横担	2×∟75×8（Ⅲ）	∟50×5（Ⅰ）	∟50×5（Ⅰ）	2×∟75×8（Ⅲ）/ 2×∟75×8（Ⅲ）	2×∟75×8（Ⅲ）
第二层横担	2×∟75×8(Ⅲ)	∟50×5(Ⅰ)	2×∟75×8(Ⅲ) /2×∟75×8(Ⅲ)	2×∟50×5(Ⅰ) /2×∟50×5(Ⅰ)	2×∟50×5(Ⅰ)
第三层横担	2×∟63×6（Ⅱ）	2×∟63×6（Ⅱ）	∟50×5（Ⅰ）	—	—
第四层横担	2×∟50×5（Ⅰ）	∟50×5（Ⅰ）	—	—	—
路灯	马路弯灯、臂长3m、BLV—6	马路弯灯、臂长3m、BLV—6	马路弯灯、臂长3m、BLV—6	马路弯灯、臂长3m、BLV—6	马路弯灯、臂长3m、BLV—6
底盘/卡盘	DP_6	DP_6/KP_8	DP_6	DP_6	DP_6
拉线	GJ—100	GJ—25	GJ—25/GJ—25	GJ—35/GJ—35	—

1. 设计说明

1）线路采用裸铝绞线架空敷设，线路规格如图所示。

2）电杆、拉线杆均采用环形钢筋混凝土电杆。拉线杆为 ϕ150×7。

3）电杆、拉线杆均装有 DP_6 底盘，2 号电杆装有 KP_6 底盘。电杆及拉线杆埋深均为 1.7m。

4）拉线采用镀锌钢绞线。1 号电杆拉线为 GJ—100 普通拉线，2 号电杆拉线为 GJ—25 普通拉线，3 号电杆拉线为 GJ—35 普通拉线和水平拉线各一根，4 号电杆拉线为 GJ—25 普通拉线和水平拉线各一根，5 号电杆没有拉线。

5）电杆横担装设情况详见杆型一览表。

6）导线从变电站架空引至 1 号杆；2 号杆处 4×LJ—25 导线与电缆连接引至 1 号车间；3 号杆处 4×LJ—35 导线架空引入 2 号车间；5 号杆处 4×LJ—50 导线架空引入 3 号车间。

7）2 号杆处电缆引至 1 号车间时，在电杆电缆引下时，设 2.25m 高的保护管，过路及穿墙均设保护管，保护管采用 Dg80 镀锌钢管。

8）1～5 号电杆各装设一盏大马路弯灯路灯，臂长 3m，采用 125 瓦高压水银灯。安装高度见杆型一览表。

9）从 2 号杆 4.5m 高处接电缆引至车间墙内。

2. 工程量计算

工程量计算见表 8-10。

工程量计算时，从变电站引出线横担及 2、3 号车间引入线横担应计入变电站及车间电气工程中；1 号车间引入电缆的终端头也应计入 1 号车间电气工程中，故在此室外线路中不计入。工地运输采用汽车运输 1km。

表 8-10 工程量计算表

工程名称：某厂室外架空配电线路

序号	项目名称	单位	数量	计算公式
1	土方工程（普通土）	m^3	32.38	
	导线杆土方	m^3	18.50	坑深 $h=1.88m$，坑底长 $a=0.6m$，坑底宽 $b=0.6m$，操作裕度每边 $c=0.1m$，放坡系数 $k=0.3$ $V_{单}=(a+2c+kh)(b+2c+kh)h+1/3\times k^2\times h^3=(0.6+0.2+0.564)(0.6+0.2+0.564)1.88+1/3\times0.3^2\times1.88^3=3.70$ $V_{总}=3.70\times5=18.50$
	拉线杆坑土方	m^3	4.22	坑深 $h=1.38m$，坑底长 $a=0.6m$，坑底宽 $b=0.6m$，操作裕度每边 $c=0.1m$，放坡系数 $k=0.3$ $V_{单}=(a+2c+kh)(b+2c+kh)h+1/3\times k^2\times h^3=(0.6+0.2+0.414)(0.6+0.2+0.414)1.38+1/3\times0.3^2\times1.88^3=2.11$ $V_{总}=2.11\times2=4.22$
	拉线坑土方	m^3	9.66	坑深 $h=1.38m$，坑底长 $a=0.6m$，坑底宽 $b=0.3m$，操作裕度每边 $c=0.1m$，放坡系数 $k=0.3$ $V_{单}=(a+2c+kh)(b+2c+kh)h+1/3\times k^2\times h^3=(0.6+0.2+0.414)(0.3+0.2+0.414)1.38+1/3\times0.3^2\times1.88^3=1.61$ $V_{总}=1.61\times6=9.66$
2	底盘安装	块	7.00	DP_6 规格：600mm×600mm×180mm 电杆及拉线杆共 7 块
3	卡盘安装	块	1.00	KP_8 规格：800mm×300mm×150mm 2 号电杆 1 块

（续）

序号	项目名称	单位	数量	计算公式
4	拉线盘安装	块	6.00	LP_6 规格：600mm×300mm×180mm 1、2 号电杆各 1 块，3、4 号电杆各 2 块
5	电杆组立 ϕ150×10	根	3.00	1、2、3 号电杆各 1 块（10m 高）
6	电杆组立 ϕ150×9	根	2.00	4、5 号电杆各 1 块（9m 高）
7	电杆组立 ϕ150×7（拉线杆）	根	2.00	3、4 号电杆各 1 块（7m 高）
8	1kV 以下横担组装（四线双根）	组	9.00	1 号杆：2×∟75×8（Ⅲ）2 组，2×∟63×6（Ⅱ）1 组 2 号杆：2×∟63×6（Ⅱ）1 组 3 号杆：2×∟75×8（Ⅲ）2 组 4 号杆：2×∟75×8（Ⅲ）2 组 5 号杆：2×∟75×8（Ⅲ）1 组
9	1kV 以下横担组装（四线单根）	组	3.00	1 号杆：∟50×5（Ⅰ）2 组 3 号杆：∟50×5（Ⅰ）1 组
10	1kV 以下横担组装（二线）	组	6.00	1 号杆：2×∟50×5（Ⅰ）1 组 2 号杆：∟50×5（Ⅰ）1 组 3 号杆：∟50×5（Ⅰ）1 组 4 号杆：2×∟50×5（Ⅰ）2 组 5 号杆：2×∟50×5（Ⅰ）1 组
11	普通拉线制作安装 GJ—100	根	1.00	1 号杆普通拉线
12	普通拉线制作安装 GJ—35 以内	根	3.00	2、3、4 号杆各有一根普通拉线。2、3 号杆拉线为 GJ—25，4 号杆拉线为 GJ—35
13	水平拉线制作安装 GJ—35 以内	根	2.00	3 号杆拉线为 GJ—25，4 号杆拉线为 GJ—35
14	导线架设 4×LJ—50	m	630.00	L=[(40+40+40+35)(1~5 号杆间)+0.5×2(2 个终端预留)+1.5(1 个转角增加)]×4=630.00
15	导线架设 4×LJ—35	m	330.00	L=[(40+40)(1~3 号杆间)+0.5×2(2 个终端预留)+1.5(1 个转角增加)]×4=330.00
16	导线架设 4×LJ—25	m	164.00	L=[40（1~2 号杆间）+0.5×2（2 个终端预留）]×4=164.00
17	导线架设 2×LJ—16	m	318.00	L=[（40+40+40+35）（1~5 号杆间）+0.5×5（接路灯预留含终端）+1.5（1 个转角增加）]×4=318.00
18	进户线架设 4×LJ—50	m	160.00	L=(15+2.5)×4(变电站至 1 号杆)+(20+2.5)×4(5 号杆至 3 号车间)=160.00

（续）

序号	项目名称	单位	数量	计算公式
19	进户线架设 4×LJ—35	m	160.00	L=(15+2.5)×4(变电站至1号杆)+(20+2.5)×4(5号杆至3号车间)=160.00
20	进户线架设 4×LJ—25	m	70.00	L=(15+2.5)×4(变电站至1号杆)=70.00
21	进户线架设 2×LJ—16	m	35.00	L=(15+2.5)×2(变电站至1号杆)=35.00
22	路灯引下线 BLV—6	m	25.50	L=[6.35−4.5+0.5(预留)]×2×2(1~2号杆)+(6.95−4.5+0.5)×2(3号杆)+(6.55−4.5+0.5)×2×2(4~5号杆)=25.50
23	进户电缆沟挖土	m^3	13.95	V=31(平面图)×0.45 =13.95
24	电缆保护(Dg80镀锌钢管)	m	16.49	L=2.25(垂直)+10(路宽)+2(路两边)+1(外墙外)+0.24(假设墙厚)=16.49
25	电缆敷设 VLV_2	m	40.90	L=[1.5(预留)+4.5(垂直)+0.9(埋深)+31(水平)+2(进建筑物)]×(1+2.5%)(波形增加长度)=40.90
26	电缆终端头（户外热缩）	个	1.00	1
27	马路弯灯（臂长3m）	个	5.00	5
28	工地运输	t	8.602	
29	电杆及底盘、卡盘、拉线盘运输	t	7.701	1~3号电杆：[(150+283)/2]^2×3.14×10×3=1.10 4~5号电杆：[(150+270)/2]^2×3.14×9×2=0.623 拉线杆：[(150+240)/2]^2×3.14×7×2=0.418 底盘 DP_6：7×150=1050 卡盘 KP_8：1×90=90 拉线盘 LP_6：6×73=438 电杆小计：2.141 ×2.86=6.123 盘类小计：1.578
30	导线及拉线	kg	252.10	导线 LJ—50：790×135.10×1.15=122.74 LJ—35：490×94.10×1.15=53.03 LJ—25：234×69.60×1.15=18.73 LJ—16：353×43.50×1.15=17.66 BLV—6：25.5×29.00×1.15=0.85

（续）

序号	项目名称	单位	数量	计算公式
30	导线及拉线	kg	252.10	拉线 1号杆 GJ—100：13.74×1×85.94=11.81 2、3号杆 GJ—25：13.74×2×22.77=6.26 4号杆 GJ—35：12.61×1×31.82=4.01 3号水平拉线 GJ—25：26.47 ×1×22.77=6.03 4号水平拉线 GJ—35：26.47 ×1×31.82=8.42 拉线小计：36.53×1.07=39.09
31	横担及金具	kg	267.32	∟75×8 ×1500（Ⅲ）：14×1.5×9.03=189.63 ∟63×6×1500（Ⅱ）：4×1.5×5.721=34.33 ∟50×5×700（Ⅰ）：10×0.7×3.77=26.39 ∟50×5×1500（Ⅰ）：3×1.5×3.77=16.97 金具综合：1214.92
32	电缆保护管及电缆	kg	181.36	Dg80镀锌钢管：16.49×8.34=137.52 电缆 $VLV_2 3\times25+1\times10$：40.90×1072=43.84
33	马路弯灯	kg	200.00	5×40=200

3. 工程造价计算

施工图预算书的组成：预算书封面见表8-11，预算书编制说明见表8-12，工程取费表见表8-13，主材价格表见表8-14，工程预算表见表8-15。

表8-11　预算书封面

安装工程预算书

工程名称：某工厂
专业名称：厂区架空配电线路工程
结构类型：
建筑面积：
工程造价：39508.78元
单方造价：

施工单位：　　　　　　建设单位：
编制人：　　　　　　　审核人：
资格证号：　　　　　　资格证号：

年　月　日

表 8-12 预算书编制说明

编制说明

一、编制依据

1. ××设计院设计的××工程厂区内架空配电线路工程施工图以及有关设计说明。
2. 该工程地点在××市郊区。
3. 《河南省安装工程单位综合基价》第二册。
4. 《河南省安装工程计价办法》及相关规定。
5. 主要材料价格以工程所在地预算编制时市场价格综合取定。

二、主要材料来源

主要材料均由施工企业自行采购。

三、其他

施工时发生设计变更或其他问题涉及造价调整，双方根据施工协议书的约定进行调整。

表 8-13 工程取费表

工程名称：某厂室外架空配电线路　　　　工程类别：三类

序号	费用名称	取费基数	费率（%）	金额/元
1	综合计价合计	Σ(分项工程量×分项子目综合基价)		5278.52
2	计价中人工费合计	Σ(分项工程量×分项子目综合基价中人工费)		1871.19
3	未计价材料费用	主材费合计		31579.08
4	施工措施费	[5]+[6]		
5	施工技术措施费	其费用包含在1中		
6	施工组织措施费			
7	安全文明施工增加费	(人工费合计)×7%	7.00	130.98
8	差价	[9]+[10]+[11]		
9	人工费差价	不调整		
10	材料差价	不调整		
11	机械差价	不调整		
12	专项费用	[13]+[14]		636.20
13	社会保险费	[2]×33%	33.00	617.49
14	工程定额测定费	[2]×1%	1.00	18.71
15	工程成本	[1]+[3]+[4]+[8]+[12]		37493.80
16	利润	[2]×38%	38.00	711.05
17	其他项目费	其他项目费		
18	税金	([15]+[16]+[17])×3.413%	3.413	1303.93
19	工程造价	[15]+[16]+[17]+[18]		39508.78
	含税工程造价:叁万玖仟伍佰零捌元柒角捌分			小写:39508.78

表 8-14　主材价格表

项目文件：某厂室外架空配电线路

序号	名称及规格	单位	数量	市场价	合计/元
1	户外热塑头 35—400mm^2	套	1.02	3600.00	3672.00
2	大马路弯灯 3000mm	套	5.05	800.00	4040.00
3	BLV 绝缘导线 6mm^2 以内	m	27.54	4.49	123.66
4	抱箍	套	7.00	26.00	182.00
5	导线 50mm^2	m	162.88	5.23	851.86
6	导线 35mm^2	m	162.88	4.01	653.15
7	导线 16mm^2	m	35.63	1.67	59.50
8	导线	m	71.26	2.46	175.30
9	电杆 10m	根	3.00	1000.00	3000.00
10	电杆 9m	根	2.00	860.00	1720.00
11	电杆 7m	根	2.00	700.00	1400.00
12	钢管（管径 80mm）	m	16.74	71.00	1188.36
13	横担 2×∟75×8×1.5	根	14.00	74.36	1041.04
14	横担 2×∟63×6	根	4.00	74.36	297.44
15	横担∟50×5×0.7	根	2.00	31.57	63.14
16	横担 2×∟50×5×0.7	根	8.00	31.57	252.56
17	横担∟50×5×1.5	根	3.00	31.57	94.71
18	混凝土底盘 0.6×0.6×0.18	块	7.04	120.00	844.20
19	混凝土卡盘 0.8×0.3×0.15	块	1.01	80.00	80.40
20	混凝土拉盘 0.6×0.3×0.18	块	6.03	80.00	482.40
21	UT 型线夹	套	3.00	26.00	78.00
22	蝶型绝缘子	组	88.00	11.00	968.00
23	针式绝缘子	组	16.00	9.00	144.00
24	拉棒 ϕ22×2.61	根	6.00	11.00	66.00
25	拉线 GJ25	根	3.00	45.00	135.00
26	拉线 GJ35	根	2.00	48.00	96.00
27	拉线 GJ100	根	1.00	118.00	118.00
28	铁拉板-40×4（270mm）	套	176.00	9.44	1661.44
29	M 型抱铁	套	5.00	39.00	195.00
30	铝芯电力电缆 VLV2—500—3×25+1×10	m	41.31	17.08	705.56
31	带垫圈六角头带帽螺栓	套	32.00	6.00	192.00
32	U 型抱箍	套	5.00	31.00	155.00
33	六角头带帽螺栓带垫圈	套	72.00	6.00	432.00
34	裸铝绞线 LJ50	m	638.19	5.23	3337.73

（续）

序号	名称及规格	单位	数量	市场价	合计/元
35	裸铝绞线 LJ35	m	334.29	4.01	1340.50
36	裸铝绞线 LJ25	m	166.13	2.46	408.69
37	裸铝绞线 LJ16	m	322.13	1.67	537.96
38	M 型抱铁	套	8.00	39.00	312.00
39	不可调线夹	套	1.00	14.51	14.51
40	UT 型线夹	套	3.00	26.00	78.00
41	平行挂板	套	1.00	12.00	12.00
42	平行挂板	套	3.00	12.00	36.00
43	锲型线夹	套	3.00	62.00	186.00
44	平行挂板	套	2.00	12.00	24.00
45	锲型线夹	套	2.00	62.00	124.00
	合计				31579.08

表 8-15 工程预算表

工程名称：某厂室外架空配电线路

序号	定额编号	工程项目名称	工程量		定额直接费/元		其中		未计价材料				
			单位	工程量	基价	合价	人工费/元		材料名称	单位	材料数量	单价/元	合价/元
							基价	合价					
1	2-755	汽车运输装卸	10t	0.860	525.75	452.25	117.39	100.98					
2	2-756	汽车运输运输	10t. km	0.860	21.05	18.10	6.30	5.42					
3	2-757	土石方工程普通土	$10m^3$	3.238	253.99	822.42	111.72	361.75					
4	2-763	底盘安装	块	7.000	25.97	181.79	13.02	91.14	混凝土底盘 0.6×0.6×0.18	块	7.04	120.00	844.20
5	2-764	卡盘安装	块	1.000	11.31	11.31	5.67	5.67	混凝土卡盘 0.8×0.3×0.15	块	1.01	80.00	80.40
									抱箍	套	1.00	26.00	26.00
6	2-765	拉盘安装	块	6.000	9.22	55.32	4.62	27.72	混凝土拉盘 0.6×0.3×0.18	块	6.03	80.00	482.40
									拉棒 $\phi22\times2.61$	根	6.00	11.00	66.00
7	2-771	电杆组立单杆混凝土杆(10m)	根	3.000	70.79	212.37	27.93	83.79	电杆 10m	根	3.00	1000.00	3,000.00
8	2-770	电杆组立单杆混凝土杆(9m)	根	2.000	54.87	109.74	19.95	39.90	电杆 9m	根	2.00	860.00	1720.00
9	2-794	1kV 以下横担安装四线双根	组	7.000	24.25	169.75	9.03	63.21	横担 2×∟75×8×1.5	根	14.00	74.36	1041.04
									蝶型绝缘子	组	56.00	11.00	616.00

（续）

序号	定额编号	工程项目名称	工程量		定额直接费/元		其中		未计价材料				
			单位	工程量	基价	合价	人工费/元 基价	人工费/元 合价	材料名称	单位	材料数量	单价/元	合价/元
9	2-794	1kV 以下横担安装四线双根	组	7.000	24.25	169.75	9.03	63.21	铁拉板 －40×4(270mm)	套	112.00	9.44	1057.28
									六角头带帽螺栓带垫圈	套	56.00	6.00	336.00
10	2-794	1kV 以下横担安装 四线双根	组	2.000	24.25	48.50	9.03	18.06	横担 2×∟63×6	根	4.00	74.36	297.44
									蝶型绝缘子	组	16.00	11.00	176.00
									铁拉板 －40×4(270mm)	套	32.00	9.44	302.08
									六角头带帽螺栓带垫圈	套	16.00	6.00	96.00
11	2-793	1kV 以下横担安装 四线单根	组	3.000	13.95	41.85	5.67	17.01	横担∟50×5×1.5	根	3.00	31.57	94.71
									针式绝缘子	组	12.00	9.00	108.00
									M 型抱铁	套	3.00	39.00	117.00
									U 型抱箍	套	3.00	31.00	93.00
12	2-770	电杆组立单杆混凝土杆(9m 以内)	根	2.000	54.87	109.74	19.95	39.90	电杆 7m	根	2.00	700.00	1400.00
13	2-792	1kV 以下横担安装二线双根	组	4.000	10.17	40.68	3.99	15.96	横担 2×∟50×5×0.7	根	8.00	31.57	252.56
									蝶型绝缘子	组	16.00	11.00	176.00
									铁拉板 －40×4(270mm)	套	32.00	9.44	302.08
									带垫圈六角头带帽螺栓	套	32.00	6.00	192.00
									M 型抱铁	套	8.00	39.00	312.00
14	2-792	1kV 以下横担安装 二线单根	组	2.000	10.17	20.34	3.99	7.98	横担 ∟50×5×0.7	根	2.00	31.57	63.14
									针式绝缘子	组	4.00	9.00	36.00
									M 型抱铁	套	2.00	39.00	78.00
									U 型抱箍	套	2.00	31.00	62.00

（续）

序号	定额编号	工程项目名称	工程量		定额直接费/元		其中 人工费/元		未计价材料				
			单位	工程量	基价	合价	基价	合价	材料名称	单位	材料数量	单价/元	合价/元
15	2-806	拉线制作安装普通拉线 GJ100	根	1.000	29.86	29.86	13.86	13.86	拉线 GJ100	根	1.00	118.00	118.00
									UT 型线夹	套	1.00	26.00	26.00
									抱箍	套	1.00	26.00	26.00
									平行挂板	套	1.00	12.00	12.00
									不可调线夹	套	1.00	14.51	14.51
16	2-804	拉线制作安装普通拉线	根	3.000	20.51	61.53	9.45	28.35	拉线 GJ25	根	2.00	45.00	90.00
									拉线 GJ35	根	1.00	48.00	48.00
									抱箍	套	3.00	26.00	78.00
									UT 型线夹	套	3.00	26.00	78.00
									锲型线夹	套	3.00	62.00	186.00
									平行挂板	套	3.00	12.00	36.00
17	2-807	拉线制作安装水平及弓形拉线（截面 $35mm^2$ 以内）	根	2.000	44.39	88.78	21.42	42.84	拉线 GJ25	根	1.00	45.00	45.00
									拉线 GJ35	根	1.00	48.00	48.00
									UT 型线夹	套	2.00	26.00	52.00
									抱箍	套	2.00	26.00	52.00
									平行挂板	套	2.00	12.00	24.00
									锲型线夹	套	2.00	62.00	124.00
18	2-811	导线架设裸铝绞线（截面 $50mm^2$）	1km/单线	0.630	561.5	353.75	178.92	112.72	裸铝绞线 LJ50	m	638.19	5.23	3337.73
19	2-810	导线架设裸铝绞线（截面 $35mm^2$）	1km/单线	0.330	290.33	95.80	91.77	30.28	裸铝绞线 LJ35	m	334.29	4.01	1340.50
20	2-810	导线架设裸铝绞线（截面 $25mm^2$）	1km/单线	0.164	290.33	47.61	91.77	15.05	裸铝绞线 LJ25	m	166.13	2.46	408.69
21	2-810	导线架设裸铝绞线（截面 $16mm^2$ 以内）	1km/单线	0.318	290.33	92.32	91.77	29.18	裸铝绞线 LJ16	m	322.13	1.67	537.96
22	2-826	进户线截面（$50mm^2$）	100m/单线	1.600	177.83	284.53	35.70	57.12	导线 $50mm^2$	m	162.88	5.23	851.86
23	2-825	进户线截面（$35mm^2$）	100m/单线	1.600	90.71	145.14	18.27	29.23	导线 $35mm^2$	m	162.88	4.01	653.15

（续）

序号	定额编号	工程项目名称	工程量		定额直接费/元		其中		未计价材料				
							人工费/元						
			单位	工程量	基价	合价	基价	合价	材料名称	单位	材料数量	单价/元	合价/元
24	2-825	进户线截面（25mm²）	100m/单线	0.700	90.71	63.50	18.27	12.79	导线	m	71.26	2.46	175.30
25	2-825	进户线截面（16mm²）	100m/单线	0.350	90.71	31.74	18.27	6.39	导线 16mm²	m	35.63	1.67	59.50
26	2-1261	路灯引下线，导线截面（6mm² 以内）	100m 单线	0.255	208.11	53.07	68.04	17.35	BLV 绝缘导线 6mm² 以内	m	27.54	4.49	123.66
27	2-1632	大马路弯灯臂长 3000mm	10 套	0.500	893.72	446.86	305.76	152.88	大马路弯灯 3000mm	套	5.05	800.00	4040.00
28	2-521	电缆沟挖填一般土沟	m³	13.950	21.78	303.83	10.92	152.33					
29	2-539	电缆保护管敷设钢管（管径 100～150mm）	10m（根）	1.649	336.15	554.31	118.02	194.61	钢管（管径 80mm）	m	16.74	71.00	1188.36
30	2-610	铝芯电力电缆敷设（截面 35mm² 以下）	100m	0.409	357.11	146.06	105.42	43.12	铝芯电力电缆 VLV2—500—3×25+1×10	m	41.31	17.08	705.56
31	2-648	户外热缩式电力电缆终端头制作安装（10kV 以下截面 35mm² 以下）	个	1.000	185.67	185.67	54.60	54.60	户外热塑头 35～400mm²	套	1.02	3600.00	3672.00
		合计	元			5278.52		1871.19					31579.08

小　　结

外部线路包括两大部分，即室外架空线路和电缆线路。

架空配电线路是用电杆将导线悬空架设，直接向用户供电的电力线路。架空配电线路由电杆、横担、金具、绝缘子及导线组成。10kV 以下架空配电线路工程主要包括工地运输、线路测量定位、基础施工、电杆组立、横担安装、拉线制作安装、导线架设及弛度观测等，同时还包括进户线架设、杆上变压器和杆上配电设备的安装。

户外电缆敷设有三种基本方式：直埋式、敷设于混凝土管中、敷设在隧道中。室内电气设备安装用的电缆一般敷设于隧道、沟道、夹层、竖井、管路或电缆架空桥架中。

10kV 以下架空配电线路，应根据设计施工图的线路平面图、杆型图以及所附的设备材料表进行计算。计算工程量时，可参照线路施工工序进行，其顺序基本与预算定额相同，即工地运输；基础施工，包括杆基土石方工程、电杆底盘卡盘安装等；电杆组立；横担安装；拉线制作安装；进户线架设；杆上变压器和杆上配电设备的安装等。然后按照预算定额中相应工程项目规定的定额单位，套用相应的定额子目，并计算未计价材料，最后汇总造价。

户外电缆敷设的计算要根据电缆线路平面图、剖面图以及设备材料表进行计算。平面图给出了电缆线路走向、电缆规格以及对电缆敷设要求的说明。剖面图是根据敷设方式，详细表明敷设方法及支架制作等。计算工程量时，可根据具体的工程情况，选择计算电缆沟填挖；人工开挖路面；电缆沟铺砂、盖砖及移动盖板；电缆保护管；顶管敷设；电缆桥架安装；电缆敷设；电缆头制作安装等项目。然后按照预算定额中相应工程项目规定的定额单位，套用相应的定额子目，并计算未计价材料，最后汇总造价。

思 考 题

8-1 试叙述架空线路的优缺点。

8-2 户外电缆敷设的三种基本方式是什么？

8-3 简述电缆接头和电缆头的作用以及为什么橡塑绝缘电缆也要制作？

8-4 电缆保护管长度，除按设计规定的长度计算外，需增加保护管长度的规定有哪些？

8-5 套用电缆敷设定额时，另需注意哪几项规定？

8-6 电缆工程各项定额中均未包括哪些工作内容？

第9章　电气照明工程施工图预算的编制

学习目标

熟悉电气照明工程内容；掌握电气照明工程工程量计算要点、计算程序、计算方法及定额应用。达到会编制电气照明工程施工图预算的目的。

关键词

电气照明工程　进户装置　照明控制设备　室内配线　照明器具

9.1　电气照明工程内容

电气照明工程，一般是指由电源的进户装置到各照明用电器具及中间环节的配电装置、配电线路和开关控制设备的全部电气安装工程。电气照明工程由进户装置、照明配电装置、室内配管配线、照明器具及其控制开关的安装以及安全变压器、插座、风扇、电铃等小型电器的安装组成。图9-1为某工程电气照明平面图。

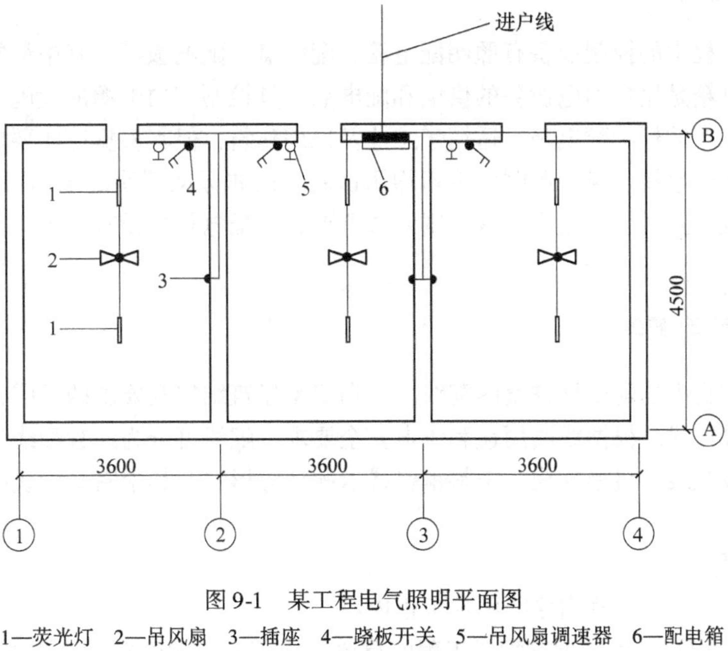

图9-1　某工程电气照明平面图

1—荧光灯　2—吊风扇　3—插座　4—跷板开关　5—吊风扇调速器　6—配电箱

9.1.1　进户装置

电源从室外低压配电线路接线入户的设施称为进户装置。电源进户方式有两种：低压架空进线和电缆埋地进线。

低压架空线进户装置，通常根据电气施工图的划分，进户线横担以前部分列入外网安装工程，而进户线横担则属于室内照明工程。架空线进户装置由进户线横担、绝缘子、引下线、进户线和进户管组成。进户线横担的安装方式有一端埋设和两端埋设两种，图 9-2 为进户线横担示意图。

电缆埋地进线，在照明工程中只考虑低压电缆终端头的制作与安装，其引接电线的安装计入外网工程。

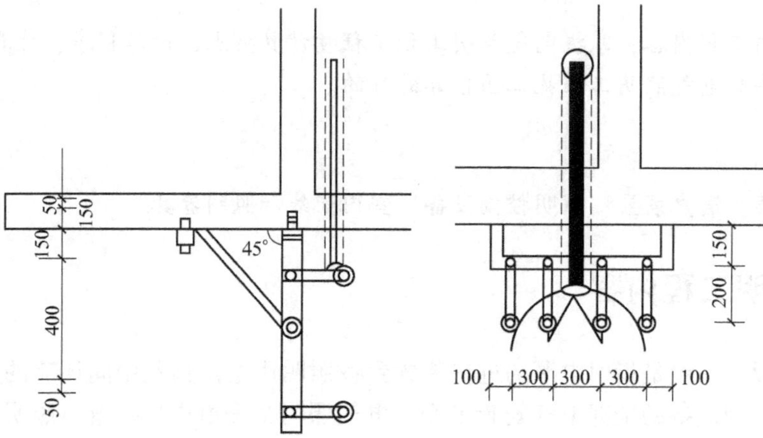

图 9-2　进户横担示意图

9.1.2　照明控制设备

电气照明工程中的控制设备有照明配电箱、配电盘、配电板等，其中最常用的是照明配电箱。照明配电箱是用户用电设备的供电和配电点，是控制室内电源的设施。照明配电箱一般为工厂定型生产的标准配电箱，适用于工业及民用建筑，但其根据照明要求的不同也可以做成非标准照明配电箱。定型照明配电箱均用铁制，而非标准照明配电箱可用铁制或木制，二者均可以制成悬挂明装、嵌入式或半嵌入式等形式。配电箱内设有保护、控制、计量配电装置。

9.1.3　室内配管配线

敷设在建筑物内的配线统称室内配线。根据房屋建筑结构及要求的不同，室内配线可分明敷和暗敷两种方式。根据线路用途和供电安全要求，配线可分为线管配线、夹板配线、绝缘子配线、槽板配线、线槽配线、塑料钢钉线卡配线等形式。其中暗管配线因其美观、安全而最为常用。

1. 线管配线

线管配线包括配管、管内穿线两项工程内容。

(1) 配管　配管工程是配管配线工程的重要组成部分。无论在安装方式、施工难度上，都远比管内穿线复杂得多。常用管材有钢管（即水燃气管）、防爆钢管、电线管、可挠金属管、金属软管、塑料管等。其中塑料管又包括硬质聚氯乙烯管、刚性阻燃管、半硬质阻燃管等。钢管具有较好的防潮、防火、防爆性能，硬塑料管具有较好的防潮和抗酸性能。

配管的方式分为明配和暗配两种方式。

1）明配。明配管通常用管卡子固定于砖、混凝土结构上或固定于钢结构支架及钢索上。明配管施工方便，造价较低，但因管子在建筑物内外露，影响美观，故在民用建筑中较少采用，通常多用于工业厂房内。

2）暗配。暗配管是在土建施工时将管子预埋入墙壁、楼板或天棚内。暗配管施工复杂，造价较高，但其使用年限长，且在建筑物内看不到管线，不影响建筑美观，因此暗配管广泛应用于工业与民用建筑中。

另外，在配管工程中，还应注意管子弯曲的规定：为了便于施工穿线，线管应尽量沿最短线路敷设，并减少弯曲。当线管敷设长度超过有关规定时，应在线路中间装设分线盒或接线盒，其相关规定在接线盒的工程量计算中详细讲述。

（2）管内穿线　配管工程完成后，进行线管内穿绝缘导线。线管内穿线导线总截面积不能大于线管截面面积的40%。

常用绝缘导线按其绝缘材料分为橡皮绝缘导线和聚氯乙烯绝缘导线；按线芯材料有铜线和铝线之分，按线芯性能有硬线和软线之分。导线的这些特点都是通过其型号表示的。表9-1给出了常用绝缘导线的型号、名称和用途。

表9-1　常用绝缘导线的型号、名称和用途

型　号	名　称	用　途
BX（BLX） BXF（BLXF） BXR	铜（铝）芯橡皮绝缘线 铜（铝）芯氯丁橡皮绝缘线 铜芯橡皮绝缘软线	适用于交流500V及以下或直流1000V及以下的电气设备及照明装置
BV（BLV） BVV（BLVV） BVVB（BLVVB） BVR BV—105	铜（铝）芯聚氯乙烯绝缘线 铜（铝）芯聚氯乙烯绝缘聚氯乙烯护套圆型电线 铜（铝）芯聚氯乙烯绝缘聚氯乙烯护套平型电线 铜芯聚氯乙烯绝缘软电线 铜芯耐热105℃聚氯乙烯绝缘电线	适用于各种交流、直流电器装置，电工仪表、仪器，电讯设备，动力及照明线路固定敷设
RV RVB RVS RV—105 RXS RX	铜芯聚氯乙烯绝缘软线 铜芯聚氯乙烯绝缘平行软线 铜芯聚氯乙烯绝缘绞型软线 铜芯耐热105℃聚氯乙烯绝缘连接软电线 铜芯橡皮绝缘电棉纱编织绞型软电线 铜芯橡皮绝缘电棉纱编织圆型软电线	适用于各种交、直流电器、电工仪器、家用电器、小型电动工具、动力及照明装置的连接

2. 其他配线工程

除线管配线外，配线方式还有夹板配线、绝缘子配线、槽板配线、线槽配线、塑料护套线敷设等。

（1）夹板配线　夹板配线是采用瓷夹板或塑料夹板沿建筑物表面支持绝缘导线的配线方法，常用的有二线式和三线式，一般适用于正常环境的室内场所和建筑外挑檐下的室外场所配线，这种配线方式比较经济。

（2）绝缘子配线　绝缘子配线分鼓形绝缘子配线、针式绝缘子配线和蝶式绝缘子配线。鼓形绝缘子配线，按其敷设方式分为沿木结构配线和沿钢支架两种。钢支架可用角钢制作，也可以用扁钢制作。针式及蝶式绝缘子配线多用于工业建筑中，用钢支架沿屋架、梁、柱、墙或跨屋架、梁、柱配线。钢支架一般采用角钢制作。

（3）槽板配线　槽板配线是把绝缘导线敷设在槽板的线槽内，上部用盖板把导线盖住的一种配线方式。槽板配线分木槽板配线和塑料槽板配线两种。木槽板配线比瓷夹、塑料夹配线整齐美观，但由于木槽板吸收水分后易于变形，不宜用于潮湿场所。木槽板有两线式和三线式。塑料槽板配线具有体积小、可防潮的优点，其配线方法与木槽板配线相同。

（4）塑料护套线敷设　塑料护套线敷设是指用铝卡片或塑料钢钉电线卡将导线直接敷设在楼板、墙壁等建筑物表面或钢索上的一种配线方式，所采用的塑料护套线分为二芯线、三芯线。

（5）线槽配线　线槽配线是先将导线或母线敷设在线槽内，线槽再固定在墙、柱的钢支架上或将线槽固定在钢吊架上的一种配线方式。在低压配电系统中，线槽已广泛应用于工业、高层建筑等配电干线中，具有结构紧凑、占据空间小、能承受较大电流的特点。

9.1.4 照明器具

照明器具包括各种灯具、控制开关及小型电器，如风扇、电铃等。照明器具种类繁多，一般功率为 15 ~ 2000W，电压为 220V 和 36V。

1. 灯具的分类

按电光源不同，灯具分为以下几种：

（1）白炽灯　白炽灯价格便宜、安装方便、品种规格多，是使用最为普遍的一种灯具。

（2）荧光灯　荧光灯的价格略高于白炽灯，但长期运行其总的经济技术指标优于白炽灯，所以也是较为普遍采用的一种照明灯具。

（3）高压汞灯　此类灯具生产技术成熟，产品质量稳定，多年来已在室外照明及工业厂房中得到广泛应用。

（4）高压钠灯　高压钠灯的光效为高压汞灯的 2 倍，所以可在室外照明中取代高压汞灯。

（5）金属卤化物灯　该灯具光效高、光色好、寿命长，可用于高照度、高显色性的场所。

2. 灯具的安装方式

灯具的安装方式有三种，即吊式、吸顶式、壁装式，其中吊式又分线吊式、链吊式、管吊式三种方式；吸顶式又分一般吸顶式、嵌入吸顶式两种方式；壁装式又分一般壁装式、嵌入壁装式两种方式。灯具安装方式及符号见表 9-2。

表 9-2　灯具安装方式及符号

安装方式		新符号	旧符号
吊式	线吊式	WP	X
	链吊式	C	L
	管吊式	P	G
吸顶式	一般吸顶式	R	D
	嵌入吸顶式		RD
壁装式	一般壁装式	W	B
	嵌入壁装式	R	RB

3. 灯具的组成

图9-3为常见灯具的组成。

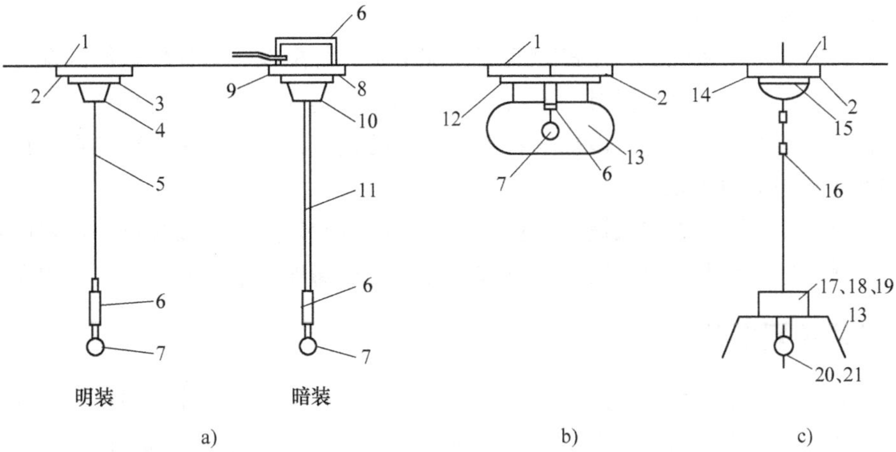

图9-3　灯具组成

a) 吊灯　b) 吸顶灯　c) 日光灯

1—固定木台螺钉　2—木台　3—固定吊线盒　4—吊线盒　5—灯线（花线）　6—灯头　7—灯泡　8—塑料台固定螺栓　9—塑料台　10—吊杆盘　11—吊杆（吊链，灯线）　12—灯圈（灯架）　13—灯罩　14—固定吊线盒螺钉　15—吊线盒（或吊链底座）　16—吊线（吊链、吊杆、灯线）　17—镇流器　18—启辉器　19—电容器　20—灯管灯脚　21—灯管

9.2　电气照明工程工程量计算及定额应用

9.2.1　工程量计算要点

1）计算项目。计算照明工程工程量时应根据电气工程施工图，按预算定额中的子目划分分别列项计算，工程量的计量单位应与预算定额中规定的计量单位一致，以便于正确套用定额。

2）计算方法。工程量计算必须按规定的工程量计算规则计算。电气照明工程量应根据电气工程照明平面图、照明系统图以及设备材料表等进行计算。照明线路的工程量按施工图上标明的敷设方式和导线的型号、规格，根据轴线尺寸结合比例尺量取进行计算。照明设备、用电器具的安装工程量，应根据施工图上标明的图例、文字符号分别进行统计。

为了准确计算照明工程工程量，不仅要熟悉照明工程的施工图，还应熟悉或查阅建筑施工图上的有关主要尺寸。因为一般电气施工图只有平面图，没有立面图，故需要根据建筑施工图的立面图和电气照明施工图的平面图配合计算。

照明线路的工程量计算，一般先算干线，后算支线，按不同的敷设方式、不同型号和规格的导线分别进行计算。建筑照明进户线的工程量，原则上是从进户横担到配电箱的长度进行计算，对进户横担以外的线段不计入室内照明工程量中。

除了施工图上所表示的分项工程外，还应计算施工图样中没有表示出来但施工中又必须进行的工程项目，以免漏项。如在遇到建筑物沉降缝时，暗配管工程应作接线箱过渡等。

9.2.2 照明工程量计算程序及方法

1. 照明工程量计算程序

根据照明平面图和系统图，按进户线、总配电箱、总配电箱至分配电箱的配线、分配电箱、分配电箱至各灯具和用电器具的配线、灯具用电器具的顺序逐项进行计算。这样的计算程序思路清晰、有条理性，既可以加快看图、计量的速度，又可避免漏算和重复计算。

2. 照明工程量计算方法

工程量的计算采用列表方式进行计算。照明工程量的计算，一般宜按一定顺序自电源侧逐一向用电侧进行，要求列出简明的计算式，可以防止漏项、重复和潦草，也便于复核。

9.2.3 进户装置安装

进户装置安装主要是指进户线横担的安装。编制预算时，进户线横担安装根据不同的埋设形式、线数，以“根”为单位计量，套用相应定额子目。绝缘子及防水弯头等的安装已包括在进户线横担安装子目的工作内容中，不再列项计算。

进户线横担安装定额中按横担的埋设方式分一端埋设式和两端埋设式，每种埋设方式又以二线、四线、六线分别列项。定额中的工作内容包括测位、划线、打眼、钻孔、安装横担、安装瓷瓶及防水弯头。其中横担、绝缘子、防水弯头、支撑铁件及螺栓为未计价材料，另行计价。

9.2.4 照明控制设备安装

电气照明工程的控制设备主要指照明配电箱、板以及箱内组装的各种电气元件（控制开关、熔断器、计量仪表、盘柜配线等）。照明工程控制设备安装，分成套控制设备和单体控制设备安装。

1. 定额内容

照明配电箱（盘、板）安装分成套配电箱和非成套配电箱两类。

1）成套配电箱根据安装方式的不同分落地式和悬挂嵌入式两种，其中悬挂嵌入式以半周长分档列项。定额的计量单位为“台”。定额中的工作内容包括开箱、检查、安装、查校线、接地等。定额中不包括支架制作、安装，应另行计算。成套配电箱为未计价材料。

2）非成套配电箱（盘、板）定额中分为钢制箱盒制作、木配电箱制作、配电板制作、配电板安装等子目。钢制箱盒制作定额的工作内容包括制作、下料、焊接、油漆等，定额的计量单位为“100kg”。木配电箱制作定额的工作内容包括选料、下料、做榫、净面、拼缝、拼装、砂光、油漆，定额的计量单位为“套”。配电板制作、安装定额的工作内容包括选料、下料、做榫、拼缝、钻孔、拼装、砂光、油漆、安装、接线、接地等。配电板制作的定额计量单位为“m^2”，配电板安装的定额计量单位为“块”。当木制配电板用铁皮包木板时，另计“木板包铁皮”项目，以“m^2”为单位计量，套用定额子目。配电板内设备元件安装及端子板外部接线应另套单项定额。

3）盘柜配线以不同截面规格分列项目，其工作内容包括：放线、下料、包绝缘带、排线、卡线、校线、接线。定额的计量单位为“10m”。导线、接线端子为未计价材料。

2. 工程量计算及定额应用

（1）成套配电箱　定额根据成套配电箱按安装方式的不同，悬挂嵌入式配电箱以半周长分档列项，均以“台”为单位计量。

安装配电箱需做槽钢、角钢基座时，其制作安装以“m”为单位计量，其长度 $L=2A+2B$，其中 A、B 的含义如图9-4所示；需做支架安装于墙、柱子上时，应计算支架的制作安装，以“100kg”为单位计量，套用相应铁构件制作安装定额。角钢、槽钢及制作支架的钢材等主要材料价值另计。

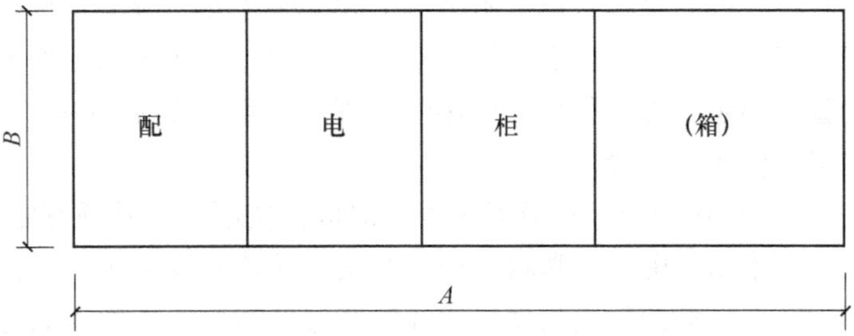

图9-4　配电箱角钢、槽钢基座示意图
A—各柜、箱边长之和　*B*—柜之宽

进出配电箱的线头需焊（压）接线端子时，以“个”为单位计算。

（2）非成套配电箱（盘、板）　配电箱制作为铁质时以“100kg”为单位计量；木质配电箱制作以半周长分档，以“套”为单位计量；配电板制作区别不同材质，以“m^2”为单位计量；板体安装，区分板体半周长的不同，以“块”为单位计量，套用相应定额子目。

（3）配电箱、盘、板内电气元件安装　配电箱、盘、板内电气元件安装，如电度表（Wh）、电压表、电流表、各种控制开关（空气开关、刀型开关、铁壳开关、胶盖开关、组合开关、万能转换开关、漏电保护开关等）、继电器、接触器、熔断器的安装，根据施工图样配电箱、盘、板设计系统图中的相应设计数量，以“个”为单位计量；端子板按施工图图示，每10个端子划分为一组，以“组”为单位计量；端子板外接线按施工图图示接线根数计算，以“10个”为单位计量，分别套用第二册第四章中的相应子目。相应的电气元件等主材需另行计价。

（4）配电箱、盘、板内配线　配电箱、盘、板内配线是以“10m”为单位计量，其长度 $L=$（盘、柜半周长＋预留长度）×出线回路数，套用第二册第四章中相应子目。配电箱、盘、柜的外部进出线预留长度为配电箱（盘、板）的半周长。

9.2.5　室内配管配线安装

1. 定额内容

（1）配管配线　配管线路主要由两部分组成：管路敷设（即配管）和管内穿线（即配线）。

1）配管。配管项目预算定额中是根据管子的材质、敷设方式、敷设部位分别列项的。定额的工作内容根据施工需要，一般包括测位、划线、打眼、埋螺栓、锯管、套丝、煨弯、配管、接管、接地、刷漆等。定额计量单位是“100m”。

定额中各种线管均为未计价材料，应另行计价。配管所用的钢结构支架制作、钢索架设及动力配管混凝土地面刨沟等，均需另外套用相应的定额子目，计入预算中。

2）管内穿线。管内穿线预算定额子目是根据线芯材质及导线截面的不同分别列项的。定额的工作内容包括穿引线、扫管、涂滑石粉、穿线、编号、接焊包头。定额计量单位是

“100m 单线”。其中绝缘导线为未计价材料，应另行计价。

（2）其他配线

1）夹板配线。根据夹板材质不同，有瓷夹板配线和塑料夹板配线两类。夹板配线的预算定额，按照夹板敷设于木结构上和安装于砖、混凝土结构上分别列项。每类定额又根据导线的线数和导线截面面积的大小划分子目。定额中的工作内容包括测位、划线、打眼、下过墙管、固定线夹、配线、焊接包头等。定额计量单位是“100m 线路”。绝缘导线为未计价材料，应另行计价。

2）槽板配线。槽板配线根据槽板材质不同，其预算定额分木槽板配线和塑料槽板配线两类。木槽板配线、塑料槽板配线又按照槽板安装于木结构上或安装于砖、混凝土结构上分别列项。每类定额再根据导线线数和导线截面大小的不同分列不同的定额子目。定额中的工作内容包括测位、划线、打眼，下过墙管、断料、作角弯、装盒子、配线、接焊包头等。另外，在砖、混凝土结构上安装时还应包括埋螺钉工作。定额计量单位是“100m”。绝缘导线和木槽板、塑料槽板为未计价材料，应另行计算，计入预算中。

3）塑料护套线明敷。塑料护套线明敷根据塑料护套线明敷方式与敷设处所的不同，有沿木结构明敷，沿砖、混凝土结构明敷，沿钢索明敷，砖、混凝土结构黏接等四类预算定额。定额计量单位是“100m”。塑料护套线为未计价材料，应另行计入。

①定额中塑料护套线沿木结构明敷和沿砖、混凝土结构明敷均按导线的芯数（二芯或三芯）和导线截面积的不同分别列项。定额的工作内容包括测位、划线、打眼、埋螺栓、下过墙管、上卡子、装盒子、配线、接焊包头。

②塑料护套线沿钢索明敷的配线定额子目的基本内容及未计价材料等，与其他三种塑料护套线的敷设并无差异，但沿钢索敷设导线必须架设钢索。因此，在塑料护套线沿钢索明敷工程中必须计算钢索架设的费用。而钢索架设又必须拉紧，但钢索架设的预算定额并不包括它的拉紧装置制作与安装，所以在一般情况下，塑料护套线沿钢索敷设工程预算中应包括沿钢索配线、钢索架设和钢索拉紧装置的制作和安装三项费用。

钢索架设的预算定额按钢索用材分为圆钢和钢丝绳两类，再按照钢索的直径不同划分若干子目。定额中的工作内容包括测位、断料、调直、架设、绑扎、拉紧、刷漆。定额计量单位是“100m”。钢索为未计价材料，应另行计入。

钢索拉紧装置制作安装定额按钢索拉紧所用花篮螺栓的直径来划分子目。定额中的工作内容包括下料、钻眼、煨弯、组装、测位、埋螺栓、连接、固定、刷漆。定额计量单位是“10 套”。

4）线槽配线。线槽配线定额根据导线截面不同分别列项。定额中的工作内容包括清扫线槽、放线、编号、对号、接焊包头。定额计量单位是“100m 单线”。其中绝缘导线为未计价材料，应另行计入。

5）绝缘子配线。绝缘子配线的预算定额是根据绝缘子的种类、配线场所以及导线的截面面积不同划分子目。定额中的工作内容包括测位、划线、打眼、安装支架、下过墙管、上绝缘子、配线、接焊包头。定额计量单位是“100m 单线”。定额中未包括绝缘导线材料费以及钢支架制作、钢索架设及拉紧装置制作安装，应按照有关定额项目另行计算。

（3）接线盒安装　接线盒安装的预算定额是按安装方式即明装或暗装、接线盒的类型即普通型或防爆型以及安装部位的不同分别列项。定额中的工作内容包括测定、固定、修孔。

定额计量单位是“10 个”。接线盒为未计价材料，另行计价。

（4）其他　室内线路除上述几种结构外，尚有车间带形母线，通常用于各类工业生产厂房；插接式母线，多用于机械加工车间，而不用于照明工程。

2. 工程量计算及定额应用

（1）配管工程量计算

1）工程量计算规则。各种配管工程量根据管材材质、敷设方式和规格不同，以“延长米”为单位计量，不扣除管路中间的接线盒（箱）、灯头盒、开关盒所占长度。

2）工程量计算方法。从配电箱起按各个回路进行计算，或按建筑物的自然层划分计算，或按建筑平面形状特点及系统图的组成特点分片划块计算，然后进行汇总。应当注意计算顺序，不要“跳算”，以防混乱，影响工程量计算的正确性。

下面以图 9-5 为例讲述其计算方法。在图 9-5 中，QA 表明沿墙暗敷设（新规范符号为 WC），QM 表明沿墙明敷设（新规范符号为 WE），n_1、n_2 分别表示两个回路。

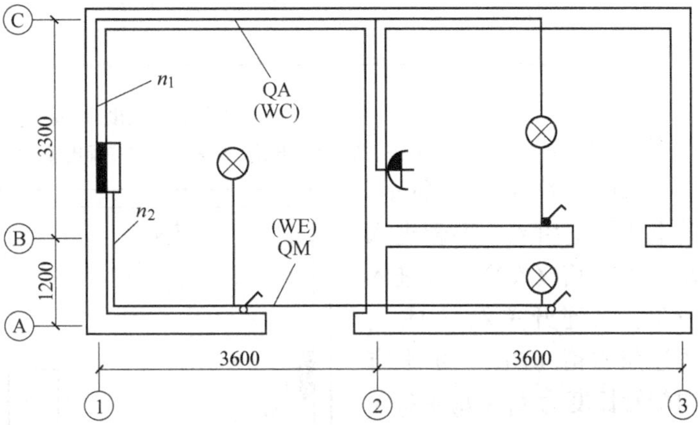

图 9-5　线管水平长度计算示意图

①水平方向敷设的线管。水平方向敷设的线管以施工平面布置图的线管走向和敷设部位为依据，并借用建筑物平面图所标墙、柱轴线尺寸进行线管长度的计算。

当线管沿墙暗敷时，按相关墙轴线尺寸计算该配管长度。如 n_1 回路，沿Ⓑ—Ⓒ，①—③等轴线敷设，按其轴线长度计算工程量，其工程量为（3.3 + 1.2）/2［Ⓑ—Ⓒ轴间配管长度］+3.6［①—②轴间配管长度］+3.6/2［②—③轴间配管长度］+（3.3 + 1.2）/2［引向插座配管长度］+3.3［引向灯具及开关配管长度］=13.20m。

当线管沿墙明敷时，按相关墙面净空长度尺寸计算线管长度。如 n_2 回路，沿Ⓒ—Ⓐ，①—②等墙面敷设，按墙面的净空长度计算工程量，其工程量为（3.3 + 1.2 − 0.24）/2［Ⓒ—Ⓐ轴间配管长度］+3.6［①—②轴间配管长度］+（3.6 − 0.24）/2［②—③轴间配管长度］+（3.3 + 1.2 − 0.24）/2［引向灯具］+（1.2 − 0.24）/2［引向灯具］=10.02m。

②垂直方向敷设的管（沿墙、柱引上或引下）。垂直配管工程量计算与楼层高度及与配电箱、柜、盘、板、开关等设备安装高度有关。无论配管是明敷或暗敷均可参照图 9-6 计算线管长度。由图可知，拉线开关配管长度为 200 ~ 300mm，跷板开关配管长度为（$H-h_1$），插座的配管长度为（$H-h_2$），配电箱 4 的配管长度为（$H-h_3$），开关盒的配管长度（$H-h_4$），配电柜 5 的配管长度为（$H-h_5$）。

一般来说，拉线开关距顶棚 200 ~ 300mm，跷板开关距地面距离为 1300mm，插座距地面距离为 300mm（住宅 1300mm、幼儿园 1800mm），配电箱底部距地面距离为 1500mm。进行计算时，要注意从设计图样或安装规范中查找有关数据。

计算图 9-6 中垂直配管长度。设层高为 3m，图中有一台配电箱（500mm × 300mm）、一个插座（距地300mm）、三个跷板开关，其垂直配线工程量为3－1.5－0.3＋3－0.3＋（3－1.3）×3＝9.00m。

③当埋地配管时，水平方向的配管按墙、柱轴线尺寸及设备定位尺寸进行计算。穿出地面向设备或向墙上电气开关配管时，按埋置的深度和引向墙、柱的高度进行计算。

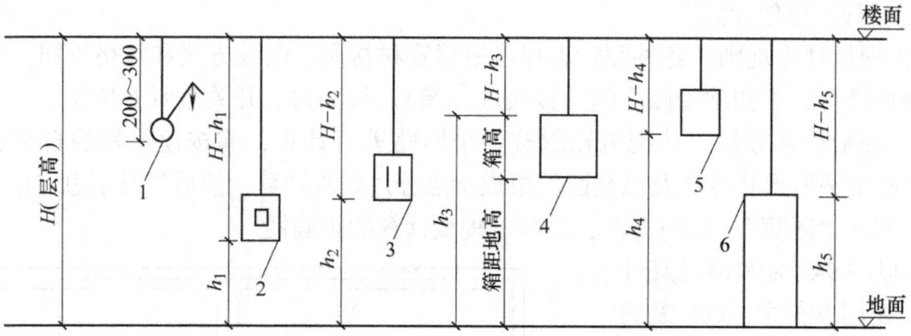

图9-6 引下线管长度计算示意图

1—拉线开关 2—跷板开关 3—插座 4—配电箱 5—开关盒 6—配电柜

如图9-7、图9-8所示，若电源架空引入，穿管进入动力配电箱（AP），再进入设备，又连开关箱（AK），再连照明箱（AL）。水平方向配管长度为$L_1+L_2+L_3+L_4$，均算至各中心处。垂直方向配管长度为h_1+h［电源引下线管长度］＋h＋设备基础高＋150～200mm［引向设备线管长度］＋$h+h_2$［引向刀开关箱线管长度］＋$h+h_3$［引向配电箱线管长度］。如果刀开关无箱盘安装，则h_2应算至开关中心位置。

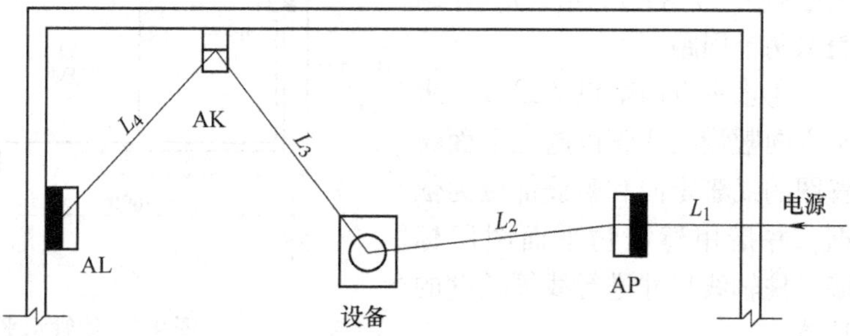

图9-7 埋地水平管长度示意图

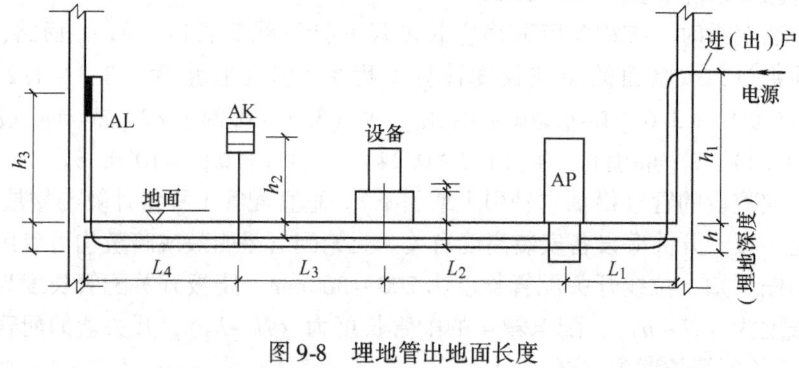

图9-8 埋地管出地面长度

3）配管工程量计算中的其他规定。

①在钢索上配管时，除计算配管工程量外，还要计算钢索架设和钢索拉紧装置制作与安装两项。钢索架设工程量，应区分圆钢、钢丝绳（直径6mm、9mm），按图示墙（柱）内缘距离，以“延长米”为单位计量，不扣除拉紧装置所占长度。钢索拉紧装置制作安装工程

量，应区别花篮螺栓直径（12mm、16mm、18mm），以“套”为单位计量，套用相应定额子目。

②当动力配管发生混凝土地面刨沟时，应区别管子直径，以“m”为单位计量，套用相应定额子目。

③在吊顶内配管敷设时，套用相应管材明配管定额子目。

④电线管、钢管明配、暗配均包括刷防锈漆，若图样设计要求作特殊防腐处理时，按第十一册《刷油、防腐蚀、绝热工程》定额中的规定计算工程量并套用相应定额子目。

⑤配管工程中已包括接地，但不包括支架制作与安装，支架制作安装另列项计算。

（2）配管接线箱、接线盒安装工程量计算　明配线管和暗配线管均未包括接线盒（分线盒）或接线箱安装，或开关盒、灯头盒及插座盒安装。接线箱安装工程量，应区别安装形式（明装、暗装）、接线箱半周长，以“个”为单位计量。接线盒安装工程量，应区别安装形式（明装、暗装、钢索上安装）、接线盒类型，以“个”为单位计量，套用相应定额子目。

1）接线盒产生在管线分支处或管线转弯处，可参照图 9-9 线盒位置示意图计算接线盒

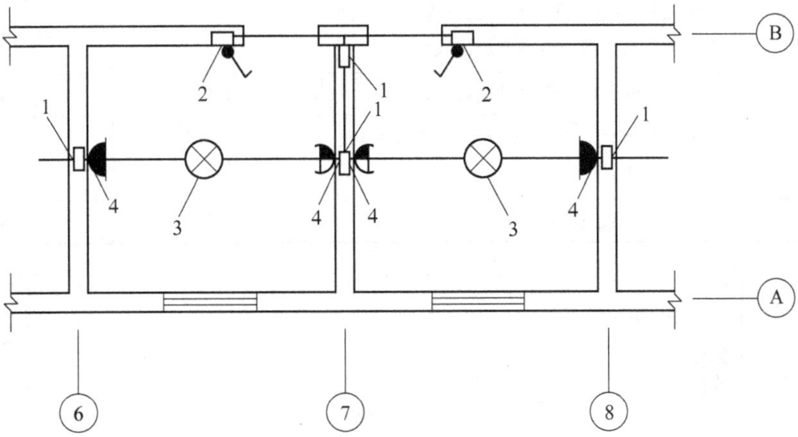

a)

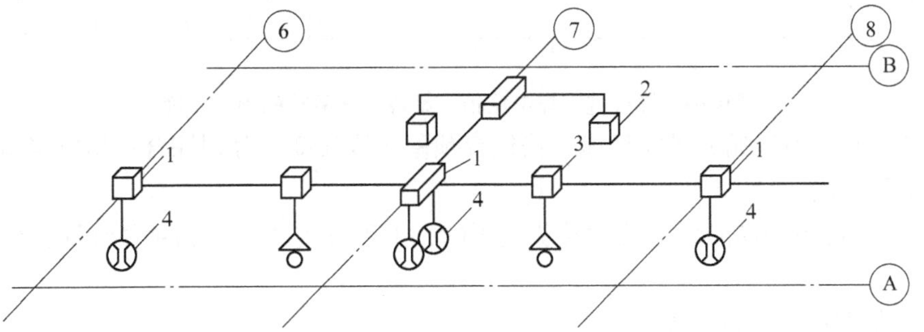

b)

图 9-9　接线盒位置示意图

a）平面图　b）透视图

1—接线盒　2—开关盒　3—灯头盒　4—插座盒

数量。

2）线管敷设超过下列长度时，中间应加接线盒：管长大于30m，且无弯曲；管长大于20m，有1个弯曲；管长大于15m，有2个弯曲；管长大于8m，有3个弯曲。

（3）配管内穿线工程量计算

1）管内穿线。管内穿线工程量计算应区分线路性质（照明线路和动力线路）、导线材质（铝芯线、铜芯线和多芯软线）、导线截面，按单线“延长米”为单位计量，以“100m单线”套用相应定额子目。照明线路中的导线截面超过$6mm^2$以上时，按动力穿线定额计算。

管内穿线长度可按下式计算：

管内穿线长度 =（配管长度 + 导线预留长度）× 同截面导线根数

2）导线进入开关箱、柜及设备预留长度见表9-3、如图9-10所示。

表9-3 导线预留长度

序号	项　目	预留长度/m	说　明
1	各种开关箱、柜、板	宽+高	盘面尺寸
2	单独安装（无箱、盘）的铁壳开关、闸刀开关、启动器、母线槽进出线盒等	0.3	从安装对象中心算起
3	由地面管子出口引至动力接线箱	1.0	从管口算起
4	电源与管内导线连接（管内穿线与硬、软母线接头）	1.5	从管口算起
5	出户线（或进户线）	1.5	从管口算起

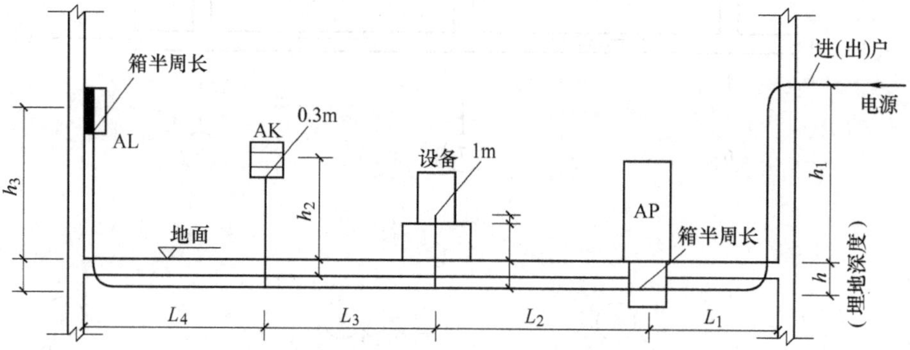

图9-10 导线进入配电箱柜、设备、开关箱的预留长度

接头线、进入灯具及明暗开关、插座、按钮等预留导线长度已分别综合在相应定额中，不得另行计算导线长度。

3）导线与设备相连需焊（压）接头端子的，工程量按“个”为单位计量，套用相应定额子目。

（4）其他配线工程量计算

1）线夹配线工程量，应区别线夹材质（塑料线夹或瓷质线夹）、线式（两线式或三线式）、敷设位置（在木结构、砖结构或混凝土结构上）以及导线规格，以“线路延长米”为单位计量，以“100m线路”套用相应定额子目。

2）绝缘子配线工程量，应区分鼓形绝缘子（瓷柱）、针式绝缘子和蝶式绝缘子配线以及绝缘子配线位置、导线截面积，以“单线延长米”为单位计量，以“100m 单线”套用相应定额子目。

绝缘子配线沿墙、柱、屋架或跨屋架、跨柱敷设，需要支架时，按施工图规定或标准图计算支架质量以“100kg”为单位计量，并列项计算支架制作。

当绝缘子配线跨越需要拉紧装置时，按“套”为单位计量，套用相应定额子目。

3）槽板配线工程量，区分槽板的材质（木槽板或塑料槽板）、导线截面、线式（两线式或三线式）以及配线位置（敷设在木结构、砖结构或混凝土结构上），以“线路延长米”为单位计量，以“100m”套用相应定额子目。

4）塑料护套线配线，不论圆型、扁型、轨型护套线，以芯数（二芯或三芯）、导线截面大小及敷设位置（敷设于木结构、砖混凝土结构上或沿钢索敷设），按“单根线路延长米”为单位计量，以“100m”套用相应定额子目。

塑料护套线沿钢索敷设时，需另列项计算钢索架设及钢索拉紧装置两项。

5）线槽配线工程量，金属线槽和塑料线槽安装，按“m”为单位计量，金属线槽宽小于100mm时用加强塑料线槽定额，大于100mm的母线槽时用槽式桥架定额。线槽进出线盒以容量分档按“个”为单位计量；灯头盒、开关盒按“个”为单位计量；线槽内配线以导线规格分档，以单线“延长米”为单位计量。线槽需要支架时，要列支架制作与安装项目另行计算。

［例9-1］　图9-11为某工程电气照明平面图。该建筑物层高3.3m，成品配电箱规格500mm×300mm，距地高度1.5m，线管为PVC管VG15，暗敷设，开关距地1.5m。试计算配电箱、配管配线工程量。

解　沿电流方向，根据管内穿线根数不同分段计算。

1）成套配电箱安装：一套（规格500mm×300mm）。

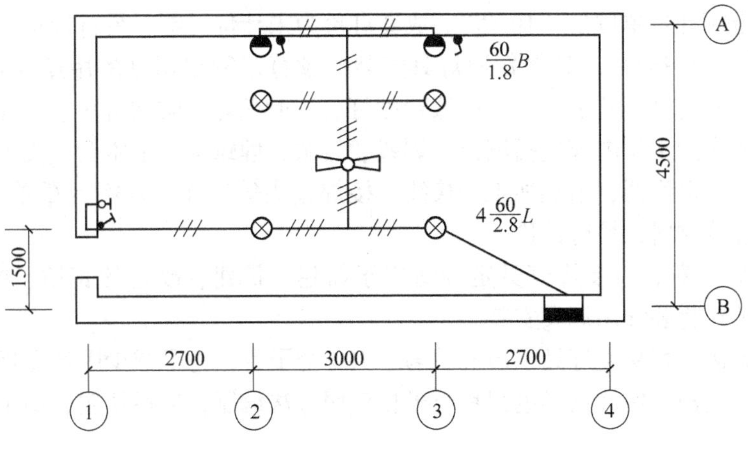

图9-11　某工程电气照明平面图

2）PVC管VG15：长度 = 3.3 − 1.5 − 0.3［配电箱引出、埋墙敷设2根导线］+ $\sqrt{2.7\times2.7+1.5\times1.5}$［④轴处至③轴2根导线］+3/2［③轴至②轴穿3根导线段］+3/2［③轴至②轴穿4根导线段］+2.7［②轴至①轴3根导线］+1［至吊扇4根导线］+1［吊扇至灯具3根导线］+1［灯具至Ⓐ轴2根导线］+3×2［至花灯及壁灯2根导线］+（3.3−1.5）×2［壁灯及开关垂直方向2根导线］+3.3−1.5［至吊扇开关、花灯开关3根导线］=24.69m。

3）BV—2.5导线：对照管段计算式子，按管段长×穿线根数计算。

$$[(3.3-1.5-0.3+0.5+0.3)\times 2]+[\sqrt{2.7\times 2.7+1.5\times 1.5}\times 2]+[(3/2)\times 3]+[(3/2)\times 4]+(2.7\times 3)+(1\times 4)+(1\times 3)+(1\times 2)+[3\times 2\times 2]+[(3.3-1.5)\times 2\times 2]+[(3.3-1.5)\times 3]=62.98\text{m}$$

4）开关盒等：开关盒4个（灯具开关盒3个，吊扇调速开关暗装盒1个），灯头盒7个（6个灯具、1个吊扇），接线盒4个（导线分支处）。

9.2.6 照明器具安装

照明器具安装包括灯具、照明用开关、按钮、安全变压器、插座、电铃和风扇及盘管风机开关等安装，其中以灯具安装为学习重点。

1. 定额内容

照明灯具种类繁多，根据它们的用途及发光方法，定额将其分为七大类，即普通灯具安装、装饰灯具安装、荧光灯具安装、工厂灯及防水防尘灯安装、工厂其他灯具安装、医院灯具安装、艺术花灯安装和路灯安装。在各大类灯具中，再按照各种灯具的安装特点将其基本相同的灯具划归为同一小类，定额以小类划分项目。在应用预算定额时，如已明确某一灯具的类属，便可较容易地正确选定定额子目。

此外，照明用开关、按钮、安全变压器、插座、电铃和风扇及盘管风机开关、请勿打扰灯、须刨插座、钥匙取电器安装等项目也划归照明器具部分定额中。

（1）普通灯具安装　普通灯具安装的预算定额按吸顶灯具和其他普通灯具分类分项。

1）吸顶灯具安装。吸顶灯具安装的预算定额根据灯罩形状，划分为圆球形、半圆球形及方形三种，圆球形、半圆球形按灯罩直径的大小划分子目，方形吸顶灯具定额按灯罩形式划分子目。其工作内容包括测位、划线、打眼、埋螺栓、上木台、灯具安装、接线、接焊包头等项工作。定额计量单位是“10套”。成套灯价为未计价材料，另行计价。

2）其他普通灯具安装。其他普通灯具安装的预算定额根据灯的用途及安装方式分项，分为软线吊灯、吊链灯、防水吊灯、一般弯脖灯、一般壁灯、防水灯头、节能座灯头、座灯头等项目。定额中的工作内容包括测位、划线、打眼、埋螺栓、上木台、支架安装、灯具组装、上绝缘子、上保险器、吊链加工、接线、接焊包头等工作。定额计量单位是“10套”。成套灯价为未计价材料，另行计价。

（2）装饰灯具安装　装饰灯具定额适用于新建、扩建、改建的宾馆、饭店、影剧院、商场、住宅等建筑物装饰用灯具安装。

装饰灯具定额共列9类灯具，19个大项，184个子目，为了减少因产品规格、型号不统一而发生争议，定额采用灯具彩色图片与子目对照方法编制，以便认定，给定额使用带来了极大的方便。

装饰灯具安装定额中的工作内容包括开箱清点、测位划线、打眼埋螺栓、支架制作、安装、灯具拼装固定、挂装饰部件、接焊接线包头等。定额的计量单位是“10套”。成套灯具为未计价材料，另行计价。

（3）荧光灯具安装　荧光灯具安装的预算定额按组装型和成套型分项。定额的计量单位是“10套”。定额中的整套灯具均为未计价材料，另行计价。

1）组装型荧光灯具安装。组装型荧光灯具安装的预算定额按吊链式、吸顶式以及灯管数区别分项。定额内容包括测位、划线、打眼、埋螺栓、上木台、吊链、吊管加工、灯具组装、接线、接焊包头等。

吊管式荧光灯具的电线管、法兰座按灯具带有考虑。如荧光灯具配有电容器时，应另加套电容器的安装定额。

2）成套型荧光灯具安装。成套型荧光灯具安装的预算定额区分吊链式、吊管式、吸顶式，按灯管数目划分定额项目。定额的工作内容与组装型荧光灯具安装的工作内容基本相同，只是灯具不需要组装。

(4) 工厂灯及防水防尘灯安装　工厂灯预算定额按吊管式、吊链式、吸顶式、弯杆式与悬挂式分别列项。防水防尘灯也按安装形式即直杆式、弯杆式与吸顶式分别列项。定额中的工作内容包括测位、划线、打眼、埋螺栓、上木台、吊管加工、灯具安装、接线、接焊包头等工作内容。定额计量单位是“10套”。成套灯具均为未计价材料，另行计价。

(5) 工厂其他灯具安装　工厂其他灯具安装的预算定额包括防潮灯、腰形舱顶灯、碘钨灯、管形氙气灯、投光灯，烟囱水塔独立式塔架标志灯，密闭灯具包括安全灯、防爆灯、高压水银防爆灯、防爆荧光灯等。定额内容中的工作内容包括测位、划线、打眼、埋螺栓、支架安装、灯具安装、接线、接焊包头等。定额计量单位是“10套”。成套灯具为未计价材料，应另行计算。

对于管形氙气灯安装，定额中不包括接触器、按钮、绝缘子安装及管线敷设，应另行计算。

此外，对于高压水银灯的外附镇流器安装，应另行套用镇流器安装定额子目。

(6) 医院灯具安装　医院灯具安装的预算定额有病房指示灯、病房暗脚灯、紫外线杀菌灯及无影灯（吊管灯）等四项。定额中的工作内容包括测位、划线、打眼、埋螺栓、灯具安装、接线、接焊包头等。定额计量单位是“10套、套”。安装用的地脚螺栓按已预埋考虑，成套灯具为未计价材料，应另行计价。

(7) 路灯安装　路灯安装的预算定额分为大马路弯灯安装和庭院路灯安装。前者按弯灯臂长分项，后者按三火以下柱灯和七火以下柱灯分项。定额中的工作内容包括测位、划线、支架安装、灯具组装、接线。定额中不包括支架制作及导线架设。定额计量单位是“10套”。成套灯具为未计价材料，应另行计价。

(8) 照明开关、插座、小型电器安装

1）开关及按钮安装。照明开关安装预算定额分为拉线开关安装、扳把开关明装、单控或双控板式暗开关安装、明装或暗装一般按钮、5A以下密闭开关安装等。其中单控或双控板式暗开关安装分为单联、双联、三联、四联、五联、六联等。定额中的工作内容包括测位、划线、打眼、缠埋螺栓、清扫盒子、上木台、缠钢丝弹簧垫、装开关、装按钮、接线、装盖等。定额计量单位是“10套”。照明开关、按钮为未计价材料，应另行计价。

2）插座安装。插座安装的预算定额分明插座、暗插座、防爆插座三类。每类插座又按单相和三相、是否带接地插孔以及插座的额定电流不同分别立项。定额中的工作内容包括测位、划线、打眼、缠埋螺栓、清扫盒子、上木台、缠钢丝弹簧垫、装插座、接线、装盖等。定额计量单位是“10套”。插座为未计价材料，应另行计价。

3）安全变压器、电铃、门铃、风扇安装。安全变压器安装的预算定额按变压器的容量分项。定额中的工作内容包括开箱、清扫、检查、测位、划线、打眼、支架安装、固定变压器、接线、接地等。定额计量单位是“台”。安全变压器为未计价材料，应另行计价。

电铃安装的预算定额中包括电铃安装和电铃号牌箱安装，前者按电铃的直径分项，后者按号牌箱上的号牌数量分项。定额包括测位、划线、打眼、埋木砖、上木底板、接电铃、接焊包头等工作内容。定额计量单位是“套”。电铃、电铃号牌箱、电铃变压器等为未计价材料，应另行计价。

门铃安装的预算定额按明装、暗装分别列项。定额中的工作内容包括测位、打眼、埋塑料胀管、上螺钉、接线、安装等。定额计量单位是“10个”。门铃为未计价材料，应另行计价。

风扇安装的预算定额分为吊扇安装、壁扇安装、轴流排气扇安装。定额中的工作内容包括测位、划线、打眼、固定吊钩、安装调速开关、接焊包头、接地等。定额计量单位是“台”。风扇为未计价材料，应另行计价。

4）盘管风机开关、请勿打扰灯、须刨插座、钥匙取电器安装分列项目。定额中的工作内容包括开箱、检查、测位、划线、清扫盒子、缠钢丝弹簧垫、接线、焊接包头、安装、调试等。定额计量单位是“10套”。其中风机三速开关、请勿打扰灯、须刨插座、钥匙取电器为未计价材料，应另行计价。

2. 工程量计算及定额应用

（1）照明灯具　照明灯具安装工程量计算应区别灯具的种类、型号、规格、安装方式分别列项，以“套”为单位计量。

1）普通灯具安装包括吸顶灯、其他普通灯具两大类，均以“套”为单位计量。其他灯具包括软线吊灯和吊链灯等，它们均不包括吊线盒价值，必须另计。软线吊灯未计价材料价值按下式计算：

软线吊灯未计价材料价值 = 吊线盒价 + 灯头价 + （灯伞价） + 灯泡价

2）荧光灯具安装分组装型和成套型两类。

①成套型荧光灯，凡由工厂定型生产成套供应的灯具，因运输需要，散件出厂、现场组装者，执行成套型定额。这类灯具包括吊链式、吊管式、一般吸顶式安装方式。

②组装型荧光灯，凡不是工厂定型生产的成套灯具，或由市场采购的不同类型散件组装起来甚至局部改装者，执行组装定额。这类灯具包括吊链式、吸顶式等安装方式。

组装型荧光灯每套可计算一个电容安装及电容器的未计价材料价值。

3）工厂灯及防水防尘灯安装。这类灯具可分为两类，一是工厂罩灯及防水防尘灯；二是其他常用碘钨灯、投光灯、混光灯等灯具安装，均以“套”为单位计量。

4）医院灯具安装。这类灯具分四种，即病房指示灯、病房暗脚灯、紫外线杀菌灯、无影灯（吊管灯），均以“套”为单位计量。

5）路灯安装。路灯包括两种，一是大马路弯灯安装，臂长分为1200mm以下及1200mm以上；二是庭院路灯安装，分三火以下柱灯、七火以下柱灯两个子目，均以“套”为单位计量。

路灯安装，不包括支架制作及导线架设，应另列项计算。

（2）装饰灯具安装工程量计算　装饰灯具安装以“套”为单位计量，根据灯的类型和形状，以灯具直径、灯垂吊长度、方形、圆形等分档，对照灯具图片套用定额。

（3）开关、按钮、插座及其他器具安装工程量计算

1）开关安装。开关安装包括拉线开关、扳把开关、板式开关、密闭开关、一般按钮开

关安装，并分明装与暗装，均以“套”为单位计量。

应注意本处所列“开关安装”是指第二册第十三章照明器具用的开关，而不是指第二册第四章控制设备及低压电器所列的自动空气开关、铁壳开关和胶盖开关等电源用控制开关，故不能混用。

计算开关安装同时应计算明装开关盒或暗装开关盒安装一个，套用相应开关盒安装子目。

第二册第十三章定额所列的一般按钮、电铃安装应与第二册第四章的普通按钮、防爆按钮、电铃安装分开，前一个用于照明工程，后一个用于控制，注意区别。

2）插座安装。定额分普通插座和防爆插座两类，又分明装与暗装，均以“套”为单位计量。计算插座安装同时应计算明装或暗装插座盒安装，执行开关盒安装定额。

3）风扇、安全变压器、电铃安装。

①风扇安装，吊扇不论直径大小均以“台”为单位计量，已包括吊扇调速器安装；壁扇、排风扇、鸿运扇安装，均以“台”为单位计量。

②安全变压器安装，以容量（VA）分档，以“台”为单位计量；但不包括支架制作，支架制作应另立项计算。

③电铃安装，以铃径大小分档，以“套”为单位计量；门铃安装分明装与暗装以“个”为单位计量。

（4）定额应用应注意的问题

1）各型灯具的引下线及预留线，除注明者外，均已综合在灯具安装定额内，不能另行计算。

2）路灯、投光灯、碘钨灯、氙气灯、烟囱或水塔指示灯，均已考虑了一般工程的高空作业因素，不再计算工程超高费。其他器具的安装高度如超过5m，应按规定计算超高增加费。

3）定额中装饰灯具项目均已考虑了一般工程的超高作业因素，并包括脚手架搭拆费用。

4）定额内已包括利用摇表测量绝缘及一般灯具的试亮工作，但不包括调试工作。

5）装饰灯具项目与示意图号配套使用。

6）灯具安装定额包括灯具和灯管的安装。

灯具的未计价材料计算，以各地灯具预算价或市场价为准。灯具预算材料价格包括灯具和灯泡（管）时，就不分别计算。若不包括灯泡（管）时，应另计算灯泡（管）的未计价材料价值，其计算式如下：

灯具未计价材料价值＝灯具套数×定额消耗量×灯具单价＋灯泡（管）未计价价值

灯泡（管）未计价材料价值＝灯泡（管）数×（1＋定额规定损耗率）×灯泡（管）单价

灯罩、灯伞未计价材料价值＝灯具套数×（1＋定额规定损耗率）×灯罩或灯伞单价

[例9-2]　试计算例9-1中照明器具安装的工程量、安装直接费及人工费。

解　1）工程量。

壁灯的安装：2套＝0.2（10套）

吊式花灯安装：4套＝0.4（10套）

扳把开关安装：3套＝0.3（10套）

吊扇安装　1台

2）安装直接费及人工费（套用《全国统一安装工程预算定额》）。

①壁灯安装用定额2-1393。

安装直接费 =0.2（10套）×154.67元/10套 =30.93元

其中人工费 =0.2（10套）×46.90元/10套 =9.38元

②吊链花灯安装用定额2-1390。

安装直接费 =0.4（10套）×95.33元/10套 =38.13元

其中人工费 =0.4（10套）×46.90元/10套 =18.76元

③单联扳把开关安装2-1637。

安装直接费 =0.3（10套）×24.21元/10套 =7.26元

其中人工费 =0.3（10套）×19.74元/10套 =5.92元

④吊扇安装用定额2-1702。

安装直接费 =1（台）×14.19元/台 =14.19元

其中人工费 =1（台）×9.98元/台 =9.98元

应注意，该例题计算的是灯具及开关的安装费，成套灯具、照明、开关、吊扇均为未计价材料，应另行计算。

9.3 电气照明工程施工图预算编制实例

本工程是一栋三层三个单元的居民砖混住宅楼的电气照明工程。图9-12是电气照明系统图，图9-13是一单元二层电气照明平面图，其他各单元各层均与此相同，每个开间均为3m。

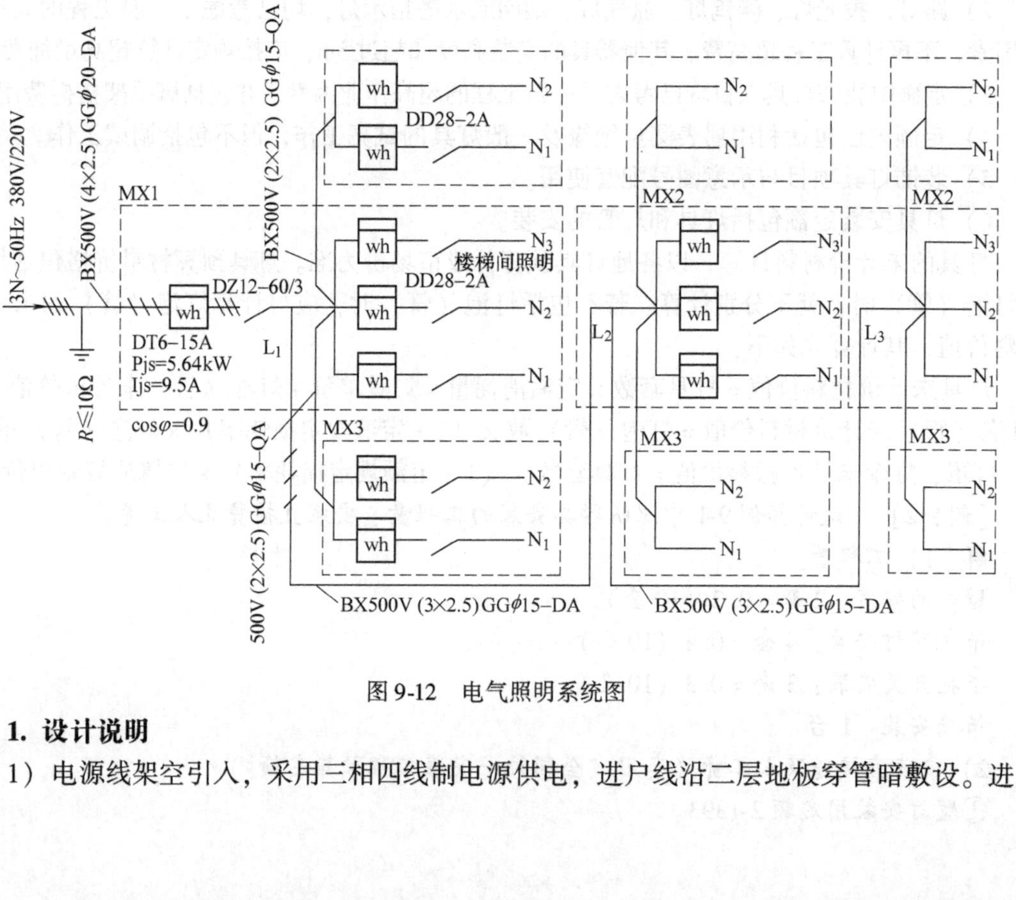

图9-12 电气照明系统图

1. 设计说明

1）电源线架空引入，采用三相四线制电源供电，进户线沿二层地板穿管暗敷设。进户

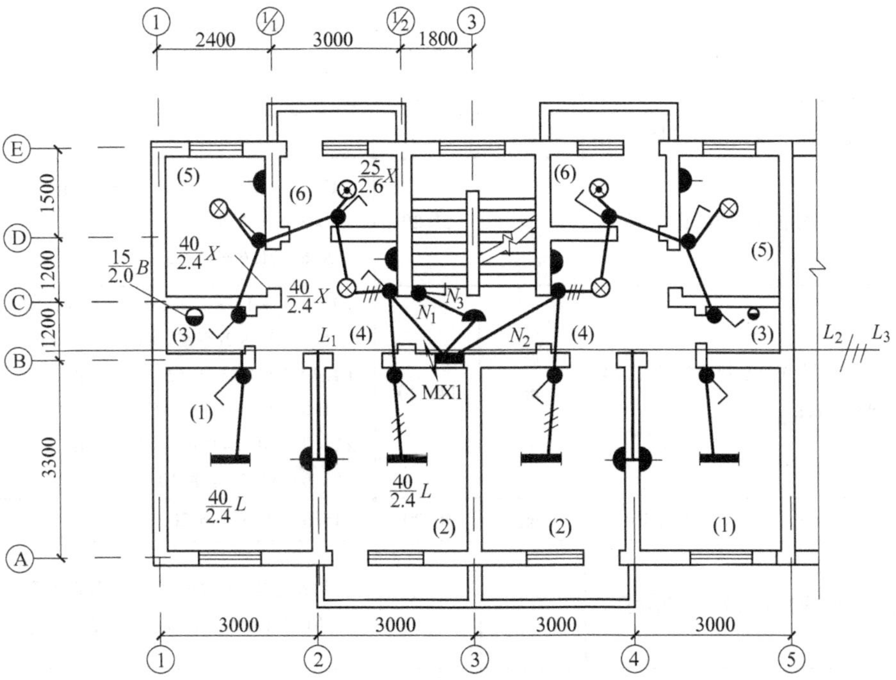

图9-13　电气照明平面图

点距室外地面高度 H 大于等于3.6m，进户线要求重复接地，接地电阻 R 小于等于10Ω。进户横担为两端埋设式，规格是∟50×5×800。

2）本工程共有9个配电箱，分别在每单元的每层设置。MX1为总配电箱兼一单元第二层的分配电箱，设在一单元第二层，规格为长×高×厚=800mm×400mm×125mm。MX2为二、三单元第二层的分配电箱，规格为长×高×厚=500mm×400mm×125mm。MX3为三个单元第一、三层的分配电箱，规格为长×高×厚=350mm×400mm×125mm。

3）安装高度：配电箱底距楼地面1.4m，跷板开关距地1.3m、距门框0.2m，插座距地1.8m。

4）导线未标注者均为BLX—500V—2.5mm^2 暗敷GGDN15。

5）配电箱均购成品成套箱。

6）建筑物层高3.6m。

2. 工程量计算

工程量的计算详见表9-4、表9-5。

表9-4　工程量计算表

工程名称：某住宅楼电气照明

序号	项目名称	单位	数量	计算公式
1	进户横担安装（两端埋设）	m	1.00	角钢∟50×5:0.8
2	进户线配管GDN20	m	6.40	5（水平）+1.4（竖向）=6.40
3	进户导线BX4×2.5mm^2	m	36.40	[6.4+(1.5+0.8+0.4)（预留）]×4=36.40

（续）

序号	项目名称	单位	数量	计算公式
4	成套配电箱安装2m以内	台	1.0	
5	成套配电箱安装1m以内	台	8.0	
6	二层配电箱之间配管 GDN15	m	51.20	12×2+1.4×2+1.4×2=29.6 6×3.6=21.6 29.6+21.6=51.20
7	二层配电箱之间配线 BX2.5mm^2	m	148.10	12×3+12×2+(0.8+0.4)×3(预留)+(0.5+0.3)×2(预留)+(0.5+0.4)×2×2(预留)+1.4×2×3+1.4×2×2=83.9 21.6×2+(0.35+0.4)×2×6+(0.5+0.4)×2×4+(0.8+0.4)×2×2=64.2 83.9+64.2=148.10
8	一个单元走廊配管 GDN15	m	46.20	15.9+30.3=46.20
	①沿天棚顶以平面比例计算			[2(配电箱至右边用户)+1.5(配电箱至左边用户)+0.8(配电箱至走廊)+1(灯至右开关)]×3=15.9
	②沿墙以建筑物层高计算			[3.6(层高)-1.4(箱底高度)-0.4(箱高)]×3×3+3.6×2+(3.6-1.3)×3=30.3
9	一个单元走廊配线 BX2.5mm^2	m	105.60	[(15.9+30.3)+(0.35+0.4)×4+(0.8+0.4)×3]×2=105.6
10	一个用户内的配管 GDN15	m	37.65	15.05+22.6=37.65
	①沿天棚顶以平面图比例计算			0.24(总线向1号房开关引线)+0.24(1号房插座至2号房插座)+(0.12+3.3/2)(总线向1号2号插座引线)+1.6(1号房开关至灯)+1.6(2号房开关至灯)+0.5(3号房开关至灯)+1.4(4号房开关至2号房开关)+1(4号房开关至灯)+1(4号房灯至6号房开关)+0.5(4号房开关至插座)+0.9(5号房开关至灯)+1.2(5号房开关至3号房开关)+1.3(5号房开关至插座)+0.7(6号房开关至灯)+1.1(6号房开关至5号房开关)=15.05
	②沿墙以建筑物层高计算			[3.6-1.3(开关安装高度)]×6(开关数量)+[3.6-1.8(插座安装高度)]×4(插座数量)+3.6-2(壁灯安装高度)=22.6
11	一个用户内穿线 BLX2.5mm^2	m	77.90	34.1(1个用户内配管总长)×2(穿线根数)+2.6×3(穿3根线管长)=77.90
12	半圆球吸顶灯(楼梯处)	套	9.0	1×3×3=9
13	软线吊灯	套	36.0	2×18=36
14	防水灯	套	18.0	1×18=18
15	一般壁灯	套	18.0	1×18=18

（续）

序号	项目名称	单位	数量	计算公式
16	吊链式单管荧光灯	套	36.0	2×18=36
17	跷板开关	套	117.0	6×18+1×3×3=117
18	单相三孔插座	套	72.0	4×18=72
19	接线盒	个	117.0	6×18+3×3=117
20	灯头盒(吸顶灯)	个	27.0	1×18+9=27
21	开关盒	个	117.0	6×18+1×3×3=117
22	插座盒	个	72.0	4×18=72

表9-5　工程量汇总表

序号	定额编号	项目名称	单位	数量	计算式
1	2-802	进户横担安装（两端埋设）	根	1.0	
2	2-266	成套配电箱安装2m以内	台	1.0	
3	2-264	成套配电箱安装1m以内	台	8.0	
4	2-1009	进户线配置GDN20暗敷	100m	0.064	6.4/100=0.064
5	2-1008	配管GDN15暗敷	100m	8.445	(28.2+46.2×3+37.65×18)/100=8.445
6	2-1172	导线BX2.5mm²	100m	5.013	(36.4+148.1+105.6×3)/100=5.013
7	2-1169	导线BLX2.5mm²	100m	14.022	(77.9×18)/100=13.68
8	2-1384	半圆球吸顶灯	10套	0.9	9/10=0.9
9	2-1389	软线吊灯	10套	3.6	36/10=3.6
10	2-1391	防水灯	10套	1.8	18/10=1.8
11	2-1393	一般壁灯	10套	1.8	18/10=1.8
12	2-1588	吊链式单管荧光灯	10套	3.6	36/10=3.6
13	2-1637	跷板开关	10套	11.7	117/10=11.7
14	2-1670	单相三孔插座	10套	7.2	72/10=7.2
15	2-1377	接线盒	10个	11.7	117/10=11.7
16	2-1377	灯头盒	10个	2.7	27/10=11.7
17	2-1378	开关盒	10个	11.7	117/10=11.7
18	2-1378	插座盒	10个	7.2	72/10=7.2

3. 工程造价计算

施工图预算书的组成：预算书封面见表9-6，预算书编制说明见表9-7，工程取费表见

表9-8，主材价格表见表9-9，工程预算表见表9-10。

表9-6 预算书封面

安装工程预算书

工程名称：某住宅楼

专业名称：室内电气照明工程

结构类型：砖混结构

建筑面积：

工程造价：23758.40元

单方造价：

施工单位：　　　　建设单位：

编制人：　　　　审核人：

资格证号：　　　　资格证号：

年　月　日

表9-7 预算书编制说明

编制说明

一、编制依据

1. ××设计院设计的××住宅楼室内电气照明工程施工图以及有关设计说明。
2. 该工程地点在××市××区。
3. 《河南省安装工程单位综合基价》第二册。
4. 《河南省安装工程计价办法》及相关规定。
5. 主要材料价格以工程所在地预算编制时市场价格综合取定。

二、主要材料来源

主要材料均由施工企业自行采购。

三、其他

施工时发生设计变更或其他问题涉及造价调整，双方根据施工协议书的约定进行调整。

表9-8 工程取费表

工程名称：某住宅楼室内电气照明工程　　　　工程类别：三类

序号	费用名称	取费基数	费率/（%）	金额/元
1	综合计价合计	Σ(分项工程量×分项子目综合基价)		8625.09
2	计价中人工费合计	Σ(分项工程量×分项子目综合基价中人工费)		3307.81
3	未计价材料费用	主材费合计		11967.57
4	施工措施费	[5]+[6]		
5	施工技术措施费	其费用包含在1中		
6	施工组织措施费			
7	安全文明施工增加费	(人工费合计)×7%	7.00	231.55
8	差价	[9]+[10]+[11]		
9	人工费差价	不调整		
10	材料差价	不调整		

（续）

序号	费用名称	取费基数	费率/(%)	金额/元
11	机械差价	不调整		
12	专项费用	[13]+[14]		1124.66
13	社会保险费	[2]×33%	33.00	1091.58
14	工程定额测定费	[2]×1%	1.00	33.08
15	工程成本	[1]+[3]+[4]+[8]+[12]		21717.32
16	利润	[2]×38%	38.00	1256.97
17	其他项目费	其他项目费		
18	税金	[15]+[16]+[17]×3.413%	3.413	784.11
19	工程造价	[15]+[16]+[17]+[18]		23758.40
	含税工程造价:贰万叁仟柒佰伍拾捌元肆角			小写;23758.40

表9-9 主材价格表

项目文件：某住宅楼室内照明工程

序号	名称及规格	单位	数量	预算价	合计/元
1	接线盒	个	119.34	2.50	298.35
2	灯头盒	个	27.54	2.50	68.85
3	开关盒	个	119.34	2.50	298.35
4	插座盒	个	73.44	2.50	183.60
5	2孔加3孔单相暗插座	套	73.44	3.67	269.53
6	半圆球吸顶	套	9.09	25.00	227.25
7	壁灯	套	18.18	15.30	278.15
8	跷板暗开关	只	119.34	2.50	298.35
9	吊链式单管荧光灯	套	36.36	28.22	1026.08
10	防水吊灯	套	18.18	6.50	118.17
11	焊接钢管 *DN*15	m	869.84	4.83	4201.30
12	焊接钢管 *DN*20	m	6.59	6.10	40.21
13	BLV 绝缘导线 2.5mm^2	m	1626.55	0.28	455.44
14	BV 绝缘导线 2.5mm^2	m	581.51	0.59	343.09
15	软线吊灯	套	36.36	2.50	90.90
16	成套配电箱（半周长2.5m以内）	台	1.00	800.00	800.00
17	成套配电箱（半周长1.0m以内）	台	8.00	360.00	2880.00
18	镀锌角钢∟50×5横担（含绝缘子及防水弯头）	根	1.00	90.00	90.00
	合计				11967.57

表 9-10 工程预算表

工程名称：某住宅楼室内照明工程

序号	定额编号	工程项目名称	工程量		定额直接费/元		其中 人工费/元		未计价材料				
			单位	工程量	基价	合价	基价	合价	材料名称	单位	材料数量	单价/元	合价/元
1	2-264	成套配电箱安装 悬挂嵌入式(半周长1.0m)	台	8.000	101.28	810.24	37.80	302.40	成套配电箱(半周长1.0m以内)	台	8.00	360.00	2880.00
2	2-266	成套配电箱安装 悬挂嵌入式(半周长2.5m)	台	1.000	146.97	146.97	58.80	58.80	成套配电箱(半周长2.5m以内)	台	1.00	800.00	800.00
3	2-802	进户线横担安装 两端埋设式四线	根	1.000	49.51	49.51	7.77	7.77	镀锌角钢∟50×5横担	根	1.00	90.00	90.00
4	2-849	送配电装置系统调试 1kV以下交流供电(综合)	系统	1.000	589.69	589.69	210.00	210.00					
5	2-1008	砖、混凝土结构暗配钢管公称口径(15mm以内)	100m	8.445	336.61	2842.67	141.75	1197.08	焊接钢管 *DN*15	m	869.84	4.83	4201.30
6	2-1009	砖、混凝土结构暗配钢管公称口径(20mm以内)	100m	0.064	367.68	23.53	151.20	9.68	焊接钢管 *DN*20	m	6.59	6.10	40.21
7	2-1169	管内穿线 照明线路导线截面($2.5mm^2$以内)铝芯	100m单线	14.022	46.15	647.11	21.00	294.46	BLX绝缘导线$2.5mm^2$	m	1626.55	0.28	455.44
8	2-1172	管内穿线 照明线路导线截面($2.5mm^2$以内)铜芯	100m单线	5.013	54.12	271.30	21.00	105.27	BX绝缘导线$2.5mm^2$	m	581.51	0.59	343.09
9	2-1377	暗装接线盒安装	10个	11.700	29.94	350.30	9.45	110.57	接线盒	个	119.34	2.50	298.35
10	2-1377	暗装灯头盒安装	10个	2.700	29.94	80.84	9.45	25.52	灯头盒	个	27.54	2.50	68.85
11	2-1378	暗装开关盒安装	10个	11.700	25.24	295.31	10.08	117.94	开关盒	个	119.34	2.50	298.35

（续）

序号	定额编号	工程项目名称	工程量		定额直接费/元		其中		未计价材料				
							人工费/元		材料名称	单位	材料数量	单价/元	合价/元
			单位	工程量	基价	合价	基价	合价					
12	2-1378	暗装插座盒安装	10个	7.200	25.24	181.74	10.08	72.58	插座盒	个	73.44	2.50	183.60
13	2-1384	半圆球吸顶灯	10套	0.900	204.41	183.97	45.36	40.82	半圆球吸顶	套	9.09	25.00	227.25
14	2-1389	软线吊灯	10套	3.600	66.97	241.08	19.74	71.06	软线吊灯	套	36.36	2.50	90.90
15	2-1391	防水吊灯	10套	1.800	59.28	106.70	19.74	35.53	防水吊灯	套	18.18	6.50	118.17
16	2-1393	一般壁灯	10套	1.800	190.07	342.13	42.42	76.36	壁灯	套	18.18	15.30	278.15
17	2-1588	成套型荧光灯具安装　吊链式单管	10套	3.600	141.69	510.08	45.57	164.05	吊链式单管荧光灯	套	36.36	28.22	1026.08
18	2-1637	扳式暗开关（单控）单联	10套	11.700	37.12	434.31	17.85	208.85	跷板暗开关	只	119.34	2.50	298.35
19	2-1670	单相暗插座15A 2孔加3孔	10套	7.200	49.17	354.03	23.10	166.32	2孔加3孔单相暗插座	套	73.44	3.67	269.53
20		脚手架搭拆费（第2册）	元	1.000	163.58	163.58	32.75	32.75					
		合计	元			8625.09		3307.81					11967.57

小　　结

电气照明工程一般是指由电源的进户装置到各照明用电器具及中间环节的配电装置、配电线路和开关控制设备的全部电气安装工程。电气照明工程由进户装置、照明配电装置、室内配线、照明器具及其控制开关的安装以及安全变压器、插座、风扇、电铃等小型电器的安装组成。进户装置是电源从室外低压配电线路接线入户的设施，电源进户方式有两种：低压架空进线和电缆埋地进线。

照明配电装置有配电箱、配电盘、配电板等，其中最常用的是配电箱。照明配电箱是用户用电设备的供电和配电点，是控制室内电源的设施。配电箱内设有保护、控制、计量配电装置。

室内配线可分明敷和暗敷两种方式。线管配线包括配管、配线两项工程内容。除线管配线外，配线方式还有夹板配线、绝缘子配线、槽板配线、线槽配线、塑料护套线敷设、车间带型母线安装等。

灯具的种类是多样的，其安装方式有三类，即吊式、吸顶式、壁装式。

在电气照明工程工程量计算时，根据以上基本内容，按照工程量计算要点、工程量计算程序及方法进行计算。要认真细致的识读工程施工图样，即照明平面图、照明系统图以及设备材料表等。照明线路的工程量按施工图上标明的敷设方式和导线的型号、规格，根据轴线尺寸结合比例尺量取进行计算。照明设备、用电器具的安装工程量，应根据施工图上标明的图例、文字符号分别统计。计算时，根据照明平面图和系统图，按进户线、总配电箱向各照明分配电箱配线，经各照明分配电箱按灯具、用电器具的顺序逐项进行计算。

在电气照明工程预算定额套用时，注意项目及计量单位的一致性，要注意定额子目的换算规定，正确套用定额基价；应注意按系数计取的费用，哪些发生哪些不发生，哪些该算哪些不该算一定要区分清楚，以免错算。

总之，该章是本课程的重点，在学习时要注重掌握方法，达到学习要求。

思 考 题

9-1 电气照明配管工程中常用的管材有哪些？

9-2 照明器具种类繁多，按电光源不同，有哪些分类？

9-3 试叙述电气照明工程量计算程序。

9-4 照明器具安装包括哪些内容？

9-5 照明灯具在定额中如何分类？

第 10 章　室内电话、电视工程施工图预算的编制

学习目标

熟悉建筑室内电话、电视工程的组成及其相关内容；熟悉建筑室内电话、电视工程的工程量计算方法及其定额套用。

关 键 字

交接箱　双绞线　同轴电缆　分配器

10.1　室内电话系统工程量计算及定额应用

建筑物电话系统随电话门数及分配方案的不同，一般由交接间（交接箱）、电缆管路、壁龛、分线箱（盒）、用户线管路、过路箱（盒）和电话出线盒等组成。

由于工程性质和行业管理的要求，对于建筑物电话系统工程，建筑安装单位一般只作室内电话线路的配管配线、电话机插座以及接线盒的安装。对于交接箱、通信电缆的安装、敷设以及调试工作，一般由电信部门的专业安装队伍施工。所以本章只讲述室内电话线的敷设及话机插座的安装施工图预算编制。图 10-1 为住宅内电话系统示意图。

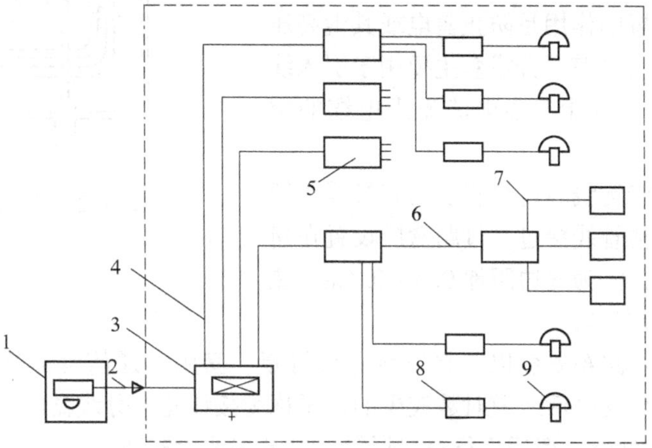

图 10-1　住宅内电话系统示意图

1—电话局　2—地下通讯管道　3—电话交接间　4—竖向电缆管路

5—分线箱　6—横向电缆管路　7—用户线管路　8—出线盒　9—电话机

10.1.1　室内电话交接箱、分线箱、分线盒的安装

1. 交接箱安装

对于不设电话站的用户单位，其内部的通信线缆用一个接线箱直接与市话网电缆连接，

并通过箱子内部的端子分配给单位内部分线箱（盒），该箱称为交接箱。交接箱主要由接线模块、箱架结构和接线组成。交接箱设置在用户线路中主干电缆和配线电缆的接口处，主干电缆线对可在交接箱内与任意的配线电缆线对连接。

交接箱按容量（进、出接线端子的总对数）可分为 150 对、300 对、600 对、900 对、1200 对、1800 对、2400 对、3000 对、6000 对等规格。

电缆交接箱主要供电话电缆在上升管路及楼层管路内分支、接续，安装分线端子排用。交接箱可设置在建筑物的底层或第二层，其安装高度宜为 0.5～1m 处。交接箱安装与电力、照明线路及设施最小距离应为 300mm 以上，与燃气、热力管道等最小净距不应小于 300mm。

交接箱内的接头排一般采用端子或针式螺钉压接结构形式，且箱体具有防尘、防水、防腐并有闭锁装置。

交接箱、组线箱安装以“台”为单位计量，定额根据电缆线对不同，划分子目，区分明装和暗装。市话电缆进交接箱的接头排，一般由市话安装队伍制作安装，故可以不计算。

2. 分线箱、分线盒安装

室内电话线路在分配到各楼层、各房间时，需采用分线箱，以便电缆在楼层垂直管路及楼层水平管路中分支、接续、安装分线端子板用。分线箱有时也称为接头箱、端子箱或过路箱，暗装时又称为壁龛，如图 10-2 所示。

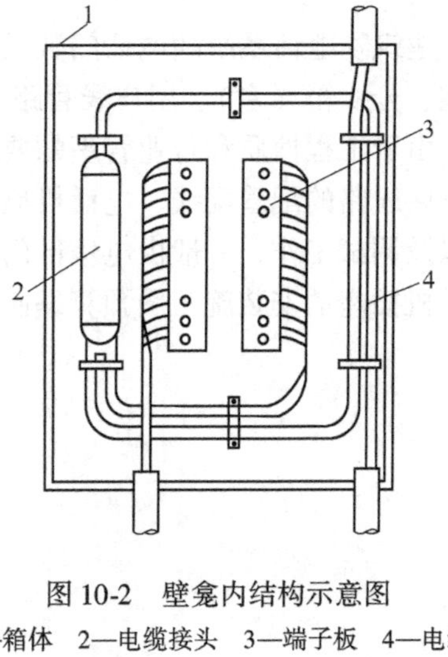

图 10-2 壁龛内结构示意图
1—箱体 2—电缆接头 3—端子板 4—电缆

分线箱和分线盒的区别在于前者带有保护装置而后者没有，因此分线箱主要用于用户引入线为明线的情况，保护装置的作用是防止雷电或其他高压电磁脉冲从明线进入电缆。分线盒主要用于引入线为小对数电缆等不大可能有强电流流入电缆的情况。

过路箱一般作暗配线时电缆管线的转接或接续用，箱内不应有其他管线穿过。过路盒应设置在建筑物内的公共部分，宜为底边距地 0.3～0.4m，住户过路盒安装设置在门后。

室内分线箱、过路箱安装以“台”为单位计量，套用《通信设备及线路工程》定额电话中途箱子目。设分支电话线缆对数较少的盒子称为接线盒、分线盒或过路盒。接线盒安装以“10 个”为单位计量，套用现行第二册第十二章接线盒安装。

10.1.2 电话线路配管

电话线路配管的定额套用和工程量计算，其方法与室内电气照明系统中叙述的内容相同，即套用现行第二册第十二章配管项目。

10.1.3 户内布放电话线

户内电话线主要采用双绞线布放线，双绞线由两根 22～26 号的绝缘线芯按一定密度

(绞距)的螺旋结构相互绞绕组成，每根绝缘芯线由各种颜色塑料绝缘层的多芯或单芯金属导线(通常为铜导线)构成。将两根绝缘的金属导线按一定密度相互绞绕在一起，每一根导线在传输过程中辐射的电波会被另一根导线在传输过程中辐射的电波抵消，可降低信号的相互干扰程度。

将一对或多对双绞线安置在一个封套内，便形成了屏蔽双绞线电缆。由于屏蔽双绞线电缆外加金属屏蔽层，其消除外界干扰的能力更强。通信电缆常用的型号见表10-1。

表10-1　通信电缆的型号

类别、用途	导体	绝缘层	内护层	特征	外护层	派生
H——市内话缆 HB——通信线 HD——铁道电气化电缆 HE——长途通信电缆 HJ——局用电缆 HO——同轴电缆 HR——电话软线 HP——配线电缆	G——铁芯线 L——铝芯线 T——铜芯线	F——复合物 SB——纤维 V——聚氯乙烯塑料 X——橡皮 Y——聚乙烯 YF——泡沫聚乙烯	B——棉纱编制 F——复合物 H——橡套 HF——非燃型橡套 L——铝包 LW——皱纹铝管 Q——铅包 V——塑料 VV——双层塑料 Z——纸(省略)	C——自乘式 D——带形 E——话务员耳机用 G——工业用 J——交换机用 P——屏蔽 P——鱼泡式 R——柔软 S——水下 T——弹簧型 Z——综合型	0——相应的裸外护层 1———级防腐，麻被防护 2——二级防腐，钢带铠装麻被 3——单层细钢丝铠装麻被 4——双层细钢丝铠装麻被 5——单层粗钢丝铠装麻被 6——双层粗钢丝铠装麻被	1——第一种 2——第二种

1. 户内穿电话线

户内穿电话线根据线对数、敷设方法不同，区分1对以内以及管内、暗槽内穿电话线划分子目。管内、暗槽内线穿电话线定额子目，又根据线对数不同有10对以内、20对以内、30对以内等，以“100m”为单位计量，其中电缆为主要材料，价格另计。

2. 布放户内电话线

户内布放电话线根据敷设方式以及线对数不同划分子目，定额有1对以内，线槽、桥架、支架、活动地板内明布放电话线10对以内以及线槽、桥架、支架、网络地板内明布放电话线20对以内、30对以内、50对以内、100对以内、200对以内等，以“100m”为单位计量，其中电缆为主要材料，价格另计。

户内电话线穿放、布放都不包括管材以及线槽、支架、桥架等项目，需要另外计算，计算方法同第二册相应项目，套用相应定额子目。

10.1.4　电话机出线盒安装

住宅楼电话出线盒宜暗装，电话出线盒应是专用出线盒或插座，不得用其他插座替代。如果在顶棚安装，其安装高度应为上边距顶棚0.3m，如在室内安装，出线盒为距地0.2～0.3m，如采用地板式电话出线盒时，宜设置在人行通路以外的隐蔽处，其盒口应与地面平齐。

电话机一般是由用户将电话机直接连接在电话出线盒上。

电话出线盒定额区分两种形式，为普通型和插座型，每种类型按单联和双联划分子目，定额不论明装和暗装，均套用电话出线口定额，以“个”为单位计量，其中电话出线口为未计价材料，主材价需另计。

10.2 室内电视系统工程量计算及定额应用

共用天线电视系统是多台电视机共用一套天线的装置，英文缩写为“CATV”。由于系统各部件之间采用了大量的同轴电缆作为信号传输线，因而“CATV”系统也叫电缆电视系统，也就是目前城市的有线电视系统。电缆电视系统是一个有线分配网络，除收看当地电视台的电视节目外，还可以通过卫星地面站接收卫星传播的电视节目。

10.2.1 电视系统的组成

电缆电视系统主要由接收天线、前端设备、传输分配网络以及用户终端组成，如图10-3所示。

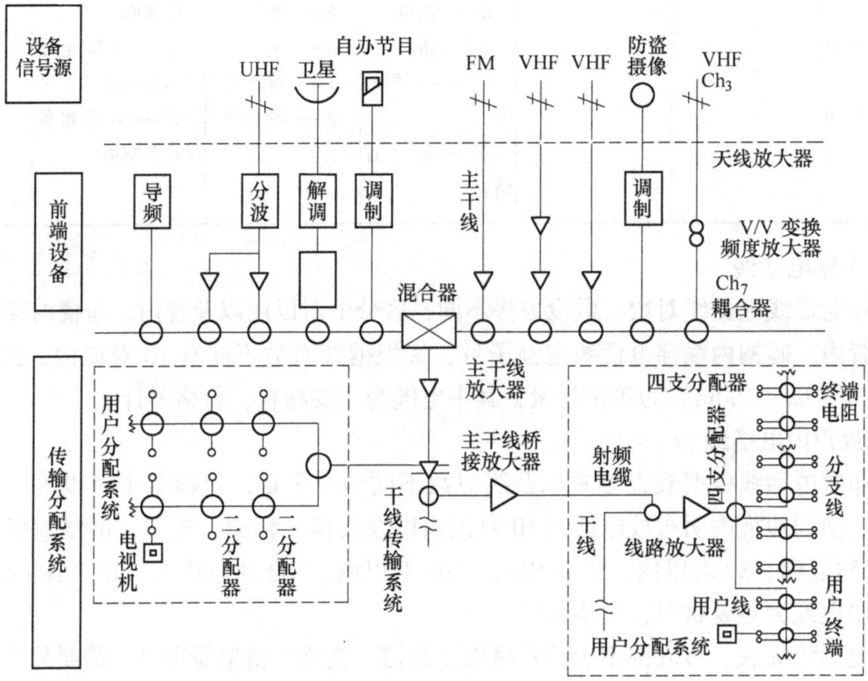

图 10-3 电缆电视系统组成框图

和室内电话系统一样，由于专业与行业的关系，建筑安装队伍一般只作室内电缆电视系统，即线路的敷设及线路分配器、分支器、用户终端盒的安装。室内电缆电视系统及平面如图 10-4 所示。

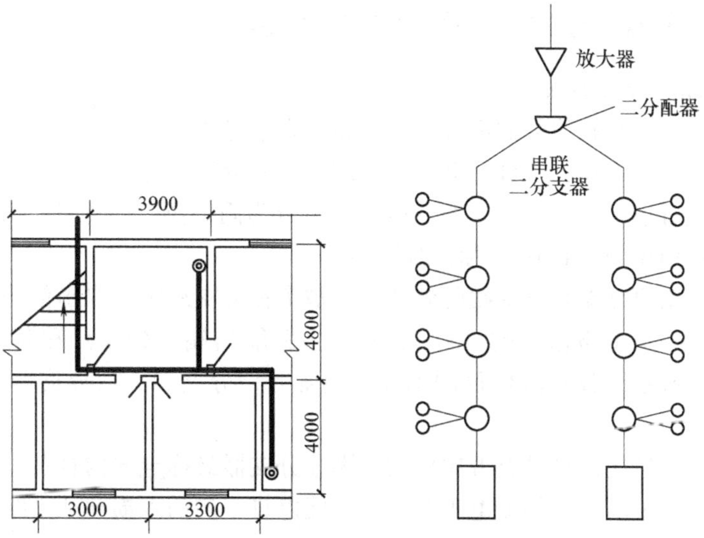

图 10-4　室内电缆电视示意图

10.2.2　室内电视线路敷设

室内电视线路一般使用同轴电缆。同轴电缆是利用介质材料使内、外导体之间绝缘，并且始终保持轴心重合的电缆。它由内导体（单实芯导线/多芯铜绞线）、绝缘层、外导体和护套层四部分组成。现在普遍使用的是宽带型同轴电缆，阻抗为 75Ω，这种电缆既可以传输数字信号、也可以传输模拟信号。

同轴电缆按直径大小可分为粗缆和细缆，按屏蔽层不同可分为二屏蔽、四屏蔽等。按屏蔽材料和形状不同可分为铜或铝及网状、带状屏蔽。

适用于“CATV”系统的国产射频同轴电缆常用的有：按型号分为 SYKV、SYV、SYWV（Y）、SYWLY（75Ω）等系列，按截面分为 SYV—75—5、SYV—75—7、SYV—75—12 等。同轴电缆结构形式如图 10-5 所示。

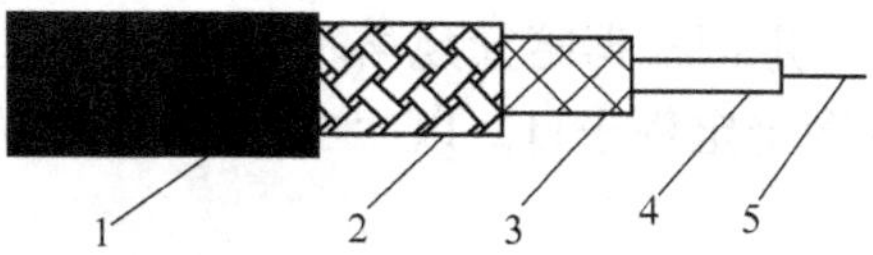

图 10-5　同轴电缆结构图

1—护套　2—二次编线　3—次编线　4—绝缘　5—导体

同轴电缆敷设安装，以“100m”为单位计量。电缆工程量计算在管道内、暗槽内穿放，根据导线截面大小分为 ϕ9mm 以内和 ϕ9mm 以外两个子目，在线槽、桥架、支架和活动地板内明布放的只有 ϕ9mm 以内的子目，电缆为主要材料，其价值需要另外计算。

同轴电缆射频头制作，区分架空和地面敷设，10 个为一组，以“头”为单位计量，电缆接头为 F 型插头（75—7 及其以上）。同轴电缆穿线敷设安装时，线管敷设、管内穿线可套用定额第二册配管、配线工程的相应子目。若同轴电缆在钢索上敷设安装时，工程量计算与定额套用与照明线路在钢索上安装敷设相同。

10.2.3 线路分配器、分支器、用户终端盒安装

1. 线路分配器、分支器安装

分配器是用来分配高频信号的部件，将一路输入信号均等或不均等的分为两路以上信号的部件。常用的有二分配器、三分配器、四分配器、六分配器等。

分配器的类型有很多，根据不同的分类方法可分为阻燃型、传输线变压器型和微带型；室内型和室外型；VHF 型、UHF 型和全频道型。

分支器是连接用户终端与分支线的装置，它被串在分支线中，取出信号能量的一部分馈给用户。分支器有一个主路输入端（IN）、一个主路输出端（OUT）和若干个分支输出端（BR）构成。分支器根据分支段数目的不同，通常有一分支器、二分支器和四分支器等几种。

在分支器中，信号的传输是有方向性的，因此分支器又称定向耦合器，它可作混合器使用。分支器通常用于较高电平的馈电干线中，它能以较小的插入损耗从干线取出部分信号给住宅楼或用户。

分支器和分配器的根本区别在于分配器平均分配功率，而分支器是从电缆中取出一小部分功率提供给用户，而大部分功率继续向后面传输。

定额中不区分分配器、分支器，均套用同一子目，安装均为明装，以“10 个”为单位计量。定额中不包括分配器和分支器的主材价格，需另外计算。

2. 用户终端盒安装

用户终端是“CATV”分配系统与用户电视机相连的部件。

面板分为单输出孔和双输出孔（TV、FM），在双输出孔电路中要求 TV 和 FM 输出间有一定的隔离度，以防止相互干扰。为了安全而在两处电缆芯线之间接有高压电容器。

用户终端盒安装区分明装、暗装两种形式，以“10 个”为单位计量，用户终端盒为未计价材料。另外，定额是以双输出孔编制的，如设计中采用单输出孔，除主材需要调整价值外，其余不变。

上述分配器、分支器、用户终端盒安装，无论明敷或暗敷，均套用第十二册相应子目。

暗装时应计算暗盒安装，定额根据暗盒规格不同划分子目，有 86mm×86mm、75mm×100mm，200mm×150mm 两个定额子目。以“10 个”为单位计量，暗盒本身为未计价材料。

如在敷设时需要在墙壁上打孔，还需要计算墙壁打孔的工程内容。定额中根据打孔位置的不同划分子目，分为在砖墙上打孔和在混凝土墙上打孔两个内容，在砖墙上打孔根据墙厚不同分为 240mm 和 370mm 两个定额子目，在混凝土墙上打孔根据墙厚分为小于等于 180mm 和大于 180mm 两个定额子目。

电缆电视系统中的箱、盒、盘、板等的制作安装，工程量计算与定额套用，均按定额第二册中的有关子目规定执行。

10.2.4 电视系统调试

除天线调试外，以用户终端为准，以“户”为单位计量，套用第十二册定额的相应子目。工作内容包括测试用户终端、记录、整理、预置用户电视频道等。待测试完毕后，方可

交用户使用。

室内电缆电视系统由建安队伍安装时，虽然有些子目套用了第十二册《通信设备及线路安装工程》定额，仍可按第二册《电气设备安装工程》规定的系数及计价方法计取。

10.3 室内电话、电视工程施工图预算编制实例

1. 设计说明

某住宅室内电话、电视工程施工图如图10-6、图10-7、图10-8所示，该工程为6层砖混结构，层高3.2m，房间均有0.3m高吊顶。

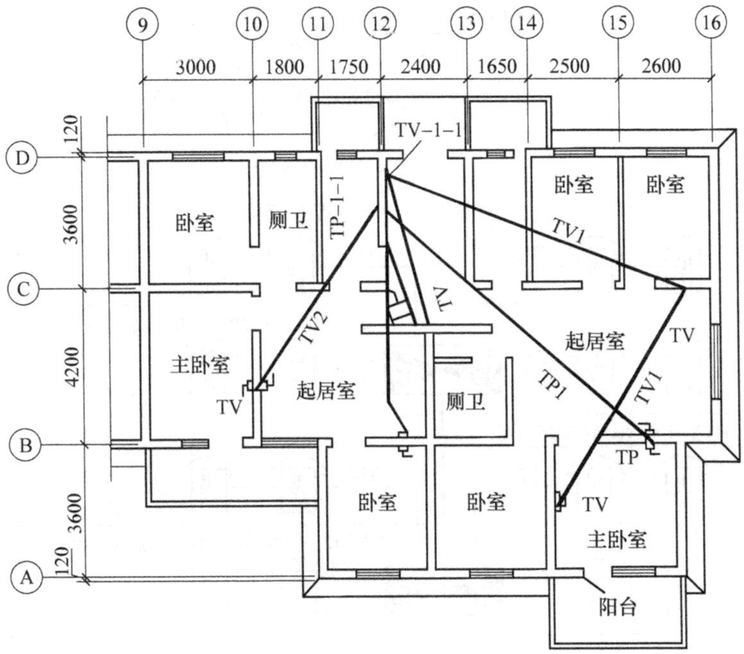

图10-6 平面布置图

电话系统工程内容：进户前端箱STO—50—400×650×160与市话电缆HYQ—50（2×0.5）—SC50—FC相接，箱安装距地面0.5m。层分配箱（盒）安装在距地0.5m处，干管及到各户线管均为焊接钢管暗敷设。

有线电视系统工程内容：前端箱安装在底层距地0.5m处，用SYV—75—5—1同轴射频电缆、穿焊接钢管SC20暗敷设。电源接自每层配电箱。

电话、电视系统工程施工图预算一律从进户总箱起计算，总箱至室外的进户管线均未计算。(本预算仅用了第二册《电气设备安装工程》定额中相应子目的内容，未使用第十二册《通信设备及线路工程》专用定额)。

2. 工程量计算

本实例只计算如图所示的一单元工程量。工程量计算表见表10-2。

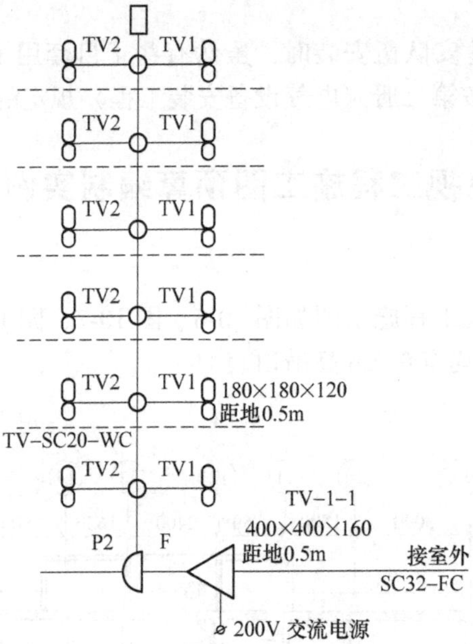

图 10-7 室内电视系统图

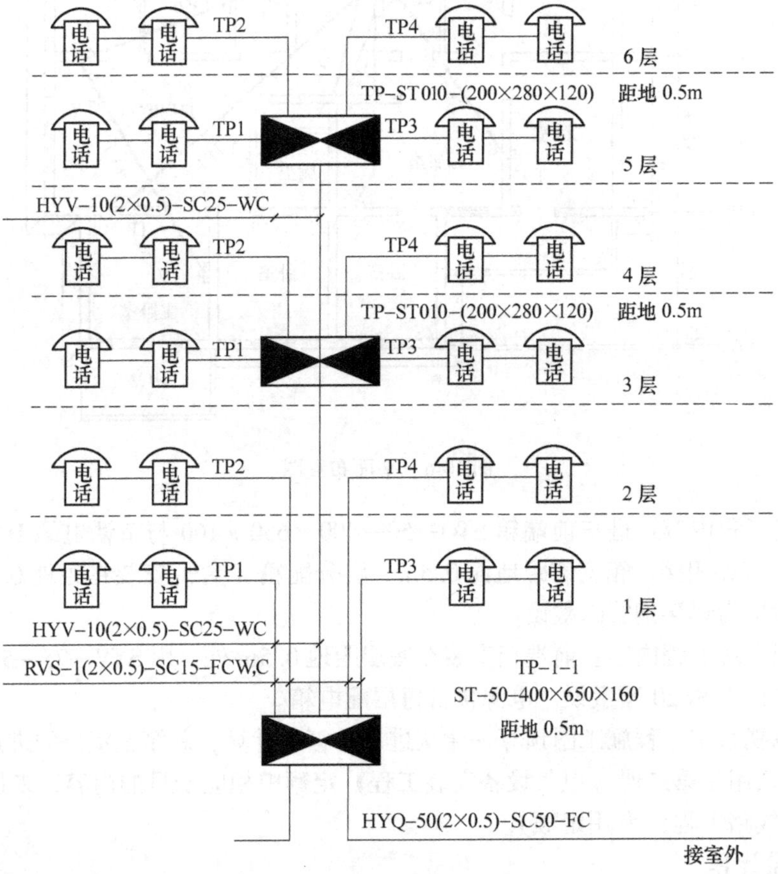

图 10-8 室内电话系统图

表 10-2　工程量计算表

工程名称：某住宅楼室内电话、电视工程

序　号	项目名称	单　位	数　量	计算公式
一	电话系统			
1	进户电话交接箱	个	1	TP—1—1:1
2	层端子箱暗装	个	2	TP—ST010:2
3	用户电话	部	24	$4\times6=12$
4	线管暗敷 $D25$	m	22.60	立管：$0.6+3.6+1.2+\frac{2.4}{2}+5\times3.2=22.60$
5	线管暗敷 $D15$	m	22.27	TP—1—A1: $0.6+3.6+1.2+\frac{2.4}{2}+0.6+3.6+2.4+1.65+2.5+4.2+0.6=22.27$
6	线管暗敷 $D15$	m	9.55	TP—1—B1: $0.6+3.6+1.75+1.8+\frac{4.2}{2}+0.6=9.55$
7	线管暗敷 $D15$ 2～6F 层端箱至 A 户	m	64.45	$(0.6+\frac{2.4}{2}+1.65+2.5+\frac{2.85}{2}+4.2-1.2+0.6)\times5+3\times3.2=64.45$
8	线管暗敷 $D15$ 2～6F 层端箱至 B 户	m	46.85	$(0.6+\frac{2.4}{2}+1.75+1.8+\frac{4.2-1.2}{2}+0.6)\times5+3.2\times3=46.85$
9	管穿 HYV—10X（2×0.5）电话电缆	m	25.09	$22.6+(0.4+0.650)+(0.2+0.83)\times3=25.09$
10	管穿 RVS—2×0.5 软电话线	m	302.32	$143.12+(0.4+0.65)\times4+(0.2+0.28)\times8=302.32$
11	TP 插座暗装	个	24	$4\times6=24$
12	TP 插座暗盒	个	24	$4\times6=24$
13	端子板外接线	头	104	$10\times2\times4+2\times14=104$
14	电话系统调试	系统	1	
二	电视系统			
1	前端放大箱安装	个	1	TV—1—1:1
2	二分支器安装	个	6	
3	二分支器暗箱	个	6	
4	TV 用户插座暗装	个	24	$4\times6=24$
5	TV 插座暗盒安装	个	24	$4\times6=24$
6	TV 线管暗敷 $D20$	m	200.63	
	1F　TV—1—1 至 L1	m	8.01	$0.6+3.6+1.2+\frac{2.4}{2}+1.5=8.01$
	1F　TV—1—1 至一层分支箱	m	7.20	$0.6+3.6+1.2+\frac{2.4}{2}+0.6=7.20$
	1F　一层分支箱至顶	m	16.00	$3.2\times5=16.00$
	1F　TV—1—1 至 A 户	m	23.68	$0.6+3.6+2.4+1.65+2.5+\frac{2.85}{2}+0.6+0.6+4.2+3.7+\frac{3.6}{2}+0.6=23.68$

（续）

序　号	项目名称		单　位	数　量	计算公式
6	1F	TV—1—1 至 B 户	m	9.55	$0.6+3.6+1.75+1.8+\frac{4.2}{2}+0.6=9.55$
	2F	2～6F，分支箱至 A 户	m	100.35	$(0.6+1.2+\frac{2.4}{2}+1.65+2.5+\frac{2.85}{2}+0.6+0.6+4.2+\frac{3.6}{2}+0.6)\times5=100.35$
		2～6F，分支箱至 B 户	m	35.75	$(0.6+\frac{2.4}{2}+1.75+1.8+\frac{4.2}{2}+0.6)\times5=35.75$
7	管穿同轴电缆 SYV—75—5		m	201.71	$192.53+(0.4+0.5)+2\times0.18\times23=201.71$
8	管穿电源线 BV=3×2.5		m	30	$[8.1+(0.4+0.5)+(0.5+0.5)]\times3=30$
9	系统调试		户	12	$6\times2=12$

3. 工程造价计算

施工图预算书的组成：预算书封面见表 10-3，预算书编制说明见表 10-4，工程取费表见表 10-5，主材价格表见表 10-6，工程预算表见表 10-7。

表 10-3　预算书封面

安装工程预算书

工程名称：某住宅楼

专业名称：室内电话、电视工程

结构类型：砖混结构

建筑面积：

工程造价：12876.05 元

单方造价：

施工单位：　　　　建设单位：

编制人：　　　　　审核人：

资格证号：　　　　资格证号：

年　月　日

表10-4　预算书编制说明

编 制 说 明

一、编制依据

1. ××设计院设计的××住宅楼室内电话、电视工程施工图以及有关设计说明。

2. 该工程地点在××市××区。

3. 《河南省安装工程单位综合基价》第二册。

4. 《河南省安装工程计价办法》及相关规定。

5. 主要材料价格以工程所在地预算编制时市场价格综合取定。

二、主要材料来源

主要材料均由施工企业自行采购。

三、其他

施工时发生设计变更或其他问题涉及造价调整，双方根据施工协议书的约定进行调整。

表10-5　工程取费表

工程名称：某住宅楼电话、电视系统　　　　　工程类别：三类

序　号	费用名称	取费基数	费率（%）	金额/元
1	综合计价合计	Σ（分项工程量×分项子目综合基价）		3 750.89
2	计价中人工费合计	Σ（分项工程量×分项子目综合基价中人工费）		1 495.44
3	未计价材料费用	主材费合计		7 623.48
4	施工措施费	[5] + [6]		
5	施工技术措施费	其费用包含在1中		
6	施工组织措施费			
7	安全文明施工增加费	（人工费合计）×7%	7.00	104.68
8	差价	[9] + [10] + [11]		
9	人工费差价	不调整		
10	材料差价	不调整		
11	机械差价	不调整		
12	专项费用	[13] + [14]		508.45
13	社会保险费	[2] ×33%	33.00	493.50
14	工程定额测定费	[2] ×1%	1.00	14.95
15	工程成本	[1] + [3] + [4] + [8] + [12]		11 882.82
16	利润	[2] ×38%	38.00	568.27
17	其他项目费	其他项目费		
18	税金	([15] + [16] + [17]) ×3.413%	3.413	424.96
19	工程造价	[15] + [16] + [17] + [18]		12 876.05
	含税工程造价：壹万贰仟捌佰柒拾陆元零伍分			小写：12876.05

表 10-6 主材价格表

工程名称：某住宅楼电话、电视系统

序 号	名称及规格	单 位	数 量	预 算 价	合计/元
1	接线箱	个	6.00	40.25	241.50
2	TP 插座盒	个	24.48	4.25	104.04
3	TV 用户接线盒	个	24.48	4.25	104.04
4	TP 插座	套	24.48	8.45	206.86
5	成套 TV 用户插座	套	24.48	10.85	265.61
6	成套二分支器	套	6.12	18.95	115.97
7	钢管 *DN*15	m	22.97	4.85	111.40
8	钢管 *DN*20	m	207.03	11.10	2 298.03
9	钢管 *DN*25	m	147.39	9.05	1333.91
10	RVS—2×0.5	m	350.67	1.42	497.95
11	绝缘导线 2.5mm^2 以内	m	34.80	1.95	67.86
12	前端放大箱	台	1.00	40.25	40.25
13	成套交接箱	台	1.00	40.25	40.25
14	端子箱	台	2.00	40.25	80.50
15	HYV—0.5mm^2 电话电缆	m	25.48	15.85	403.80
16	同轴电缆 SYV—75—5	m	204.73	8.36	1711.51
	合计				7623.48

表 10-7 工程预算表

工程名称：某住宅楼室内电话、电视系统

序号	定额编号	工程项目名称	工程量		定额直接费/元		其中 人工费/元		未计价材料				
			单位	工程量	基价	合价	基价	合价	材料名称	单位	材料数量	单价/元	合价/元
1	2-264	进户电话交接箱	台	1.000	101.28	101.28	37.80	37.80	成套交接箱	台	1.00	40.25	40.25
2	7-60	楼层端子箱暗装	台	2.000	224.46	448.92	97.23	194.46	端子箱	台	2.00	40.25	80.50
3	2-1010	线管暗敷设 *DN*25	100m	1.431	467.64	669.19	183.33	262.35	钢管 *DN*25	m	147.39	9.05	1 333.91
4	2-1008	线管暗敷设 *DN*15	100m	0.223	336.61	75.07	141.75	31.61	钢管 *DN*15	m	22.97	4.85	111.40
5	2-674	管穿 HYV—0.5 电话电缆	100m	0.251	256.34	64.34	101.64	25.51	HYV—0.5mm^2 电话电缆	m	25.48	15.85	403.80

（续）

序号	定额编号	工程项目名称	工程量		定额直接费/元		其　中		未计价材料				
			单位	工程量	基价	合价	人工费/元		材料名称	单位	材料数量	单价/元	合价/元
							基价	合价					
6	2-1171	管内穿线 RVS 软电话线	100m 单线	3.023	51.26	154.95	20.58	62.21	RVS—2 × 0.5	m	350.67	1.42	497.95
7	2-1667	TP 插座暗装	10 套	2.400	36.56	87.75	17.43	41.83	TP 插座	套	24.48	8.45	206.86
8	2-1377	暗装 TP 插座盒安装	10 个	2.400	29.94	71.86	9.45	22.68	TP 插座盒	个	24.48	4.25	104.04
9	10-703	端子板校接线端头压接式	10 头	10.400	24.67	256.57	6.93	72.07					
10	2-264	前端放大箱安装	台	1.000	101.28	101.28	37.80	37.80	前端放大箱	台	1.00	40.25	40.25
11	2-1652	二分支器安装	10 套	0.600	49.75	29.85	17.43	10.46	成套二分支器	套	6.12	18.95	115.97
12	2-1375	二分支器箱暗装	10 个	0.600	450.42	270.26	222.60	133.56	接线箱	个	6.00	40.25	241.50
13	2-1667	TV 用户插座暗装	10 套	2.400	36.56	87.75	17.43	41.83	成套 TV 用户插座	套	24.48	10.85	265.61
14	2-1377	TV 用户插座盒暗装	10 个	2.400	29.94	71.86	9.45	22.68	TV 用户接线盒	个	24.48	4.25	104.04
15	2-1009	TV 线管暗敷设 *DN*20	100m	2.010	367.68	739.03	151.20	303.91	钢管 *DN*20	m	207.03	11.10	2 298.03
16	2-672	管穿同轴电缆 SYV—75—5	100m	2.017	220.08	443.91	87.36	176.21	同轴电缆 SYV—75—5	m	204.73	8.36	1 711.51
17	2-1172	管穿电源线 BV2.5mm^2	100m 单线	0.300	54.12	16.24	21.00	6.30	绝缘导线 2.5mm^2 以内	m	34.80	1.95	67.86
18		脚手架搭拆费（第2册）	元	1.000	60.78	60.78	12.17	12.17					
		合计	元			3750.89		1495.44					7623.48

小　结

电话系统由于其专业性很强，所以建筑安装施工企业只施工室内电话部分，从交接箱开始，包括双绞线、接线盒、壁龛、用户插座敷设等。工程预算人员也只需要计算这些属于建筑安装工程的内容，对于这些系统以及设备的作用、施工方法和步骤以及一些规范等都要有一些了解，这样便于准确编制预算。

同样，有线电视系统的专业性也很强，像接收天线、前端设备等，一般施工单位无法了解其工作原理，从而无法进行施工操作，它必须由专业的施工单位来完成。所以对于建筑安装施工单位来说，也只是施工室内部分，包括线路的敷设、分配器、分支器、用户终端等。工程预算人员也只需对这几部分有一定的了解即可。

思 考 题

10-1　简述同轴电缆敷设安装的计量方法。如何使用定额？

10-2　简述管内穿电话线的定额套用方法。

10-3　简述分配器、分支器、用户终端盒的工程计算方法以及定额套用。

第 11 章　防雷及接地装置工程施工图预算的编制

学习目标

了解防雷及接地装置定额内容；掌握防雷及接地装置工程的工程量计算方法及其定额套用；熟悉相关注意事项。

关键词

防雷及接地装置工程　接闪器　引下线　接地体

11.1　防雷及接地装置工程内容

防雷及接地装置工程可分为建筑物、构筑物的防雷接地、变配电系统接地、车间系统接地、设备接地等。

11.1.1　建筑物、构筑物的防雷接地

1. 建筑物的防雷等级

根据建筑物的重要性、使用性质、发生雷电事故的可能性及其产生的后果，把建筑物的防雷分为三级。建筑物的防雷措施应视其防雷等级而定。

2. 建筑物的防雷措施

建筑物的防雷措施有直击雷措施、防雷电感应措施、防雷电波侵入措施、防雷电反击措施等。建筑物防直击雷的主要措施有装设独立避雷针，通过引下线接地；装设避雷网、避雷带，通过引下线接地；利用建筑物的金属结构组成避雷网及引下线等。利用电缆进线可以防雷电波的侵入。

3. 构筑物的防雷接地

需进行防雷保护的构筑物主要有油、气罐，水塔，烟囱等。

(1) 油、气罐的防雷接地　油、气罐的防雷接地，目的是避免受到雷击之后引起油、气爆炸或因此造成火灾。根据所储油、气的性质，防雷接地也可分为三个等级。对于一、二类防雷的油、气罐应设独立的避雷针保护，三类防雷的油、气罐一般仅做可靠接地即可。

(2) 烟囱的防雷接地　烟囱的防雷接地一般采用避雷针及引下线进行保护，根据烟囱的高度不同，可设单根或两根避雷针及接地装置。引下线可单独敷设，也可利用烟囱的钢爬梯作为引下线。

(3) 水塔的防雷接地　水塔的防雷接地一般是在水塔顶部中间的高出部分装设一支1.5m长的独立的避雷针，在水塔顶部周围设一圈避雷带，通常用爬梯做引下线。

11.1.2　建（构）筑物防雷接地装置的组成

无论任何级别的防雷接地装置，一般都由接闪器、引下线和接地体三大部分构成，如图

11-1 所示。

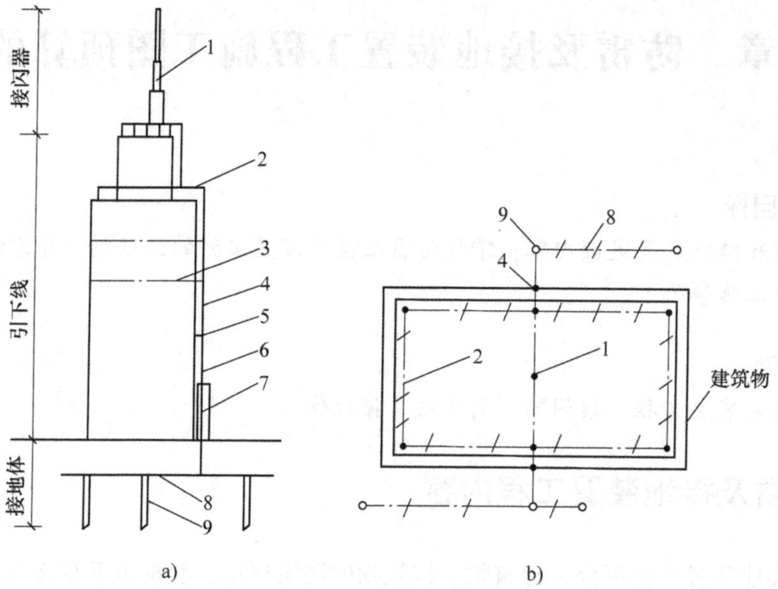

图 11-1 建筑物防雷接地装置组成示意图

1—避雷针 2—避雷网 3—避雷带 4—引下线 5—引下线卡子

6—断接卡子 7—引下线保护管 8—接地母线 9—接地极

1. 接闪器

接闪器是指直接接受雷击的金属构件。根据被保护物体形状、接闪器形状的不同，可分为避雷针、避雷带、避雷网。

(1) 避雷针 避雷针是装在细高的建筑物或构筑物突出部位或独立装设的针形导体，通常用圆钢或钢管加工而成，所用圆钢及钢管的直径随着避雷针的长度增长而增大，一般要求圆钢直径不小于 12mm，钢管直径不小于 20mm，壁厚不小于 3mm。避雷针的顶端应加工成尖形，以利于尖端放电。

(2) 避雷带 避雷带是利用小截面圆钢或扁钢做成的条形长带，作为接闪器装于建筑物易遭雷击的部位，如屋脊、屋檐、屋角、女儿墙和高层建筑物的上部垂直墙面上，是建筑物防直击雷较普遍采用的装置。避雷带由避雷线和支持卡子组成，支持卡子常埋设于女儿墙上或混凝土支座上。当避雷带水平敷设时，支持卡子间距为 1～1.5m，转弯处为 0.5m。高层建筑物的上部垂直墙面上，每三层在结构圈梁内敷设一条扁钢与引下线焊接成环状水平避雷带，以防止侧向雷击。

(3) 避雷网 当避雷带形成网状时就称为避雷网。避雷网是用以保护建筑物屋顶部水平面不受雷击。

避雷带（网）可以采用镀锌圆钢或扁钢，圆钢直径大于等于 8mm；扁钢截面积大于等于 $48mm^2$，厚度大于等于 4mm。

2. 引下线

引下线是指连接接闪器与接地装置的金属导体，可以用圆钢或扁钢作单独的引下线，也可以利用建筑物柱筋或其他钢筋作引下线。

用圆钢或扁钢作引下线时，一般由引下线、引下线支持卡子、断接卡子、引下线保护管等组成。引下线在 2 根及以上时，需在距地面 0.3 ~ 1.8m 左右作断接卡子，供测量接地电阻使用，断接卡子以下的引下线需用套管进行保护。

利用建（构）筑物钢筋混凝土中的钢筋作为防雷引下线时，上部应与接闪器焊接，下部要与接地体连接。采用基础作接地体时，可不设断接卡，应在室内外的适当地点设若干连接板，该连接板可供测量、接人工接地体、等电位连接用。当仅利用钢筋作引下线并采用埋于土壤中的人工接地体时，应在每根引下线上距地面不低于 0.3m 处设接地体连接板。采用埋于土壤中的人工接地体时应设断接卡，其上端应与连接板或钢柱焊接，连接板处宜有明显标志。

3. 均压环

均压环是高层建筑物利用圈梁中的水平钢筋与引下线可靠连接（绑扎或焊接），用作降低接触电压，自动切断接地故障电路防电击方法的一项装置。一般情况下，当建筑物高度超过 30m 时，在建筑物的侧面，从 30m 起每隔不大于 6m 沿建筑物四周成环状敷设水平避雷带并与引下线相连，以防止侧向雷击，30m 及以上外墙上的栏杆、门窗等较大的金属物应与防雷装置连接；30m 以下部位每三层利用结构圈梁中的水平钢筋与引下线焊接成均压环。所有引下线、建筑物中的金属结构和金属物体等与均压环连接，形成等电位。

4. 接地体

接地体是指埋入土壤或混凝土基础中作散流用的金属导体。接地体分自然接地体和人工接地体。人工接地体一般由接地母线、接地极组成，常用的接地极可以是钢管、角钢、钢板、铜板等。自然接地体是指利用基础里的钢筋做接地体的一种方式。

11.1.3　接地系统

接地系统一般分为变配电所接地系统和车间接地系统两个部分。

1. 变配电所接地系统

变配电所接地装置的接地体应水平敷设，其接地体采用长度为 2.5m、直径不小于 12mm 的圆钢或厚度不小于 4mm 的角钢或厚度不小于 4mm 的钢管，并用截面不小于 25mm ×4mm 的扁钢相连为闭合环形，外缘各角要做成弧形。常见的是变配电所内配电盘柜及其他盘柜利用其型钢基础，将这些型钢基础用—25 ×4 扁钢相连，作为接地干线。然后将这些干线引向室外，与户外的接地装置相连，作为外壳保护接地。

2. 车间接地系统

接零母线进入车间后，在有桥式或梁式行车的车间内，可利用行车钢轨，用—40 ×4 扁钢相连，作为接地回路，如车间没有钢轨可做接地，则应另设接地系统。

11.1.4　电气设备接地

为了保证电器设备的安全运行，电器设备及相关金属部分均应接地：

1）变压器、电机、电器、携带式或移动式电器具等的金属底座和外壳。

2）电力设备传动装置。

3）互感器的二次绕组。

4）配电盘和控制盘的金属框架。

5）室外配电装置的金属构架和钢筋混凝土物架以及靠近带电部分的金属围栏和金属门等。

6）交、直流电缆的接线盒，终端盒的外壳和电缆的外皮，穿线的钢管等。

7）装在配电线路上的开关设备、电力电容器等电力设备。

8）铠装控制电缆的外皮，非铠装或非金属护套电缆的 1 ~2 根屏蔽芯线。

11.1.5 接地体

无论建筑物防雷接地还是设备系统接地，接地体是非常关键的一部分。接地体可以分为自然接地体和人工接地体。

1. 自然接地体

自然接地体是兼作接地用的直接与大地接触的各种金属构件、金属井管、钢筋混凝土建筑物的基础、金属管道和设备等。经常作为接地体的建筑物结构有钢结构、钢筋混凝土结构、钢轨、金属管道等，这些构件只要安装正确，都是很好的接地体。凡能利用建筑物内金属导体作防雷接地的应优先利用，以节约投资。工程设计中一般采用基础钢筋作接地体，即利用混凝土基础内钢筋或其他金属结构物作接地体，但应注意在基础外应留有不少于两个引出头，若测试的接地电阻值达不到设计要求时，可装设人工接地装置作为补充。在选用自然接地体时，还必须保证导体全长有可靠的电气连接，以形成连续的导体，同时应采用两根以上导体在不同地点与接地干线相连。

2. 人工接地体

（1）人工接地体　人工接地体可采用水平敷设和垂直敷设，一般宜优先采用水平敷设方式。水平敷设可采用圆钢、扁钢；垂直敷设可采用圆钢、钢管、角钢；也可采用金属接地板。人工接地体一般是将型钢或钢管打入地下，形成有效接地，常用的一般有钢管接地极和角钢接地极。钢管接地极一般用 2.5m 长 ϕ40 ~ 50mm 壁厚不小于 4mm 的钢管，顶部打入地下深度不小于 0.7m，形成接地极。角钢接地极一般用 ∟50 × 5 角钢，顶部打入地下不小于 0.7m，形成接地极。钢管、角钢接地极一般成组敷设。单根接地极间用—40 ×4 镀锌扁钢接地母线联结形成一组，具体根数由计算确定，每组中接地极间距应为 2 ~3 倍的接地极长度，一般为 5m。由于埋深位置受其他建筑物或构筑物的影响时，相互间距可以调整。

（2）接地母线　为保证接地线有一定的机械强度，接地母线一般采用—40 ×4 镀锌扁钢或 ϕ8 镀锌圆钢制成。接地线的截面应满足热稳定的要求，由设计确定。

一般情况下尽量以自然接地体为主，人工接地体作为补充，外形尽可能采用闭合环形。

11.1.6 接地跨接线

接地线遇有障碍时，需设置跨接线，跨越而相连的接头线称为跨接线。接地跨接一般出现在建筑物伸缩缝、沉降缝处，吊车钢轨作为接地线时钢轨与钢轨的连接处，为防静电管道法兰盘连接处，通风管道法兰盘连接处等。

11.1.7 接地调试

根据设计要求，防雷及接地装置中的接地体必须有足够小的接地电阻，这些要求一般在设计时根据土质等情况计算及布置接地极。施工完毕后，为了保证接地电阻达到设计要求，要对已施工完毕的接地体进行接地电阻测试。测试接地电阻一般是从引下线的断接卡子处将原引下线断开，用接地电阻测量仪进行测量，如达不到相应的设计要求，要进行处理。

11.2　防雷及接地装置工程量计算及定额应用

防雷及接地装置工程执行《全国统一安装工程预算定额》第二册相关内容，该定额内容适用于建筑物、构筑物的防雷接地、变配电系统接地、设备接地以及避雷针的接地装置，不适于采用爆破法施工敷设接地线、安装接地极，也不包括高土壤电阻率地区采用换土或化学处理的接地装置及接地电阻的测定工作。

11.2.1　避雷针制作安装

定额子目分为普通避雷针制作、安装及独立避雷针安装，其中避雷针制作按钢管、圆钢及针长划分子目，而避雷针安装按安装地点、安装高度划分子目。避雷针制作的工作内容包括下料、针尖针体加工（不包括底座加工）、挂锡、校正、组焊、刷漆等。避雷针安装的工作内容包括预埋铁件、螺栓或支架、安装固定、补漆等。独立避雷针的工作内容包括组装、焊接、吊装、找正、固定、补漆等。作为避雷针针尖、针体材料的钢管、圆钢、铜质针尖等材料是未计价材料，另行计价。

普通避雷针制作、安装，以"根"为单位计量，独立避雷针安装以"基"为单位计量。工程量计算时，其长度、高度、数量均按设计规定。

独立避雷针安装子目中不包括针体的制作，其针体加工制作应执行一般铁构件制作定额或按成品计算。

普通避雷针安装在木杆和水泥杆上，已包括避雷引下线安装。避雷针安装均已考虑了高空作业的因素。

11.2.2　避雷网安装

定额按沿混凝土块敷设、沿折板支架敷设、混凝土块制作、利用圈梁钢筋做均压环敷设和柱子主筋与圈梁钢筋焊接划分子目，其工作内容包括平直、下料、测位、打眼、埋卡子、焊接、固定、刷漆。

编制预算时，按施工图图示以"延长米"为单位计量，套用相应定额子目。其长度应按施工图设计避雷网水平和垂直规定长度，另加 3.9% 的附加长度（包括转弯、上下波动、避绕障碍物、搭接头所占长度）计算，即计算公式为：

$$避雷网敷设长度 = 施工图设计长度 \times (1 + 3.9\%)$$

如果避雷网沿混凝土块敷设，则应另按施工图图示数量计算混凝土块个数，以"10 块"为单位计量，套用相应定额子目。如果施工图没有明确混凝土块个数或间距时，可按避雷网中间直线段支撑间距为 1 ~ 1.5m，终端及转弯段支撑间距为 0.5 ~ 1m 进行计算。

利用圈梁钢筋做均压环敷设时，均压环敷设长度按施工图设计需要作均压接地的圈梁中心线长度，以"延长米"计算，以"10m"为单位计量，套用相应定额子目。定额中主要考虑利用圈梁内主筋作均压环接地连线，焊接是按两根主筋考虑，当实际超过两根时，可按比例调整。

需要注意的是，常见的均压环敷设方式有两种，一种是上述利用圈梁钢筋做均压环，另一种是单独用扁钢、圆钢明敷做均压环。当单独用扁钢、圆钢明敷作均压环时，仍以“延长米”计算，套用“户内接地母线敷设”相应定额子目。

利用圈梁钢筋做均压环、柱子主筋做引下线时，柱子主筋与圈梁钢筋要互相焊接成网，焊接工程量按施工图图示，计算需要连接的柱子主筋和圈梁钢筋焊接点，以“处”为单位计量，套用相应定额子目。定额中焊接处每处按两根主筋与两根圈梁钢筋焊接连接考虑，当实际中超过两根时，可按比例调整。

另外，高层建筑物屋顶的防雷接地装置应执行避雷网安装定额。

11.2.3 半导体少长针消雷装置安装

半导体少长针消雷装置作为新型的防雷设备，应用日渐广泛。定额按施工图设计安装高度分别列项，其工作内容包括组装、吊装、找正、固定、补漆。由于装置本身常由设备制造厂成套供货，所以定额中不包括其制作内容。

编制预算时，按施工图设计数量，以“套”为单位计量，套用相应定额子目。

半导体少长针消雷装置安装已考虑了高空作业的因素。

11.2.4 避雷引下线敷设

避雷引下线敷设定额根据引下线敷设方式不同，分为利用金属构件引下，沿建筑物、构筑物引下，利用建筑物主筋引下，断接卡子制作安装4个子目，其工作内容包括平直、下料、测位、打眼、埋卡子、焊接、固定、刷漆。引下线为未计价材料，另行计价。

当避雷引下线沿建筑物、构筑物引下时，引下线的安装按施工图图示建筑物高度计算，另加3.9%的附加长度，以“延长米”为单位计量，套用相应定额子目。计算公式为：

$$引下线长度=按图示尺寸计算垂直和水平长度\times(1+3.9\%)$$

当避雷引下线利用金属构件或建筑物的主筋引下时，按施工图图示引下长度，以“延长米”计算，以“10m”为单位计量，套用相应定额子目。利用建筑物主筋作避雷引下线，定额中按每一根柱子内焊接两根主筋考虑，如果实际中焊接主筋数超过两根时，可按比例调整。

避雷引下线安装定额已包括支持卡子的制作与埋设。断接卡子的制作、安装，按施工图设计规定装设的数量计算，以“10套”为单位计量，套用相应定额子目。接地检查井内的断接卡子安装，按每井一套计算。

利用铜绞线作接地引下线时，配管、穿铜绞线执行综合基价第二册第十二章中同规格的相应项目。

11.2.5 接地极（板）制作安装

定额中按不同材料分为钢管、角钢、圆钢接地板和铜、钢接地极板（块）以及施工地质条件不同分普通土、坚土，分别列出相应子目。其工作内容包括尖端及加固帽加工、接地极打入地下及埋设、下料、加工、焊接。作为接地极（板）的钢管、角钢、圆钢、铜板、钢板等材料均为未计价主材，另行计价。

编制预算时，接地极制作安装工程量按施工图图示数量计算，以“根”为单位计量，套用相应定额子目。其长度按施工图设计长度计算，当图样设计无规定时，每根长度按2.5m

计算。如接地极设计有管帽时，管帽另按加工件计算。

工程如果利用基础钢筋作接地体，则不套用本定额。

11.2.6　接地母线敷设

定额分户内、户外接地母线和铜接地绞线敷设，其中户外接地母线和铜接地绞线敷设还按截面分别划分子目。其工作内容包括挖地沟、接地线平直、下料、测位、打眼、埋卡子、煨弯、敷设、焊接、回填土夯实、刷漆。接地母线（包括钢带、铜绞线等）为未计价材料，另行计价。

接地母线敷设，按施工图设计长度以“延长米”计算，另加3.9%的附加长度，以“10m”为单位计量，套用相应定额子目。计算公式为：

$$接地母线敷设长度 = 施工图设计长度 \times (1+3.9\%)$$

户外接地母线敷设定额是按自然地坪和一般土质综合考虑的，已包括地沟的挖填土和夯实工作，执行本定额时不应再计算土方量，如遇有石方、矿渣、积水、障碍物等情况时可另行计算。

电缆支架的接地线安装应执行户内接地母线敷设定额。

11.2.7　接地跨接线安装

接地跨接线安装定额分接地跨接线、构架接地及钢铝窗接地子目。其工作内容包括下料、钻孔、煨弯、挖填土、固定、刷漆。

编制预算时，工程量按施工图图示数量计算，接地跨接线、钢铝窗接地以“10处”为单位计量，构架接地以“处”为单位计量，套用相应定额子目。

金属线管通过箱、盘、柜、盒等焊接的连接线，线管与线管连接管箍处的连接线，在箱、盘、柜、盒等的安装定额、配管定额中均已包括了该工作内容，因此不得再计算为接地跨接线工程量。

高层建筑6层以上的金属窗，设计部门一般都要求接地。钢铝窗接地工程量应按施工图设计规定接地的金属窗数量进行计算，套用相应定额子目。

11.2.8　接地装置调试

接地装置调试定额分为独立接地装置调试和接地网调试子目。

编制预算时，工程量按施工图图示数量计算，独立接地装置调试以“组”为单位计量，接地网以“系统”为单位计量，分别套用相应定额子目。

独立的接地装置按“组”计算，如一台柱上变压器有一个独立的接地装置，若测试一次，即按一组计算。

避雷针接地电阻的测定，每一根避雷针均有单独接地网（包括独立的避雷针、烟囱避雷针等），均按一组计算。

接地网接地电阻的测定，发电厂或变电站连为一体的母网，按一个系统计算；自成母网不与厂区母网相连的独立接地网，另按一个系统计算，如厂区内某一独立变电所接地网不与厂区母网相连，则应按一个系统计算。大型建筑群各有自己的接地网（接地电阻值设计有要求），虽最后也将各个接地网联在一起，但仍应按一个系统计算。

接地装置调试定额适用于所有电气设备安装工程的接地装置调试。

11.3 防雷及接地装置工程施工图预算编制实例

1. 设计说明

某饲料厂主厂房，房顶的长和宽分别为30m和11m，层高4.5m，共五层，女儿墙高度0.6m，室内外高差0.45m。女儿墙顶敷设ϕ8镀锌圆钢避雷网，ϕ8镀锌圆钢引下线自两角引下，在距室外自然地坪1.8m处断开，在距建筑物3m处设2.5m长∟50×5角钢接地极，打入地下0.8m，顶部用—40×4镀锌扁钢在引下线断接处和引下线连接。

2. 工程量计算

工程量计算见表11-1。

表11-1 工程量计算表

工程名称：某饲料厂主厂房防雷系统

序号	项目名称	单位	数量	计算式
1	屋顶ϕ8镀锌钢管避雷网敷设	m	85.2	(30+11)×2×1.039=85.2
2	ϕ8镀锌钢管引下线敷设	m	48.9	(4.5×5+0.6+0.45)×2×1.039=48.90
3	—40×4镀锌扁钢接地母线	m	28.7	(0.8+3+10)×2×1.039=28.70
4	∟50×5角钢接地极安装	根	6	2×3=6
5	接地极接地电阻测试	组	1	1
6	断接卡子安装	套	2	—

3. 工程造价计算

施工图预算书的组成：预算书封面（略），预算书编制说明（略），工程取费表见表11-2，主材价格表（略），工程预算表见表11-3。

表11-2 工程取费表

工程名称：某饲料厂主厂房　　　　工程类别：三类

序号	费用名称	取费基数	费率（%）	金额/元
1	综合计价合计	Σ（分项工程量×分项子目综合基价）		2523.98
2	计价中人工费合计	Σ（分项工程量×分项子目综合基价中人工费）		949.62
3	未计价材料费用	主材费合计		582.32
4	施工措施费	[5]+[6]		
5	施工技术措施费	其费用包含在1中		
6	施工组织措施费			
7	安全文明施工增加费	（人工费合计）×7%	7.00	66.47
8	差价	[9]+[10]+[11]		
9	人工费差价	不调整		
10	材料差价	不调整		
11	机械差价	不调整		
12	专项费用	[13]+[14]		322.87
13	社会保险费	[2]×33%	33.00	313.37

（续）

序　　号	费用名称	取费基数	费率（%）	金额/元
14	工程定额测定费	[2] ×1%	1.00	9.50
15	工程成本	[1] + [3] + [4] + [8] + [12]		3495.64
16	利润	[2] ×38%	38.00	360.86
17	其他项目费	其他项目费		
18	税金	([15] + [16] + [17]) ×3.413%	3.413	131.62
19	工程造价	[15] + [16] + [17] + [18]		3988.12
	含税工程造价：叁仟玖佰捌拾捌元壹角贰分			小写：3988.12

表 11-3　工程预算表

工程名称：某饲料厂主厂房

序号	定额编号	工程项目名称	工程量		定额直接费/元		其中人工费/元		未计价材料				
			单位	工程量	基价	合价	基价	合价	材料名称	单位	材料数量	单价/元	合价/元
1	2-690	角钢接地极制作安装（普通土）	根	6.00	29.73	178.38	10.08	60.48	角钢接地极 L50×5 2.5m 长	根	6.00	40.00	240.00
2	2-697	户外接地母线敷设截面 200m² 以内	10m	2.87	130.72	375.17	64.05	183.82	接地母线—40×4	m	29.13	4.50	131.09
3	2-745	避雷引下线沿建筑、构筑物引下	10m	4.89	68.77	336.29	23.73	116.04	避雷引下线（ϕ8）	m	51.35	1.50	77.03
4	2-749	避雷网沿折板支架敷设	10m	8.52	154.62	1317.36	57.12	486.66	避雷网（ϕ8）	m	89.46	1.50	134.19
5	2-885	独立接地装置调试 6 根接地极以内	组	1.00	270.23	270.23	84.00	84.00					
		小计				2477.43		931.00					582.32
6		脚手架搭拆费：人工费×4% 其中人工工资占 25%	元			37.24		9.31					
7		高层增加费：人工费×1% 全部为人工工资 合计	元			9.31 2523.98		9.31 949.62					582.32

小　结

防雷接地工程的主要作用是将建筑物或构筑物所受的雷电流引入大地，使建筑物、构筑物免受雷电的破坏。无论任何级别的防雷接地装置，一般都有三大部分构成，分别是接闪器、引下线和接地体。接闪器是指避雷针、避雷带（网）等直接接受雷击的部分以及可用作接闪的金属屋面及金属构件等，通常有避雷针、避雷网、避雷带等形式。引下线是指连接接闪器与接地装置的金属导体，一般由引下线、引下线支持卡子、断接卡子、引下线保护管等组成。接地体是指埋入土壤或混凝土基础中作散流用的金属导体。一般由接地母线、接地极组成。接地体可以分为自然接地体和人工接地体。在防雷接地工程施工图预算编制时，应根据定额的项目划分情况，分别对避雷针、避雷带（网）、避雷引下线、接地极、接地母线、跨接线等进行工程量计算及套用定额。特别应注意在计算避雷带（网）、引下线、接地母线工程量时，在施工图图示长度的基础上，另加3.9%的附加长度（包括转弯、上下波动、避绕障碍物、搭接头所占长度）。

接地装置调试，在定额中分为独立接地装置调试和接地网调试子目。编制预算时，要注意计取此项费用。接地装置调试的工程量一般是以“组”或“系统”为单位计量。

思 考 题

11-1　防雷及接地装置包括哪些工程内容？

11-2　建筑物的防雷措施主要有哪些？

11-3　建（构）筑物防雷接地装置的组成有哪些？

11-4　自然接地体在工程设计中需注意哪些问题？

11-5　接地跨接一般出现在工程实际中的哪些地方？

第 12 章　安装工程施工图预算审查

学习目标

了解安装工程施工图预算审查的条件和依据；熟悉审查的内容和方法。

关 键 词

全面审查法　重点审查法

做好工程施工图预算书的校核与审查工作，有利于提高施工图预算的编制质量、核实工程造价、节约与合理使用建设资金；有利于加强建筑市场管理、开展平等竞争；有利于提高工程质量、加快工程进度、发挥投资效益；有利于积累各种经济指标、提高设计水平。

12.1　安装工程施工图预算审查的条件和依据

12.1.1　审查的条件

进行施工图预算审查必须具备以下条件：

1）编制人员按照工程项目施工图预算编制的要求和工程造价计算程序完成了完整的预算造价。

2）编制人员对所承担的工程施工图预算进行了自我校核。

3）编制人员应对工程量计算底稿、完整的预算书初稿、图样、定额等原始资料已整理好。

12.1.2　审查的依据

施工图预算审查的依据和施工图编制的依据一样，主要包括：

1）工程施工图样、设备材料表、设计说明书等。

2）安装工程预算定额或地区单位估价表。

3）部门或地区颁发的工程材料预算价格、市场价格等。

4）部门或地区颁发的工程间接费定额和工程造价计算程序。

5）部门或地区颁发的工程造价动态管理文件和价差调整规定。

6）部门或地区颁发的有关编制工程预算的其他文件。

7）施工图预算的编制要求、编制原则和编制方法。

12.2　安装工程施工图预算审查的内容和方法

12.2.1　施工图预算审查的内容

施工图预算审查的主要内容包括工程量、定额单价、直接费、设备材料价格、间接费、调价系数、利润和税金、预算造价、单位造价等。

1. 审查工程量

工程量是单位工程施工图预算造价形成的重要因素，应当逐项进行审查。根据施工图样和工程量计算规则，查对各分项工程量的计算是否正确，是否符合工程量计算规则的规定，计算内容有无漏算、重算和错算的现象等。如采用《全国统一工程预算定额》第八册《给排水、采暖、燃气工程》编制室内给排水预算和室内采暖工程预算时，在相关定额项目中已包括了水压试验或灌水试验，透气帽以及光排管散热器制作安装项目中的联管材料，因此，这些项目就不能单列进行工程量计算，否则即为重算。

工程量审查时，应抓住那些单价高、数量多的项目进行，如给排水采暖工程中的管道敷设长度、散热器、卫生器具等；电气工程中的线路敷设长度、灯具等，而对那些单价低、数量少的项目不必进行细查细审。

为了做好施工图预算工程量审查工作，审查人员必须熟悉图样、定额内容和工程量计算规则。

2. 审查定额单价

安装工程预算定额单价是一定计量单位分项工程或构件所消耗工料的货币表现标准，是决定工程造价的又一个重要因素。因此，对安装预算定额或单位估价表中单价的审查，主要是审查单价套用及换算是否符合要求，是否套用、换算正确。如果套错、换算错单价，就会造成工程直接费偏高或偏低，从而使工程造价不准，不能正确反映工程实际造价情况。还应注意计量单位的审查，每一分项工程预算单价都与它的计量单位有密切的关系，计算单位如果错了，就要相差十倍、百倍。所以，在审查预算单价选用时，应着重于工程量项目名称、工作内容、计量单位等是否与定额规定相一致。

3. 审查定额直接费

审查施工图预算定额直接费，就是审查分项工程定额直接费合价、分部工程定额直接费小计、单位工程定额直接费合计计算的是否准确。它们之间的关系用计算式表示如下：

分项工程合价 = 子目工程量 × 子目预算单价　其中人工工资 = 工程量 × 人工单价

分部工程小计 = Σ分项工程合价　其中人工工资 = Σ分项人工工资合价

单位工程合计 = Σ分部工程小计　其中人工工资 = Σ分部人工工资小计

施工图预算直接费中的人工费是其他直接费、间接费以及其他各项应取费用的计算基础，审查人员对这部分数字的审查，务必细心、认真地逐项计算和核对，并切忌口算。否则，一项出错将会形成一连串的错算。

4. 审查设备、材料的预算价格

在安装工程造价中，设备、材料的比重较大，由于设备、材料价格具有时效性和地区性，掌握不好会影响到工程造价的准确性。在审查时，主要审查设备、材料的预算价格是否符合工程所在地的真实价格及价格水平，设备、材料的原价确定方法是否正确，设备的运杂费率及其运杂费的计算是否正确，材料预算价格的各项费用的计算是否符合规定、正确。

5. 审查间接费用

间接费用是安装工程施工成本的重要组成部分，它计取得正确与否，直接影响着工程成本的高低。因此，审查间接费用的计算规定、计取基础、计算数值是否正确，对于提高预算编制质量，核实安装工程造价是很重要的一个方面。

根据国家对间接费用定额的管理分工，各省、自治区、直辖市和国务院各行业部门制定的定额形式各不相同，如有的地区或部门实行的是综合费用定额，有的是单项费用定额，有的是按工程类别制定费用标准，有的是按企业级别制定费用标准，有的是按企业隶属关系制定费用标准，有的是按企业性质制定费用标准等。由于此项费用计算方式不统一，因而在审查中应着重从以下几个方面去审查。

1）审查所用的费用定额与所用的安装预算定额是否相配套。也就是说使用什么预算定额，就执行与之相配套的间接费定额，不得“张冠李戴”。比如，使用河南省2003年制定的《河南省安装工程单位综合基价》编制施工图预算，就必须使用2004年颁发的河南省安装工程计价办法，而不得使用其他地区或部门颁发的计价办法。在实际工作中，串地区、串部门交叉使用计价办法的现象常有出现，在预算审查中，必须予以纠正。

2）审查费用标准（即费率）与本地区规定是否一致。

3）审查取费基础是否正确。安装工程一般是以人工工资为基础计取间接费的，但也有少数地区是以人工费加机械费为基础的。不论以哪种费用为计算基础，都必须符合本地区或部门的规定。

6. 审查调价系数

为适应工程造价的动态管理，各地区都对人工、材料、机械台班费的价差实行了定期发布调价系数的制度。但各地区发布的调价系数适用范围、系数性质、调整基础等，都是各不相同的。就一个地区而言，有的是通用系数（全地区使用），有的是专用系数（专调某项费用或某一工程）；依据系数计算出的数值，有的参加应取费用的计算，有的则不参加应取费用的计算。所以在审查中应注意以下几点：

1）所采用的调价系数是否符合所编预算的时效。所谓时效就是指该工程施工图预算采用的系数是否适用于该工程的施工时间。

2）所采用的调价系数是否与本工程相适应。安装工程中地方材料的调价系数，根据单位工程的不同而不同的，如给排水工程、采暖工程、电气工程等有各自的调价系数，审核时要注意有无错用系数现象。

3）价差调整的计算方法是否符合规定。

4）价差调整计算是否准确。

7. 审查利润和税金

对于利润和税金，主要是审查其计算基础、计取标准（利、税率）、计算结果是否有误，不该参与计算的数值是否参与计算了等。

8. 审查预算造价

就一般而言，安装工程施工图预算造价 = 直接费 + 间接费 + 利润 + 税金。

9. 审查单位造价

单位造价等于单位工程安装施工图预算总造价除以建筑面积。

12.2.2 施工图预算审查的要求和方法

1. 审查的要求

预算编制单位（如设计、施工、建设、咨询等）对自己所编制的安装工程施工图预算，都应有自校（校对）、校核和审核三道手续（即三级校审），以确保其正确性。

(1) 自校 所谓自校就是当每一项安装工程预算编制完毕后，编制人对自己所编预算的自我校对。自校的重点为检查工程量、计量单位、单价、合价、取费标准、计费基础、计算程序等是否正确。发现疑点及问题，应进行复核和改正，做到所编制的预算无重大错误。

(2) 校核 所谓校核就是由有关人员对他人所编制的预算进行全面的检查校对。校核是预算审校工作的关键环节。担负校核工作的每一个预算人员，必须尽职尽责，认真细致，不应敷衍了事。施工图预算校核的具体方法，可以针对编制人的业务熟练程度及个人特点，根据编制依据和规定，先对各项经济指标的合理性与同类型工程进行对比分析，大致了解其正确程度，然后再查阅有关图样和工程量计算草稿，进一步全面或重点校核各项数字，做到工程数量、定额单价、取费及调价等正确无误，无漏项无重复、造价正确，技术经济指标合理。

(3) 审核 所谓审核就是由有关业务主管（如主任工程师、高级工程师）对本单位所编制预算的审定和核准。重点审核各项编制依据和计算程序是否符合现行规定，应该调整的费用是否进行了调整，预算书是否齐全完整，文字说明是否简洁明了，应说明的问题是否都说清楚了等。其主要作用是保证做到外发预算内容完整，造价正确，经济指标及主要材料耗用量合理，签署手续齐全，装帧美观等。

2. 审查的方法

(1) 全面审查法 全面审查法是根据施工图样的设计内容，结合预算定额的工程子目，逐项地进行审查的方法。其具体计算方法和审查过程为：从计算工程量、选套定额，计算合价、计取各项费用，到求出预算含税总造价。

全面审查的优点是全面、细致，能及时发现所有错误，保证质量；缺点是工作量大、需要时间长，不能及时满足工程的需要。主要运用于建筑规模小、工作量不大的工程。

(2) 重点审查法 重点审查法就是针对预算中的重点项目进行审查的方法。所谓重点项目，就是指那些工程量大、单价高，对预算造价有突出或较大影响的项目。在一个工程预算中，是什么结构，什么就是重点。如水暖工程，各种管道，设备等分项就是重点。重点与非重点是相对而言的，不能绝对化，要根据工程的实际特点和具体情况灵活掌握，因工程而宜。

对各种应取费用和取费标准及其计算方法等也应作为重点进行审查。由于建筑安装施工图预算的编制制度不断改革和发展，费用项目、费用内容、计算基础等也会有所改变，所以要对应取费用和取费标准及其计算方法的时效性重点审核。另外，各种应取费用的计算比较复杂，往往容易出现计算基础和先后计算顺序方面的错误，在审查时也应该加以注意。

重点审查法的优点是工作量较小，用时较短，主要问题能够得到纠正，能及时满足工程的需要；缺点是不全面，仍有些项目可能存在错误。

(3) 指标审查法 指标审查法就是将审查的安装工程施工图预算造价及有关技术经济指标，与具有通用性或代表性的施工图预算造价及有关技术经济指标进行比较，也称分解对比率审查法。具体方法和步骤是：

1）选择被审查工程结构、规模、用途基本相同的参照指标。

2）被审查工程预算分解为与参照指标相同的项目。

3）进行对比。

指标审查法的优点是简单易行，速度快，适用于中、小型一般民用建筑和公共设施；缺点是虽然各参照指标基本相同，但因建设地点、能源、材料供应的不同，会影响到造价的准确性。

4）经验审查法　经验审查法是根据以往审查他人所编制预算的实践经验、审查那些容易漏计和产生差错的分项、细项工程的方法。

3. 施工图预算审查注意事项

（1）工程量方面

1）注意漏算和重算。

2）注意对总造价有较大影响的工程量。

3）注意有无高估多算或弄虚作假现象。

4）注意有无超出设计要求的工程内容。

5）注意编制工作中常存在的问题。

（2）选套定额单位估价表单价方面

1）注意预算书中的计量单位与定额是否相一致。

2）注意有无错套定额单价的现象。

（3）计取费用方面

1）注意计算程序是否符合工程所在地区主管部门的规定或编制预算的要求。

2）注意有关费用计算的基础或先后次序是否有错。

3）注意各有关数值的运算是否正确。

4）注意其他有关问题。

小　　结

由于施工图预算编制的政策性、技术性、经济性都很强，无论是哪一方面，在编制时都会不同程度的存在这样或那样的问题或差错，造成预算造价偏离实际，不能够真实地反映安装工程造价。通过对施工图预算的审查，可以提高预算的编制质量，正确反映工程投资情况，合理使用资金。施工图预算价格包括工程的直接费、间接费、利润和税金四大部分。对施工图预算的审查，要通过自校、校核、审核三道审校程序进行。针对不同的情况，选择采用全面审查法、重点审查法、指标审查法、对比审查法、经验审查法等几种方法中的一种或几种，根据审查条件和审查依据，主要审核施工图预算中的工程量、定额直接费、设备材料价格、间接费、利润、税金等计算是否正确、准确。

思 考 题

12-1　简述施工图预算审查的条件和依据。

12-2　简述施工图预算的审查内容。

12-3　试叙述如何进行工程量的审查。

12-4　简述施工图预算审查的方法。

12-5　什么是全面审查法？什么是重点审查法？

第13章　应用计算机编制安装工程施工图预算

学习目标

掌握预算软件的基本操作方法，会输出打印预算报表。

关键词

计算机编制安装工程施工图预算

13.1　概述

计算机编制安装工程施工图预算是指利用计算机代替人手，进行工程量计算、定额套用、费用计取、工料分析等一系列的工作，完成安装工程施工图预算的编制。对于安装工程施工图预算来说，用手工编制，其计算量大，耗时长。现阶段，应用计算机辅助编制施工图预算已得到迅猛发展。随着计算机硬件与软件技术的不断提高，工程造价应用软件的设计水平也越来越高，用计算机辅助编制施工图预算的应用也越来越广泛。

13.1.1　工程造价应用软件的特点

1. 数据整理快捷简便

工程造价计价过程中，定额的应用是不可缺少的，对定额数据的维护是很繁杂的一项工作。由于新工艺、新技术、新材料不断应用，导致定额项目或子目内容的变化，需要对原有定额进行修改、补充。运用计算机辅助处理，速度快又节省人力物力，且有利于长期保存。另外，工程材料价格是经常变动的，而材料费占用工程造价的60%左右，对造价影响较大，采用计算机管理，存储方便、修改便捷并且有利于材料价格的预测。

2. 便于计算与调整

在施工企业投标报价的过程中，计算机显示出极大的优越性。在编制报价的过程中，投标人根据工程图样和现场施工条件计算出工程预算。在此基础上，根据市场的竞争情况，要采取某些报价策略，对工程预算价格进行调整，如采用不平衡报价策略将使某些分项工程的价格降低，而对某些项目的价格升高，总价保持不变，如采用计算机则方便、迅速。

3. 方便多指标的形成

应用计算机辅助编制工程造价，不仅能计算工程造价、招标标底和投标报价，而且根据需要可生成多项指标。如主材用量、平方米材料含量、分部造价等。

13.1.2　工程造价应用软件的发展

在20世纪90年代初期以前，计算机还未普及，工程预算编制人员不得不进行大量的手工作业来完成预算编制，由于很多建筑安装工程量大、工程复杂、涉及面广，预算编制人员要面对大量的图样、数据和资料，费时费力，而且不可避免地要出现这样那样的错误，这时就需要返工重算，浪费大量人力、财力。计算机的出现，特别是预算应用软件的出现把预算编制人员从大量繁杂的劳动中解放出来，不但加快了预算编制的速度，而且还提高了预算编制的准确度，避免了不必要的损失。

计算机操作系统在早期是以DOS系统为主，而此时的各种预算应用软件也是在DOS界面下运行的，不但操作麻烦，而且要求预算编制人员具有较高的计算机水平，在当时我国计算机不太普及的情况下，很多预算编制人员很难掌握其中要领，使用起来难度较大，推广缓慢。直到图形界面操作系统Windows系列的出现，才改变了这种状况。图形界面的直观性、易用性大大简化了预算应用软件的操作，使得预算应用软件开始在全国各地推广使用，并且将逐渐替代大部分的手工编制工作。

13.2　安装工程施工图预算编制软件介绍

13.2.1　预算应用软件编制原理

1. 数据输入

首先，将待编工程预算的工程基本情况数据输入工程项目管理库内存档，然后把本工程所需补充或换算的定额输入换算定额库内，再把填写好的初始数据表逐条输入初始数据表库内，在每条数据输入之后，机器根据工程量计算公式表自动计算出工程量并存入相应的初始数据表库的工程量字段内。

2. 原始数据处理

全部数据输入完毕后，系统对该初始数据表库进行定额子目价格套用、计算，相同定额项目合并，并进行项目排序。

3. 费用计算

根据定额编号索引综合定额库或换算定额库，计算合价及工料消耗量，组成工程预算分项库，接着逐条打印分项预算，并把同分部的分项数据累加，组成各分部的造价分析库。全部分项打印完毕后，根据总直接费和费用计算库计算打印费用表。

4. 造价分析

最后根据分部造价分析库，打印分部造价及主要材料耗用量分析表。整份预算书生成完毕后，把各类计算结果数据存入相应项目管理库的记录内，供造价分析用。

13.2.2　定额库的建立

定额库的建立就是把现行预算定额存储于计算机内，为工程预算做准备。

1. 定额库结构

现行施工图预算的定额依据主要是预算定额，因此，使用的定额库应当以预算定额来建立。

任何一项预算定额都有“量”、“价”两方面的因素。“量”是指各种资源的定额消耗量，“价”是指这些资源的预算价格，定额单价等于量价乘积。根据现行的预算制度，定额量的因素在若干时期内基本不变，并适用于较大的地区范围，而价格则会随地区和时间的变化而变化。另一方面，由于工料分析的需要，定额库的建立必须充分考虑这些情况。根据上述分析，建立预算定额库时，可以建立预算定额量文件和价格文件，分别考虑定额的量、价两种因素。任何一种变化，都可以较为方便的对定额库进行修改。

另外，对于投标报价、合同预算、施工图预算、施工预算等，可以分别编制建立不同的定额库，以便使用。这些定额库内的数据并非一成不变，他们应随着生产的发展、生产率的提高以及价格的变化等作相应的调整。

2. 材料预算价格文件

材料预算价格文件是修改较为频繁的一个文件。应用材料预算价格文件，结合工料文件，由一定的程序控制，可迅速求出定额的材料费及相关费用。

材料价格文件的结构，包括材料代码及现行材料单价两个基本数据项。在这个文件中应该拥有在工料文件中出现的全部材料价格。在实际预算工作中，存在着不同时期使用不同材料价格的情况，甚至也存在同一时期内不同工程使用不同材料价格的情况。这在修编定额、调整材料差价时会经常发生。因此，建立材料价格文件时，要注意能很好地区别这些文件。

3. 补充定额文件

当编制预算时，由于某些工程项目的特殊性，定额库内没有相应的定额子目时，就要求补充这些定额子目。为此可设立一个补充定额库，其建立方法完全类似于前述定额库。补充定额可追加到固定库中。

在补充库中也可以列入同固定库中定额子目相同的项目。这一般是为了修改固定库中的这些项目，即以新换旧。在使用这些定额时，可以用一定的程序控制，只套用补充库的定额，即修改定额，固定库的相应内容相当于自动作废；也可以用一定的方法以新的内容去取代旧内容。

定额库的建立，工作量很大，在完成这项工作后，应编制电算定额项目手册，详细列出定额库所选用的定额项目名称、计量单位、机电算定额号等内容，供预算人员输入工程初始数据时使用。

4. 取费标准文件

取费标准文件的基本组成包括取费类别号、工程项目类型（性质）、施工企业性质（等级）、计算基础、各项取费项目及标准等数据项。预算电算时，通过在工程初始数据——项目信息表中给出取费类别号而正确引用。

应当注意，一项工程的部分内容因特殊性，需采用与整体工程不同的取费标准时软件的处理。这是该文件以及预算程序编制时的一个难题。

我国大部分软件公司都是基于以上编制原理进行软件设计的。

13.2.3 预算软件功能介绍

在我国使用比较广泛的预算软件有《神机妙算造价管理软件》、《PKPM 造价管理软件》、《广联达工程造价管理软件》、《清华斯韦尔造价管理软件》等，这几家软件设计公司实力都比较大的，他们的软件在全国各地都有使用，得到良好的使用效果。由于各省市所采用的定额不同，在一些比较大的省市又有各自编制的预算软件，结合各省市的情况编制适合的本地区预算软件系统，使用起来也较为方便。

预算软件的主要功能包括以下几个方面：

1. 项目管理功能

很多建设单位、施工单位或是工程咨询单位要接触到大量不同的工程内容，如果是手工操作的话，必须要经常整理档案，并且调用以前的资料比较麻烦，有了计算机辅助管理，可以轻松的调用各种资料，对各种项目进行分门别类管理。并且，预算软件都设计了操作员口令，这样可以防止他人误操作或者篡改数据，保密性极强。

2. 定额及工程量输入功能

在手工操作编制预算时，填写定额表要手写大量的工程名称和各项人材机费用，耗时耗力，而且容易造成失误。用计算机输入就可以避免这些失误，当输入定额编号和工程量后，软件就会自动生成相应的定额内容，自动汇总相应的数据，做到事半功倍，节约人力和时间，而且精确度很高。

3. 价差调整功能

价差调整在软件中的操作也是非常简便的，只要把工程所在地的市场价格信息输入到软件中，软件就会自动分析，并得到价格调整表。以往需要重复使用的价格信息，也可以保存到软件中，在下一个工程项目中可以调出使用，不必重复劳动。

4. 使用方便功能

我国工程预算编制的依据不统一，如预算定额、取费标准、计费程序等，各省都有自己的规定及办法。在此情况下，软件公司都会设定不同的计价程序供各省市使用，特别是跨省承揽工程时，计算标价简单方便、上手迅速。

5. 报表输出功能

手工编制工程预算书要进行大量的表格填写，而且要字迹清晰、书写工整，以便审核人员和其他相关人员查看，耗用很多时间。预算软件在输完相应的定额号、工程量、取费后，会自动生成完整的报表，并可以与打印机连接打印出所需要的报表，非常清晰和准确，也节省了时间。

除了这些基本的功能外，预算软件的功能还扩展到图形算量。图形算量软件不但有图形手工输入功能外，还可以直接调用 AUTOCAD 的图形或 PKPM 图形（能导入什么类型的图形是根据图形算量软件的设计而定的）。利用简单的操作命令就可以把大量复杂的工程量计算出来，而且图形算量软件与预算软件之间有良好的接口，可以把计算出的结果直接在预算软件中输出来，这样既节省了时间，又提高了精确度，避免了不必要的错误，非常实用。

另外，随着网络的普及，软件公司也设置了相应的程序，增加了网络版的软件，并且在网络上提供各省市的价格信息和招标公告，使得预算人员足不出户，就可以享受到非常便捷的服务，大大提高了工作效率。

13.3　安装工程施工图预算编制软件应用

本节将以在全国使用比较广泛的北京广联达慧中软件技术有限公司出品的《工程量清单系统 V8.0》为例来介绍软件的应用。

13.3.1　项目管理

启动软件后，为防止盗版软件，将进行加密锁的检测，如果未检测到加密锁，软件将以学习版的形式启动，学习版与正式版之间在软件界面与操作方法上没有区别，只是有些功能限制，如工程量、总造价上的限制等。

检测完毕后会出现一个选择界面，如图 13-1 所示，对于新手用户或第一次使用选择“新建向导”，这样软件将提示下一步的操作方法和步骤。对于熟练用户则可以直接选取“新建预算”或“新建项目”。

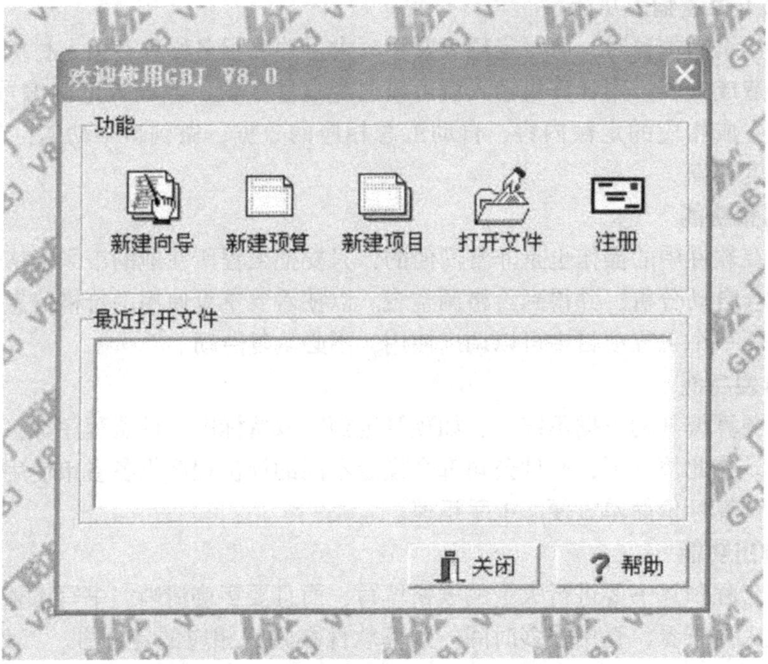

图 13-1　选择界面

如果已保存了工程项目，可以选择“最近打开文件”或是选择“打开文件”，这样就可以调出以前已经输入过的预算文件继续进行输入或编辑修改。

我们就以选择“新建向导”为例来说明软件的操作方法。接着下一步会出现选择计价模式的界面，如图 13-2 所示，有清单计价模式和定额计价模式两种选择方案，根据工程项目要求来选择相应计价模式。由于本书是以定额计价模式为主，所以选择“定额计价”，文件类型为“预算”。

接下来是选择模板，一般不需变动，选择默认的就可以了。

下一步会出现定额库的选择，该软件集成了所有的包括土建装饰工程定额、市政工程定额以及安装工程定额。选择安装工程定额，如图 13-3 所示。由于各省的定额名称和编制年代会有所区别，则出现的名称会有所差别，但各省市定额都是根据《全国统一安装工程定额》来编制的，所以不会有大的区别。然后再根据选择的定额来选择专业，安装工程涉及机械设备，电气工程，热力工程，给排水、采暖、燃气工程等不同专业，所以要根据实际工程项目来选择对应的专业就可以了。

接着点击“下一步”，就进入选择费用文件和价格文件界面，如图 13-4 所示，定额规定安装工程分为三类，一类是附属于一类建筑工程的电气、通风、采暖等工程；二类是附属于二类建筑工程的电气、通风、采暖等工程；三类是附属于三、四类建筑工程的电气、通风、

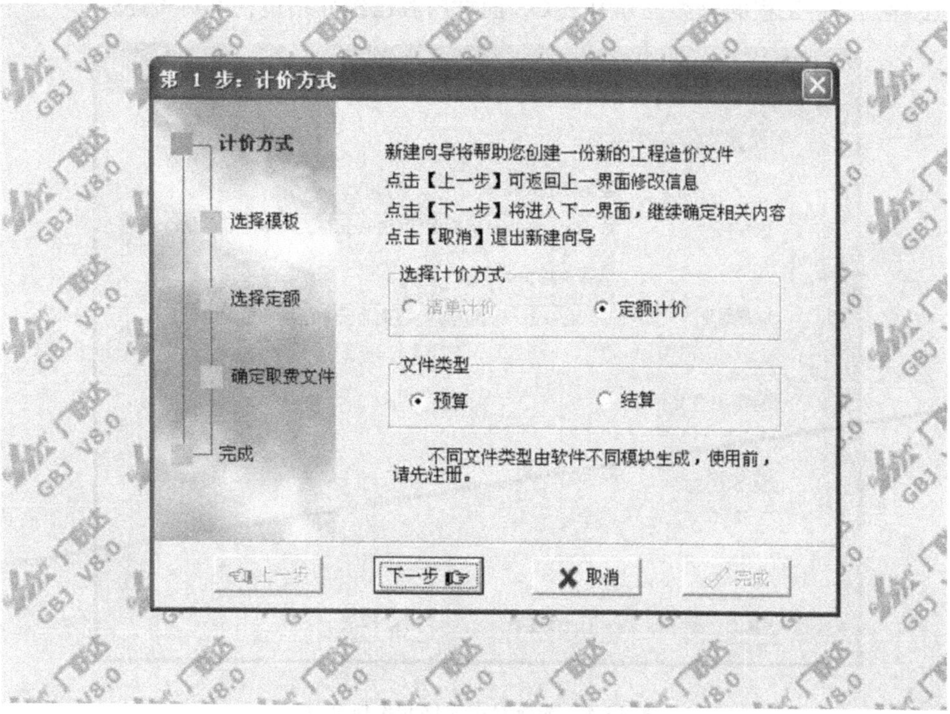

图 13-2　计价模式选择

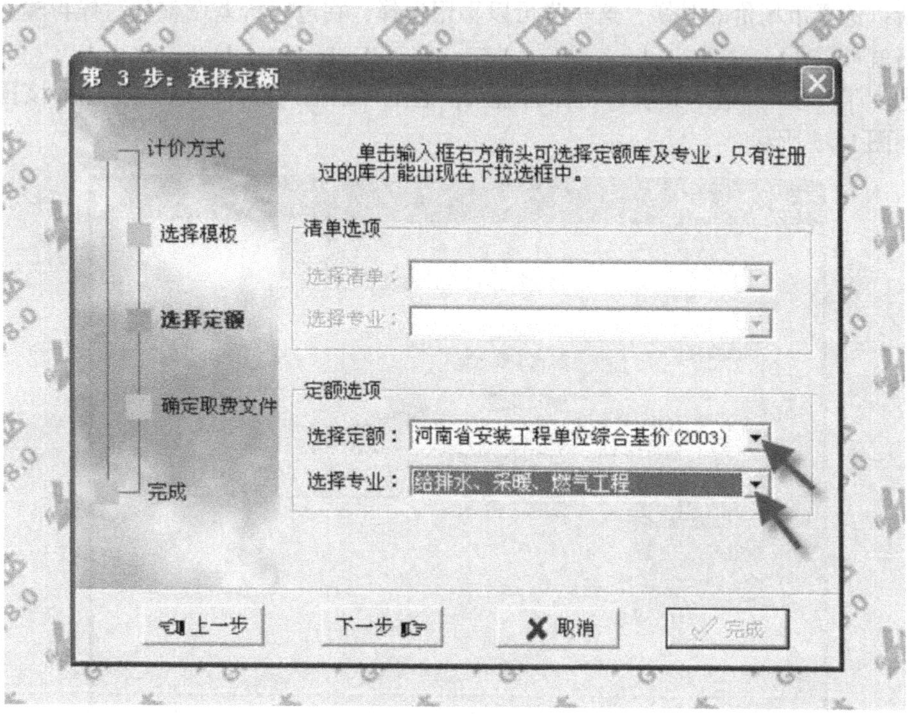

图 13-3　选择定额界面

采暖等工程，设备工程的分类也分为三类，前章内容已经介绍过，不再赘述。

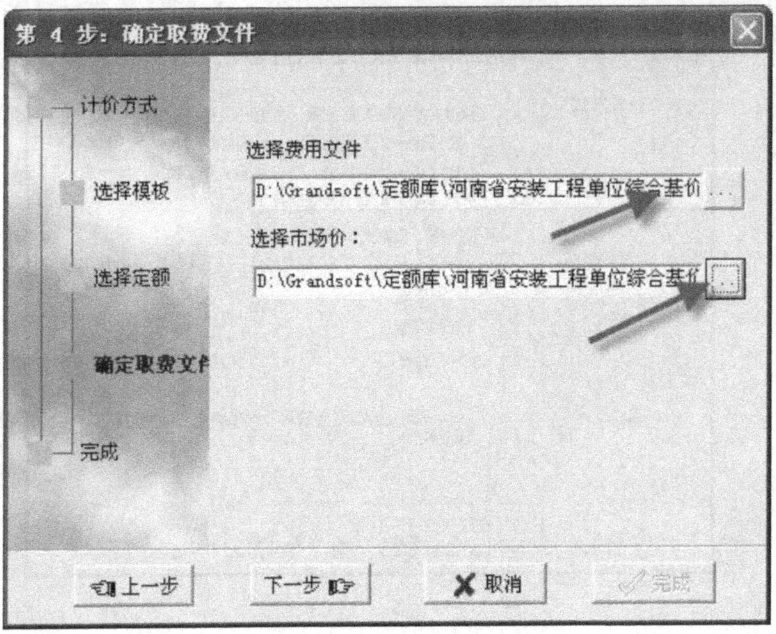

图 13-4 选择费用文件和价格文件

在选择价格文件的时候要注意，软件中附带的价格文件是早期或者不是本地的市场价格信息，所以选择市场价的时候，这一步可以不用选择，在进行价差调整的时候再输入本地的市场价格就可以了。

点击“下一步”，进入到项目名称的输入，这里可以输入实际工程的名称和该预算书的名称，如图 13-5 所示。

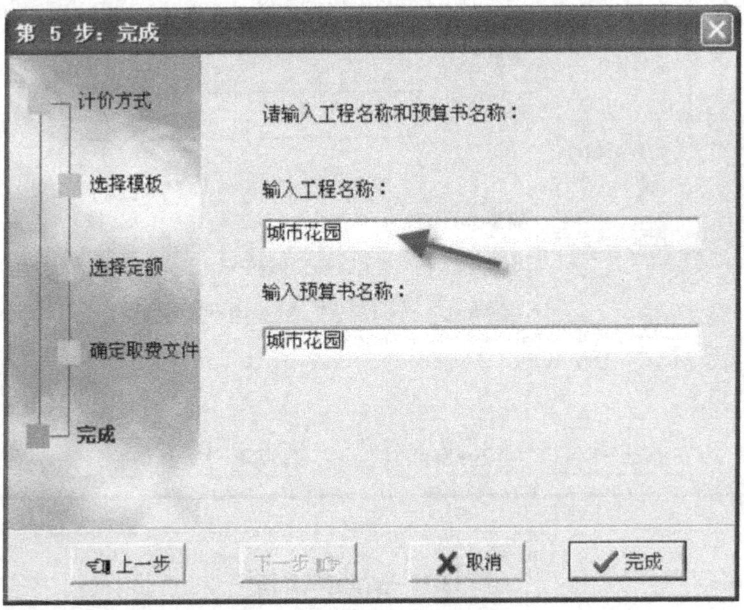

图 13-5 输入工程名称界面

在这里，工程名称和预算书名称可以一样，也可以有所区别，而且也可以不用输入，在以后编辑的过程中输入。

这里项目管理就根据新建向导输入完毕，点击“完成”就进入到预算编制界面。

13.3.2　单位工程预算编制

1. 编制预算的基本流程

输入工程概况——输入子目和工程量——项目措施费以及其他费用的输入——调整价格（包括人材机表、主材表和设备表）——汇总输出。

2. 单位工程预算操作的一般步骤

预算表的主要功能就是输入子目和确定工程量，同时也可以对子目进行换算、合并、排序以及自定义分部等处理。

（1）输入工程概况　输入工程概况就是把该工程的基本概况输入到软件中，如项目名称、预算书名称、建筑结构形式、楼层数量、建筑面积等，同时把投标单位和预算书编制人、时间等输入到软件中，如图 13-6 所示。

图 13-6　工程概况输入界面

把所有工程信息输入到图中画方框的部分就可以了。

（2）输入定额号和工程量　下一步点击“实体项目”，就进入到预算表编制主要内容了，如图 13-7 所示。

当切换至实体项目时，光标位置一般就在定额编号栏。这时，可以输入一个定额编号，如“8-1”，按回车，则定额子目的项目名称会立刻出现在预算表中，同时光标位置出现在工程量表达式栏；再输入工程量，如“100”，工程量栏就会自动出现按定额单位设定的数量，

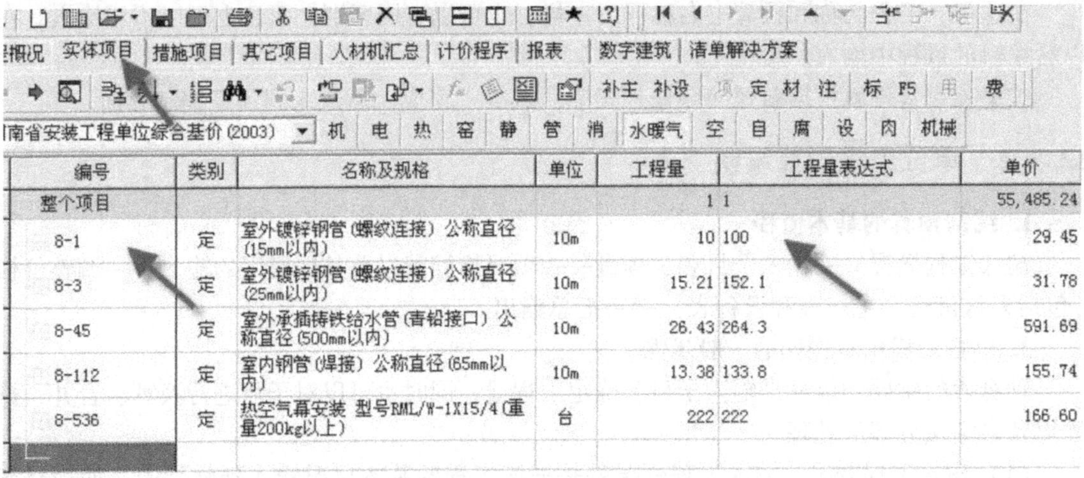

图 13-7 实体项目

或者输入一个四则运算表达式，如“123.5 + 125 × 2”，回车后计算的结果会出现在工程量栏里；再按回车就自动进入下一行，用户可以马上再输入一个新的定额号了。输入位置如图中箭头所示。

输入定额编号过程中，如果相邻编号为同一章定额，用户再输第二条子目时，只需输入子目序号，软件会自动取章号，如上一子目为“8-1”，下一子目为“8-3”，第二条只需输入“3”，回车，定额号栏显示的是“8-3”。

在输入过程中，如果要换算，可以输入一个定额号加空格，再加一个换算信息。如“8-14 _ R × 2.0”，即表示子目人工乘以系数2.0。也可以点击命令栏的“标”字，也可以进行相应的换算。

如果要进行材料或者设备的换算，则同样点击“标”字，软件会根据定额规定，自动出现要换算的内容，直接选取就可以了。如要进行单个材料的换算，则要点击定额编号旁边的“+”号，在一层层点开相应的材料，选择要更改的材料就可以换算了，如要补充材料，也是如此方法，点右键“插入”，再输入材料相应的信息即可。

而对于补充子目来说，在定额栏里直接输入“B：定额号”，如“B：1-1”，表示补充一条子目，子目名称和内容自行输入。如果需要增加具体工料消耗，点击定额编号旁边的“+”号，可以用右键“插入”，再点击命令栏里的“材”字，或者是右键菜单里“人材机查询”来补充相应的内容，这时窗口下边会出现人材机库，根据补充子目的人材机消耗内容来选择相应的内容，双击选择的人材机名称，就会自动进入到需要插入的空栏里。接着再插入下一个人材机内容，直到输入完毕就可以关闭人材机库了。

（3）项目措施费及其他费用的输入 根据现行的费用计算办法，一般都需要进行措施费的计算。措施费有施工技术措施费和施工组织措施费两项。要根据具体工程的情况来输入相应信息，或者根据建设单位和施工单位合同约定的措施费内容来输入相应费用。输入界面如图 13-8 所示。点击“措施项目”（如图中箭头所示），就进入到编辑界面，选择要输入的措施费项目以及相应的取费标准，软件就自动完成相应的计算任务。

其他费用的输入，应根据具体工程和甲乙双方合同约定来输入，如其他费用不发生，则不用输入。各省市的定额计价方法有所不同，软件根据各省市的计价方法已经设定好，用户

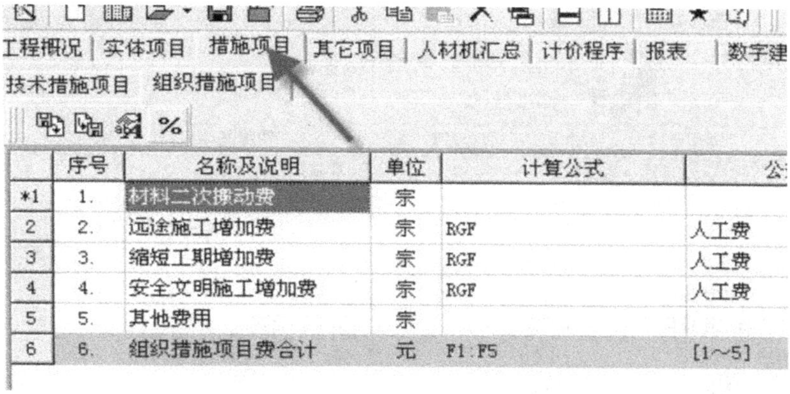

	序号	名称及说明	单位	计算公式	公
*1	1.	材料二次搬运费	宗		
2	2.	远途施工增加费	宗	RGF	人工费
3	3.	缩短工期增加费	宗	RGF	人工费
4	4.	安全文明施工增加费	宗	RGF	人工费
5	5.	其他费用	宗		
6	6.	组织措施项目费合计	元	F1:F5	[1~5]

图 13-8　措施项目及其他项目费

直接选择相应的输入方法即可。

（4）人材机汇总（价格调整）　下一步就进入到价格调整了，点击“人材机汇总”，如图 13-9 所示。

	代号	类别	名称	型号规格	单位	数量	甲供数量	定额价	市场价	价差
*1	00000010	人	综合工日		工日	929.1845		21.000	21.000	0.000
2	01010020	材	线麻		kg	0.0504		10.400	10.400	0.000
3	01010030	材	油麻		kg	60.2604		6.240	6.240	0.000
4	01185160	主	热空气幕		台	222.000				0.000
5	01185201	主	承插铸铁给水管	DN500	m	264.300				0.000
6	01185242	主	镀锌钢管	DN15	m	101.500				0.000
7	01185244	主	镀锌钢管	DN25	m	154.3815				0.000
8	01185259	主	焊接钢管	DN65	m	136.476				0.000
9	03020	机	汽车式起重机	16t	台班	2.3787		657.450	657.450	0.000
10	04005	机	载重汽车	5t	台班	1.3215		242.240	242.240	0.000
11	07058	机	弯管机	Φ108	台班	0.669		72.790	72.790	0.000
12	07071	机	管子切断机	Φ60~150	台班	0.1521		16.340	16.340	0.000
13	07072	机	管子切断机	Φ150	台班	0.4014		40.280	40.280	0.000
14	07076	机	管子切断套丝机	Φ159	台班	0.3042		19.920	19.920	0.000
15	08039	机	试压泵	30MPa	台班	0.7929		38.960	38.960	0.000

图 13-9　人材机汇总

根据图中箭头所示，点击“市场价”栏，把定额规定的要进行调价的人材机根据工程所在地的市场价格输入到软件中，软件就会自动调整价差。在软件中，有一些材料是默认为不输出的，如果想要设为输出，就把“输出标记”栏处“□”的“√”打上。

（5）汇总输出　当所有要输入的内容输入完毕后，点击“计价程序”，如图 13-10 所示，软件已经根据设定和输入的内容自动汇总出工程造价了，这一步如果需要更改取费基数，则直接在所要更改的项目上点击，然后输入更改的方法，那么软件会自动重新计算出新的工程造价。

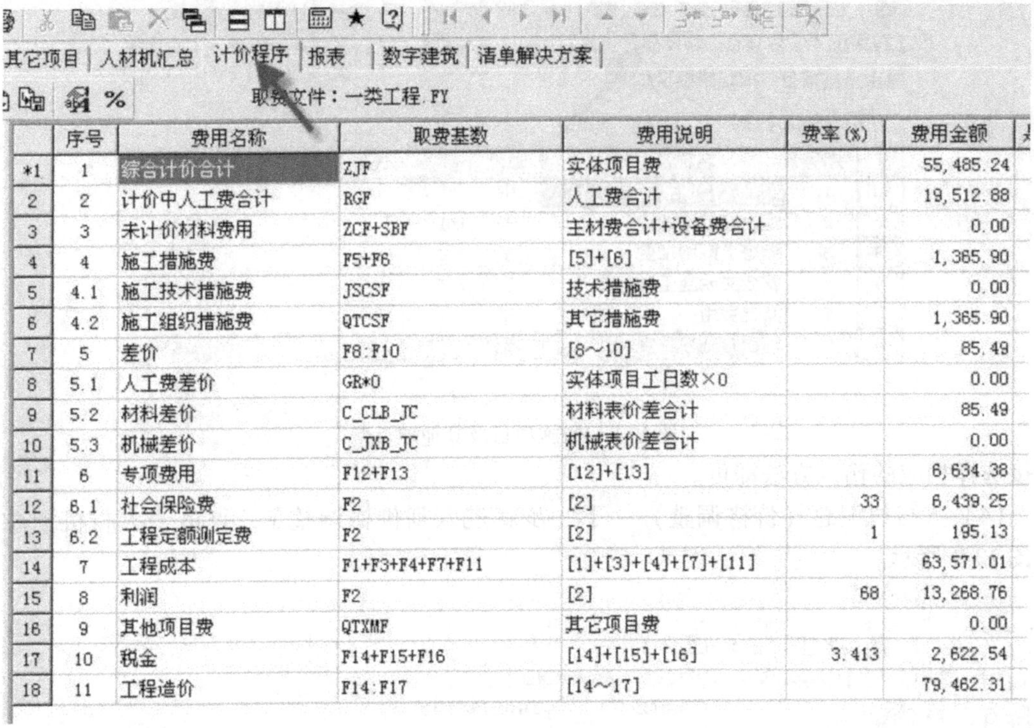

	序号	费用名称	取费基数	费用说明	费率(%)	费用金额
*1	1	综合计价合计	ZJF	实体项目费		55,485.24
2	2	计价中人工费合计	RGF	人工费合计		19,512.88
3	3	未计价材料费用	ZCF+SBF	主材费合计+设备费合计		0.00
4	4	施工措施费	F5+F6	[5]+[6]		1,365.90
5	4.1	施工技术措施费	JSCSF	技术措施费		0.00
6	4.2	施工组织措施费	QTCSF	其它措施费		1,365.90
7	5	差价	F8:F10	[8~10]		85.49
8	5.1	人工费差价	GR*0	实体项目工日数×0		0.00
9	5.2	材料差价	C_CLB_JC	材料表价差合计		85.49
10	5.3	机械差价	C_JXB_JC	机械表价差合计		0.00
11	6	专项费用	F12+F13	[12]+[13]		6,634.38
12	6.1	社会保险费	F2	[2]	33	6,439.25
13	6.2	工程定额测定费	F2	[2]	1	195.13
14	7	工程成本	F1+F3+F4+F7+F11	[1]+[3]+[4]+[7]+[11]		63,571.01
15	8	利润	F2	[2]	68	13,268.76
16	9	其他项目费	QTXMF	其它项目费		0.00
17	10	税金	F14+F15+F16	[14]+[15]+[16]	3.413	2,622.54
18	11	工程造价	F14:F17	[14~17]		79,462.31

图 13-10 计价程序

如果计算机已经连接打印机，选择“报表”，选择报表的内容和形式，输出打印报表即可，可以竖向，也可以横向打印，非常方便。

当我们由于某些原因导致无法一次性完成该项工程的预算输入，可以保存该次工程预算内容，待下次输入时可以直接调用已保存的项目。

工程造价软件功能强大，可以编制各种类别的工程预算，随着计算机技术的发展，软件的易用性得到了很大程度的提高，用户可以根据自身情况来进行软件预算编制。由于本书篇幅有限，无法对软件强大的功能进行详细的介绍，如果用户需要更深刻的理解和认识，可以利用软件自带的帮助文件和演示光盘进行学习。

小　　结

手工编制施工图预算，计算量大、耗时长。应用预算软件借助计算机辅助编制施工图预算，可以达到准确、快速并大大减轻劳动强度的目的。其突出特点是：数据整理快捷简便，便于计算与调整，方便多指标的形成。预算软件的主要功能有：项目管理功能、定额及工程量输入功能、价格调整功能、使用方便功能、报表输出功能。除了这些基本的功能外，预算软件的功能还扩展到图形算量功能，能方便快捷的计算出工程量。应用预算软件编制预算的一般步骤为：(1) 新建项目。输入工程名称，确定预算计价方式及文件类型，选择定额种类及专业，选择费用文件。(2) 预算编制。输入工程概况；输入子目和工程量（也可是工程量计算公式）；项目措施费以及其他费用的输入；调整价格（包括人材机表、主材表和设备表）；汇总输出（即报表输出）。

思 考 题

13-1　预算软件的优越性有哪些?

13-2　预算软件的编制流程是什么?

13-3　如何输出最终报表?

参考文献

[1] 刘钦．安装工程定额与预算［M］．郑州：黄河水利出版社，2001.

[2] 刘庆山．建筑安装工程预算［M］．2版．北京：机械工业出版社，2006.

[3] 熊德敏．安装工程定额与预算［M］．北京：高等教育出版社，2003.

[4] 吴心伦，黎诚．安装工程造价［M］．重庆：重庆大学出版社，2006.

[5] 李旭伟．安装施工工艺［M］．北京：高等教育出版社，2003.

[6] 李英姿．住宅弱电系统设计教程［M］．北京：机械工业出版社，2006.

[7] 原冶金工业部．GYD—201～211—2000 全国统一安装工程预算定额［S］．北京：中国计划出版社，2001.

[8] 建设部标准定额司．GYD_{GZ}—201—2000 全国统一安装工程预算定额工程量计算规则［S］．2版．北京：中国计划出版社，2001.

[9] 建设部标准定额研究所．全国统一安装工程预算定额编制说明［S］．北京：中国计划出版社，2002.

[10] 河南省建筑工程标准定额站．河南省安装工程单位综合基价［S］．北京：中国计划出版社，2003.